"十三五"移动学习型规划教材

随机过程

李　媛　蔡立刚　刘　芳　丁　宁　编著

机械工业出版社

本书为理工科研究生、理科高年级本科生与经济类和管理类本科生随机过程课程教材. 全书共分六章, 主要内容包括预备知识、基本概念、随机分析、马尔可夫过程、平稳过程和鞅. 书中附有大量实例, 加强了随机过程的应用性. 本书还通过移动互联网, 为读者提供课外阅读资料. 读者可以通过专用 APP, 获得与课程内容相关的人物介绍、概念补充和理论讲解等内容.

书中概念的描述和理论的推导比较详细, 便于读者自学, 也可作为科技、工程人员的参考书.

图书在版编目 (CIP) 数据

随机过程/李媛等编著. —北京: 机械工业出版社, 2018.12 (2025.1重印)
"十三五" 移动学习型规划教材
ISBN 978-7-111-61595-8

Ⅰ.①随… Ⅱ.①李… Ⅲ.①随机过程-高等学校-教材 Ⅳ.①O211.6

中国版本图书馆 CIP 数据核字 (2018) 第 294505 号

机械工业出版社 (北京市百万庄大街 22 号 邮政编码 100037)
策划编辑: 韩效杰　责任编辑: 韩效杰　李　乐
责任校对: 张　薇　封面设计: 鞠　杨
责任印制: 常天培
固安县铭成印刷有限公司印刷
2025 年 1 月第 1 版第 3 次印刷
184mm×260mm・10.25 印张・261 千字
标准书号: ISBN 978-7-111-61595-8
定价: 39.80 元

电话服务　　　　　　　　　网络服务
客服电话: 010-88361066　　机 工 官 网: www.cmpbook.com
　　　　　010-88379833　　机 工 官 博: weibo.com/cmp1952
　　　　　010-68326294　　金 书 网: www.golden-book.com
封底无防伪标均为盗版　机工教育服务网: www.cmpedu.com

前　言

随着20世纪社会经济的飞速发展,随机过程作为一门新生的数学学科逐步发展起来.它内容丰富,应用非常广泛.随机过程研究的对象与初等概率论一样,也是随机现象的统计规律性.初等概率论研究的是随机现象的静态特性,而随机过程研究的是随机现象的动态特性,即随机现象的发展与变化过程.随机过程是初等概率论的重要分支,初等概率论是随机过程的理论基础.

本书为现代随机过程理论的入门教材,可作为高年级本科生及研究生的必修课教材,也可作为教师和科研人员的参考书.本书共分六章,主要内容包括预备知识、基本概念、随机分析、马尔可夫过程、平稳过程和鞅.第一章预备知识部分介绍了概率论的基本概念,主要包含概率空间与随机变量、随机变量的数字特征与特征函数、多维正态随机向量和条件数学期望等基本理论.第二章基本概念部分介绍了随机过程的基本概念、分布、数字特征和多维随机过程、复随机过程等基本理论.第三章随机分析部分介绍了随机过程在均方意义下的极限、连续、导数和积分问题.第四章马尔可夫过程部分主要介绍了马尔可夫过程的定义、转移概率及其关系、转移概率的极限性态,并着重讨论了马尔可夫链以及时间连续状态离散的马尔可夫过程.第五章平稳过程部分主要介绍了平稳过程的基本概念、相关函数、均方遍历性、谱密度和谱分解.第六章鞅部分主要介绍了鞅的基本概念、鞅的构造方法及分解定理,并引入停时,给出停时定理和鞅收敛定理及其应用.

本书的主要特点:

1. 对读者所需的数学基础要求起点较低,读者只需具备概率论、微积分和线性代数的基本知识.

2. 书中概念的描述和理论的推导比较详细,便于自学.

3. 强调实际应用.本书配有一些经济、信息、社会、管理和生物科学等领域的相关例题与习题,可帮助学生加深理解,提高应用随机过程解决实际问题的能力.

4. 通过移动互联网,为读者提供课外阅读资料.读者可以通过专用APP,获得与课程内容相关的人物介绍、概念补充和理论讲解等内容.

5. 本书着重介绍随机过程的基本概念和相关基本过程,力求用简洁的语言对知识进行准确的描述,适合随机过程短学时教学.

6. 本书的编写者都是长期从事随机过程教学的一线教师,能够积极地吸收国内外最新的优秀教学成果,更能直接地了解学生需求,为随机过程教材的编写提供了教研与教学经验上的保障.

本书由李媛、刘芳统稿,各章执笔的分别是李媛(第四章),刘芳(第一章、第三章、第五章),蔡立刚(第二章),丁宁(第六章).本书在撰写与出版过程中得到了沈阳工业大学和沈阳理工大学理学院、研究生院、教务处领导和部分教师的大力支持和帮助,在此我们一并表示衷心的感谢.同时我们也要对审阅本书的专家表示感谢,谢谢你们提出的宝贵意见.我们希望本书的出版能够为我国随机过程的教学和发展起到积极的作用.

由于编者水平有限,书中错误和不足之处在所难免,恳请读者批评指正.可通过以下邮箱与作者联系:

syliyuan@sut.edu.cn

liufang5208@sylu.edu.cn

编 者

目　　录

前言
第一章　预备知识 ……………………… 1
第一节　概率空间与随机变量 …………… 1
第二节　随机变量的数字特征与特征函数 …… 5
第三节　多维正态随机向量 ……………… 9
第四节　条件数学期望 …………………… 11
第二章　基本概念 ……………………… 13
第一节　随机过程的基本概念 …………… 13
第二节　随机过程的分布 ………………… 14
第三节　随机过程的数字特征 …………… 18
第四节　随机过程举例 …………………… 21
第五节　多维随机过程 …………………… 25
第六节　复随机过程 ……………………… 27
习题二 ……………………………………… 29
第三章　随机分析 ……………………… 31
第一节　均方极限 ………………………… 31
第二节　均方连续 ………………………… 34
第三节　均方导数 ………………………… 35
第四节　均方积分 ………………………… 37
习题三 ……………………………………… 39
第四章　马尔可夫过程 ………………… 41
第一节　马尔可夫过程的直观描述 ……… 41
第二节　马尔可夫链的基本概念 ………… 42
第三节　马尔可夫链的遍历性 …………… 47
第四节　马尔可夫链的状态分类 ………… 52
第五节　马尔可夫链状态空间的分解 …… 65
第六节　时间连续状态离散的马尔可夫过程 …… 68
习题四 ……………………………………… 85
第五章　平稳过程 ……………………… 90
第一节　平稳过程的基本概念 …………… 90
第二节　平稳过程的相关函数 …………… 99
第三节　平稳过程的均方遍历性 ………… 104
第四节　平稳过程的谱密度 ……………… 110
第五节　平稳过程的谱分解 ……………… 115
习题五 ……………………………………… 118
第六章　鞅 ……………………………… 121
第一节　鞅的基本概念 …………………… 121
第二节　关于鞅的构造方法及分解定理 …… 126
第三节　鞅的停时定理及其应用 ………… 129
第四节　一致可积性 ……………………… 135
第五节　鞅收敛定理 ……………………… 136
第六节　连续时间鞅 ……………………… 141
习题六 ……………………………………… 143
部分习题参考答案 ……………………… 145
参考文献 ………………………………… 155

序　目

第一章 预备知识

概率论中的基本概念和基本理论是学习随机过程的基础. 本章主要内容包括概率空间、随机变量及其概率分布、特征函数、多维正态随机变量以及条件数学期望等, 读者可以按所学专业选学, 为学习随机过程做准备.

第一节 概率空间与随机变量

概率论中的一个基本概念是**随机试验**, 随机试验的结果不能预先确定. 一个试验所有可能结果的集合称为此试验的**样本空间**, 记为 Ω.

样本空间中的每个元素称为**样本点**, **事件**是样本空间的一个子集, 若某试验的结果是这个子集的一个元素, 则称这个事件发生了. 特别指出, 单个样本点所组成的集合称为**基本事件**, 样本空间 Ω 称为**必然事件**, 而空集 $\varnothing$ 称为不可能事件.

定义 1 设样本空间 Ω 的某些子集构成的集合记为 $\mathcal{F}$, 若 $\mathcal{F}$ 满足下列性质:

(1) $\Omega \in \mathcal{F}$;

(2) 若 $A \in \mathcal{F}$, 则 $\overline{A} \in \mathcal{F}$;

(3) 若 $A_k \in \mathcal{F}(k=1,2,\cdots)$, 则 $\bigcup\limits_{k=1}^{\infty} A_k \in \mathcal{F}$,

则称 $\mathcal{F}$ 是一个 σ-**域**(或称波莱尔(Borel)域).

我们把任一样本空间 Ω 与由 Ω 的子集所组成的一个 σ-域 $\mathcal{F}$ 写在一起, 记为 $(\Omega, \mathcal{F})$, 称为具有 σ-域结构的样本空间, 或简称为可测空间.

定义 2 设 A 是样本空间 Ω 的事件, $\mathcal{F}$ 是一个 σ-**域**, 定义在 $\mathcal{F}$ 上的实值函数 $P(A)$ 如果满足:

(1) $0 \leqslant P(A) \leqslant 1$;

(2) $P(\Omega) = 1$;

(3) 若 $A_k \in \mathcal{F}(k=1,2,\cdots)$, 且 $A_i A_j = \varnothing, i \neq j, i,j = 1, 2,\cdots$, 则

$$P\Big(\bigcup_{k=1}^{\infty} A_k\Big) = \sum_{k=1}^{\infty} P(A_k),$$

我们称 $P(A)$ 为事件 A 的**概率**.

设 Ω 是一个样本空间,$\mathcal{F}$ 是 Ω 中的 σ-域,P 为 $\mathcal{F}$ 上的概率. 我们称具有这样结构的样本空间为**概率空间**,记为 $(\Omega, \mathcal{F}, P)$.

概率空间 $(\Omega, \mathcal{F}, P)$ 上的概率 P 有如下性质:

性质 1 $P(\varnothing) = 0$.

性质 2 对任一事件 A,有 $P(\overline{A}) = 1 - P(A)$.

性质 3 若 $A \supset B$,则 $P(A - B) = P(A) - P(B)$,且 $P(A) \geqslant P(B)$.

性质 4 若 $A_k \in \mathcal{F}(k = 1, 2, \cdots, n)$,且 $A_i A_j = \varnothing, i \neq j, i, j = 1, 2, \cdots, n$,则

$$P\left(\bigcup_{k=1}^{n} A_k\right) = \sum_{k=1}^{n} P(A_k).$$

几个基本公式:

(1) 条件概率公式:$P(A|B) = \dfrac{P(AB)}{P(B)}, P(B) > 0$.

(2) 乘法公式:$P(AB) = P(A|B)P(B), P(B) > 0$.
$P(A_1 A_2 \cdots A_n) = P(A_n | A_{n-1} \cdots A_1) P(A_{n-1} | A_{n-2} \cdots A_1) \cdots P(A_2 | A_1) P(A_1)$(推广).

(3) 全概率公式:$\bigcup_{i=1}^{n} B_i = \Omega, P(\Omega) = 1$,
$B_i B_j = \varnothing, i \neq j, i, j = 1, 2, \cdots, n$,

$$P(A) = \sum_{i=1}^{n} P(A|B_i) P(B_i).$$

(4) 贝叶斯公式:$\bigcup_{i=1}^{n} B_i = \Omega, P(\Omega) = 1$,
$B_i B_j = \varnothing, i \neq j, i, j = 1, 2, \cdots, n$,

$$P(B_i | A) = \dfrac{P(A|B_i) P(B_i)}{\sum_{j=1}^{n} P(A|B_j) P(B_j)}.$$

(5) 事件的独立性:n 个事件 $A_1, A_2, \cdots, A_n$ 独立 $\Leftrightarrow$
$P(A_{i_1} A_{i_2} \cdots A_{i_s}) = P(A_{i_1}) P(A_{i_2}) \cdots P(A_{i_s})$,
$1 \leqslant i_1 \leqslant \cdots \leqslant i_s \leqslant n, \forall s \in \mathbf{Z}^+, 2 \leqslant s \leqslant n$.

在随机试验中,若存在一个变量,它依据试验出现的结果而取不同的数值,则称此变量为随机变量. 由于随机试验出现的结果带有随机性,因而随机变量的取值也带有随机性. 从数学角度看,样本空间 Ω 中每一个样本点 ω 对应一个数 $X(\omega)$,这就是随机变量. 或者说随机变量是定义在样本空间上的函数,但是这个函数需要满足一些要求.

定义 3 设 $(\Omega, \mathcal{F}, P)$ 为概率空间,对于 $\omega \in \Omega, X(\omega)$ 是一个取实值的单值函数;若对于任一实数 $x, \{\omega : X(\omega) < x\}$ 是一随机事件,即 $\{\omega : X(\omega) < x\} \in \mathcal{F}$,则称 $X(\omega)$ 为随机变量.

从定义看出,随机变量 $X(\omega)$ 总是与一个概率空间相联系的,相当于把概率空间中每个元素映射到数轴上,以建立起样本空间与数集的对应关系. 为书写简便,一般不必每次都写出概率空间 $(\Omega, \mathcal{F}, P)$,并且可以将 $X(\omega)$ 关于 ω 的依赖性省略,简记为 X,把 $\{\omega: X(\omega) < x\}$ 记为 $\{X < x\}$ 等.

既然对任意一个实数 x,有 $\{\omega: X(\omega) < x\} \in \mathcal{F}$,那么对 Ω 的子集 $\{\omega: X(\omega) < x\}$ 就可以确定概率.

定义 4 设 $(\Omega, \mathcal{F}, P)$ 是概率空间,而 $X = X(\omega)$ 是 $(\Omega, \mathcal{F}, P)$ 上的随机变量. 若对任意一个实数 x,有概率
$$F(x) = P\{\omega: X(\omega) \leqslant x\}$$
或简写为
$$F(x) = P\{X \leqslant x\},$$
则称 $F(x)$ 是随机变量 X 的分布函数.

随机变量概念的产生是概率论的重大进展,它使概率论研究的对象由简单的事件扩大到更多范畴,并将微积分理论成功地引入到概率论中. 根据随机变量取值的特点可以分为离散型随机变量和连续型随机变量:若随机变量 X 的一切可能取值是有限个或无限可数个,则称 X 为离散型随机变量;若随机变量 X 的一切可能取值充满一个有限或无限区间,则称 X 为连续型随机变量.

若存在有限个或可列个数 $x_1, x_2, \cdots$,使随机变量 X 有
$$P\{X = x_k\} = p_k, k = 1, 2, \cdots, \text{且满足} \sum_{k=1}^{\infty} p_k = 1, p_k \geqslant 0,$$
则称其为离散型随机变量 X 的分布律.

若对任意实数 x,存在非负实函数 $f(x)$,使随机变量 X 的分布函数 $F(x)$ 有
$$F(x) = \int_{-\infty}^{x} f(x) \mathrm{d}x,$$
则称 $f(x)$ 为连续型随机变量 X 的概率密度函数,简称概率密度.

下面举出一些常见的离散型和连续型随机变量的例子.

1. 离散型

(1) 0-1 分布

设随机变量 X 只可能取 0 和 1 两个值,其分布律为
$$P\{X = 1\} = p, P\{X = 0\} = 1 - p, 0 < p < 1,$$
则称 X 服从 0-1 分布.

(2) 二项分布

设试验只有两个可能结果 A 与 $\overline{A}$,且 $P(A) = p, P(\overline{A}) = 1 - p = q$,将试验独立重复 n 次,则称该试验为 n 重伯努利试验. 在 n 重伯努利试验中,事件 A 发生 m 次的概率记为
$$C_n^m p^m q^{n-m}, 0 \leqslant m \leqslant n.$$

令 X 表示 n 重伯努利试验中 A 发生的次数,则 X 为一个随机

变量,它的可能值为 $0,1,2,\cdots,n$,则 X 的分布律为
$$P\{X=m\}=C_n^m p^m q^{n-m}, m=0,1,2,\cdots,n,$$
显然
$$\sum_{m=0}^{n} C_n^m p^m q^{n-m} = (p+q)^n = 1,$$
则称 X 服从参数为 n,p 的二项分布,记为 $X \sim b(n,p)$.

(3) 泊松分布

设随机变量 X 的可能取值为 $0,1,2,\cdots$,而取各个值的概率为
$$P\{X=k\}=\frac{\lambda^k e^{-\lambda}}{k!}, k=0,1,2,\cdots,$$
其中,$\lambda>0$ 为常数,则称 X 服从参数为 λ 的泊松分布,记为 $X \sim \pi(\lambda)$,且有
$$\sum_{k=0}^{\infty} P\{X=k\} = \sum_{k=0}^{\infty} \frac{\lambda^k e^{-\lambda}}{k!} = e^{-\lambda} \sum_{k=0}^{\infty} \frac{\lambda^k}{k!} = e^{-\lambda} e^{\lambda} = 1.$$

2. 连续型

(1) 均匀分布

设连续型随机变量 X 在有限区间 $[a,b]$ 内取值,其概率密度函数为
$$f(x) = \begin{cases} \dfrac{1}{b-a}, & a \leqslant x \leqslant b, \\ 0, & \text{其他}, \end{cases}$$
则称 X 在区间 $[a,b]$ 上服从均匀分布,记为 $X \sim U(a,b)$.

(2) 指数分布

设连续型随机变量 X 的概率密度函数为
$$f(x) = \begin{cases} \lambda e^{-\lambda x}, & x \geqslant 0, \\ 0, & \text{其他}, \end{cases}$$
其中,$\lambda>0$ 为常数,则称 X 服从参数为 λ 的指数分布.

(3) 正态分布

设连续型随机变量 X 的概率密度函数为
$$f(x)=\frac{1}{\sqrt{2\pi}\sigma} e^{-\frac{(x-\mu)^2}{2\sigma^2}}, -\infty<x<\infty,$$
其中 $\mu,\sigma(\sigma>0)$ 为常数,则称 X 服从参数为 μ,σ 的正态分布或高斯(Gauss)分布,记为 $X \sim N(\mu,\sigma^2)$. 特别地,称参数 $\mu=0, \sigma=1$ 的正态分布 $N(0,1)$ 为标准正态分布.

定义 5 设 $(\Omega, \mathcal{F}, P)$ 为一概率空间,定义在 Ω 上的 n 个随机变量 $X_1, X_2, \cdots, X_n$,记为向量形式 $(X_1, X_2, \cdots, X_n)$,称为 n 维随机向量或 n 维随机变量.

n 维随机向量的分布函数可定义为
$$F(x_1, x_2, \cdots, x_n) = P\{X_1 \leqslant x_1, X_2 \leqslant x_2, \cdots, X_n \leqslant x_n\}.$$
同样,n 维随机向量也可分为离散型和连续型进行研究.

第二节　随机变量的数字特征与特征函数

随机变量的分布函数是随机变量概率分布的完整描述,但是要找到随机变量的分布函数有时不是一件容易的事.另一方面,在实际问题中描述随机变量的概率特征,不一定都需要求分布函数,往往只要求出描述随机变量概率特征的几个表征值就够了,这就需要引入随机变量的数字特征和特征函数.

定义 6　设 $f(x),g(x)$ 是定义在 $[a,b]$ 上的两个有界函数,$a=x_1<x_2<\cdots<x_n=b$ 是区间 $[a,b]$ 的任一分割,$\Delta x_k=x_k-x_{k-1}$,$\lambda=\max\limits_{1\leqslant k\leqslant n}\Delta x_k$,在每一个子区间 $[x_{k-1},x_k]$ 上任意取一点 ξ_k 作和式

$$S=\sum_{k=1}^{n}f(\xi_k)[g(x_k)-g(x_{k-1})].$$

若极限

$$\lim_{\lambda\to 0}S=\lim_{\lambda\to 0}\sum_{k=1}^{n}f(\xi_k)[g(x_k)-g(x_{k-1})]$$

存在且与 $[a,b]$ 的分法和 ξ_k 的取法都无关,则称此极限为函数 $f(x)$ 对函数 $g(x)$ 在区间 $[a,b]$ 上的斯蒂尔切斯(Stieltjes)积分,简称 S 积分,记为 $\int_a^b f(x)\mathrm{d}g(x)$.此时也称函数 $f(x)$ 对函数 $g(x)$ 在区间 $[a,b]$ 上 S 可积.

定义 7　设 $f(x),g(x)$ 是定义在 $(-\infty,+\infty)$ 上的两个函数,若在任意有限区间 $[a,b]$ 上,函数 $f(x)$ 对函数 $g(x)$ 在区间 $[a,b]$ 上 S 可积,且极限

$$\lim_{\substack{a\to-\infty\\b\to+\infty}}\int_a^b f(x)\mathrm{d}g(x)$$

存在,则称此极限为函数 $f(x)$ 对函数 $g(x)$ 在无穷区间 $(-\infty,+\infty)$ 上的斯蒂尔切斯积分,简称 S 积分,记为 $\int_{-\infty}^{+\infty}f(x)\mathrm{d}g(x)$.

在 S 积分中,当 $g(x)$ 取一些特殊形式时,积分可化为级数或通常积分.

若 $g(x)$ 是在 $(-\infty,+\infty)$ 上的阶梯函数,它的跳跃点为 x_1,$x_2,\cdots$(有限或可列无限个),则

$$\int_{-\infty}^{+\infty}f(x)\mathrm{d}g(x)=\sum f(x_k)[g(x_k+0)-g(x_k-0)];$$

若 $g(x)$ 是在 $(-\infty,+\infty)$ 上的可微函数,它的导函数为 $g'(x)$,则

$$\int_{-\infty}^{+\infty}f(x)\mathrm{d}g(x)=\int_{-\infty}^{+\infty}f(x)g'(x)\mathrm{d}x.$$

显然,上两种情况一个是把 S 积分化成和式,另一个是把 S 积分化成黎曼积分.

定义 8 设函数 $g(x)$ 定义在无限区间 $(-\infty,+\infty)$ 上，若积分

$$\int_{-\infty}^{+\infty} e^{itx} dg(x) = \int_{-\infty}^{+\infty} \cos tx \, dg(x) + i\int_{-\infty}^{+\infty} \sin tx \, dg(x)$$

存在，则称此积分为对 $g(x)$ 的傅里叶—斯蒂尔切斯（Fourier-Stieltjes）积分，简称 F-S 积分．

根据上面几个积分定义形式，给出随机变量的数字特征和特征函数的定义．

定义 9 设 X 是一个随机变量，$F(x)$ 是其分布函数，若 $\int_{-\infty}^{+\infty} |x| dF(x)$ 存在，则称

$$E(X) = \int_{-\infty}^{+\infty} x \, dF(x)$$

为随机变量 X 的数学期望或均值．

若 X 是离散型随机变量，其分布律为 $P\{X=x_k\}=p_k$，$k=1,2,\cdots$，则

$$E(X) = \sum_{k=1}^{\infty} x_k p_k;$$

若 X 是连续型随机变量，其概率密度函数为 $f(x)$，则

$$E(X) = \int_{-\infty}^{+\infty} x f(x) dx.$$

由于随机变量的函数仍为随机变量，因此随机变量的函数也可求数学期望，即设 X 是一随机变量，其分布函数为 $F(x)$，$y=h(x)$ 是连续函数，若 $\int_{-\infty}^{+\infty} h(x) dF(x)$ 存在，则

$$E(Y) = E[h(X)] = \int_{-\infty}^{+\infty} h(x) dF(x),$$

其中 $Y=h(X)$ 为随机变量 X 的函数．

以上结论在概率论中是以定理形式给出的，可以按离散型和连续型分别加以证明（略）．

同理可推广到多元随机变量函数的数学期望：设 $(X_1,X_2,\cdots,X_n)$ 是 n 维随机变量，其联合分布函数为 $F(x_1,x_2,\cdots,x_n)$，$g(x_1,x_2,\cdots,x_n)$ 是连续函数，如果积分

$$\int_{-\infty}^{+\infty}\int_{-\infty}^{+\infty}\cdots\int_{-\infty}^{+\infty} g(x_1,x_2,\cdots,x_n) dF(x_1,x_2,\cdots,x_n) \text{ 存在，则}$$

$$E[g(X_1,X_2,\cdots,X_n)]$$
$$= \int_{-\infty}^{+\infty}\int_{-\infty}^{+\infty}\cdots\int_{-\infty}^{+\infty} g(x_1,x_2,\cdots,x_n) dF(x_1,x_2,\cdots,x_n).$$

定义 10 设 X 是一个随机变量，若 $E\{[X-E(X)]^2\}$ 存在，则称

$$D(X) = E\{[X-E(X)]^2\}$$

为随机变量 X 的方差．显然方差是非负的，在应用上还引入量 $\sqrt{D(X)}$，称为标准差或均方差．

定义 11 量 $E\{[X-E(X)][Y-E(Y)]\}$ 称为随机变量 X 与 Y 的**协方差**,记为 $\mathrm{Cov}(X,Y)$,即
$$\mathrm{Cov}(X,Y)=E\{[X-E(X)][Y-E(Y)]\},$$
而
$$\rho_{XY}=\frac{\mathrm{Cov}(X,Y)}{\sqrt{D(X)}\sqrt{D(Y)}}$$
称为随机变量 X 与 Y 的**相关系数**. 若 $\rho_{XY}=0$, 则称 X 与 Y **不相关**.

随机变量的数学期望和方差具有下列性质:

设 a,b 是常数,随机变量 X 与 Y 的期望与方差都存在,则

(1) $E(a)=a, D(a)=0$.

(2) $E(aX+bY)=aE(X)+bE(Y), D(aX+bY)=a^2 D(X)+b^2 D(Y)+2ab\mathrm{Cov}(X,Y)$.

特别地,若 X 与 Y 相互独立,则有 $D(X+Y)=D(X)+D(Y)$,即 $\mathrm{Cov}(X,Y)=0$.

(3) 若 X 与 Y 相互独立,则 $E(XY)=E(X)E(Y)$.

(4) 若 $E(X^2)$ 与 $E(Y^2)$ 都存在,则 $[E(XY)]^2 \leqslant E(X^2)E(Y^2)$. 此不等式称为**施瓦茨(Schwarz)不等式**.

(5) 若 $E(X^r), r>0$ 存在,则 $\forall \varepsilon>0, P\{|X|\geqslant\varepsilon\}\leqslant\dfrac{E|X|^r}{\varepsilon^r}$. 此不等式称为**马尔可夫(Markov)不等式**. 特别地,在马尔可夫不等式中,令 $r=2$,将 X 换成 $X-E(X)$,可得重要的**切比雪夫(Chebyshev)不等式**: $P\{|X-E(X)|\geqslant\varepsilon\}\leqslant\dfrac{D(X)}{\varepsilon^2}$.

定义 12 设 X 和 Y 是随机变量,若
$$E(X^k), k=1,2,\cdots$$
存在,称它为 X 的 k **阶原点矩**,简称 k **阶矩**.

若
$$E\{[X-E(X)]^k\}, k=2,3,\cdots$$
存在,称它为 X 的 k **阶中心矩**.

若
$$E(X^k Y^l), k,l=1,2,\cdots$$
存在,称它为 X 和 Y 的 $k+l$ **阶混合矩**.

若
$$E\{[X-E(X)]^k [Y-E(Y)]^l\}, k,l=1,2,\cdots$$
存在,称它为 X 和 Y 的 $k+l$ **阶混合中心矩**.

显然, X 的数学期望 $E(X)$ 是 X 的一阶原点矩,方差 $D(X)$ 是 X 的二阶中心矩,协方差 $\mathrm{Cov}(X,Y)$ 是 X 和 Y 的二阶混合中心矩.

数字特征一般由各阶矩所决定,但随着阶数的增高,求矩的计算会愈加麻烦. 另一方面,随机现象是错综复杂的,往往需要多个随机变量,甚至要由随机变量序列依某种收敛意义的迫近来描述. 要解决复杂得多的问题,就需要有优越的数学工具,而傅里叶变换是数学中非常重要而有效的工具,把它应用于分布函数或密度函数,就产生了"特征函数".

先引进复随机变量的概念.

定义 13 设 X,Y 都是定义在概率空间 $(\Omega,\mathcal{F},P)$ 上的实值随机变量,则称 $Z=X+\mathrm{i}Y$ 为**复随机变量**,其中 $\mathrm{i}=\sqrt{-1}$,它的数学期望定义为 $E(Z)=E(X)+\mathrm{i}E(Y)$.

定义 14 设 X 是定义在概率空间 $(\Omega,\mathcal{F},P)$ 上的随机变量,它的分布函数为 $F(X)$,称 $\mathrm{e}^{\mathrm{i}tX}$ 的数学期望 $E(\mathrm{e}^{\mathrm{i}tX})$ 为 X 的**特征函数**,有时也称为分布函数 $F(X)$ 的**特征函数**,其中 $\mathrm{i}=\sqrt{-1},t\in\mathbf{R}$. 记 X 的特征函数为 $\varphi_X(t)$,在不引起混乱的情况下简写为 $\varphi(t)$.

由于
$$\mathrm{e}^{\mathrm{i}tX}=\cos tX+\mathrm{i}\sin tX,$$
故
$$\begin{aligned}\varphi(t)&=E(\mathrm{e}^{\mathrm{i}tX})=E(\cos tX)+\mathrm{i}E(\sin tX)\\&=\int_{-\infty}^{+\infty}\cos tx\,\mathrm{d}F(x)+\mathrm{i}\int_{-\infty}^{+\infty}\sin tx\,\mathrm{d}F(x)\\&=\int_{-\infty}^{+\infty}\mathrm{e}^{\mathrm{i}tx}\,\mathrm{d}F(x).\end{aligned}$$

因此,X 的特征函数也可称为对分布函数 $F(x)$ 的傅里叶—斯蒂尔切斯变换,简称 F-S 积分.

随机变量 X 的特征函数 $\varphi(t)$ 的性质:

(1) $|\varphi(t)|\leqslant\varphi(0)=1$.

(2) $\varphi(-t)=\overline{\varphi(t)}$ ($\overline{\varphi(t)}$ 表示 $\varphi(t)$ 的共轭复数).

(3) 设随机变量 $Y=aX+b$,其中 a,b 是常数,则 Y 的特征函数为
$$\varphi_Y(t)=\mathrm{e}^{\mathrm{i}tb}\varphi(at).$$

(4) $\varphi(t)$ 在 $(-\infty,+\infty)$ 上一致连续.

(5) 设随机变量 X,Y 相互独立,又 $Z=X+Y$,则
$$\varphi_Z(t)=\varphi_X(t)\varphi_Y(t).$$

(6) 设随机变量 X 的 n 阶原点矩存在,则它的特征函数 $\varphi(t)$ 的 n 阶导数 $\varphi^{(n)}(t)$ 存在,且有
$$E(X^k)=\mathrm{i}^{-k}\varphi^{(k)}(0),k\leqslant n.$$

(7) 随机变量 X 的特征函数 $\varphi(t)$ 是非负定的,即对任意正整数 n,任意复数 $z_1,z_2,\cdots,z_n$ 以及 $t_r,t_s\in\mathbf{R},r,s=1,2,\cdots,n$,有
$$\sum_{r,s=1}^{n}\varphi(t_r-t_s)z_r\overline{z_s}\geqslant 0.$$

由上性质中(1)(4)(7)的结论逆推,即有**波赫纳-辛钦定理**:若函数 $\varphi(t)(t\in\mathbf{R})$ 连续、非负定且 $\varphi(0)=1$,则 $\varphi(t)$ 必为特征函数.

对于给定的一个分布函数 $F(x)$,可唯一确定它的特征函数 $\varphi(t)$,反之,分布函数 $F(x)$ 也能唯一地被其特征函数 $\varphi(t)$ 表达出来,即**反演公式**:设随机变量 X 的分布函数和特征函数分别为 $F(x)$ 和 $\varphi(t)$,则对于 $F(x)$ 的任意连续点 x_1 和 x_2 ($-\infty<x_1<x_2<$

$+\infty$),有
$$F(x_2) - F(x_1) = \lim_{T \to \infty} \frac{1}{2\pi} \int_{-T}^{T} \frac{e^{-itx_1} - e^{-itx_2}}{it} \varphi(t) dt,$$
并由唯一性定理可得,随机变量 X 的分布函数 $F(x)$ 和特征函数 $\varphi(t)$ 之间是互相唯一确定的.

在研究只取有穷或无穷非负整数值的随机变量时,用母函数来代替特征函数较为方便.

定义 15 设随机变量 X 的分布律为
$$p_k = P\{X = k\}, k = 0, 1, 2 \cdots,$$
记实变数 s 的实函数
$$\Psi_X(s) = E(s^X) = \sum_k p_k s^k \quad (-1 \leqslant s \leqslant 1),$$
称 $\Psi_X(s)$ 为 X 的母函数,简记为 $\Psi(s)$.

母函数与特征函数也有相应类似的性质.

第三节　多维正态随机向量

正态分布在概率论中扮演极为重要的角色.一方面,由中心极限定理知实际中许多随机变量服从或近似地服从正态分布;另一方面,正态分布具有良好的分析性质.下面我们讨论多维正态随机向量.

首先给出 n 维随机向量的一些数字特征.

设随机向量 $\boldsymbol{X} = (X_1, X_2, \cdots, X_n)^T$ 的分布函数为
$$F(x_1, x_2, \cdots, x_n) = P\{X_1 \leqslant x_1, X_2 \leqslant x_2, \cdots, X_n \leqslant x_n\},$$
其数学期望定义为
$$E(\boldsymbol{X}) = (EX_1, EX_2, \cdots, EX_n)^T.$$
随机向量 $\boldsymbol{X} = (X_1, X_2, \cdots, X_n)^T$ 的协方差阵定义为
$$\boldsymbol{B} = \begin{pmatrix} \text{Cov}(X_1, X_1) & \text{Cov}(X_1, X_2) & \cdots & \text{Cov}(X_1, X_n) \\ \text{Cov}(X_2, X_1) & \text{Cov}(X_2, X_2) & \cdots & \text{Cov}(X_2, X_n) \\ \vdots & \vdots & & \vdots \\ \text{Cov}(X_n, X_1) & \text{Cov}(X_n, X_2) & \cdots & \text{Cov}(X_n, X_n) \end{pmatrix},$$
显然,协方差阵是非负定的.

下面介绍多维正态随机向量.

在概率论中曾经讨论过二维正态随机向量 $\boldsymbol{X} = (X_1, X_2)^T$. 它的概率密度
$$f(x_1, x_2) = \frac{1}{2\pi\sigma_1\sigma_2\sqrt{1-\rho^2}} \exp\left\{-\frac{1}{2(1-\rho^2)}\left[\frac{(x_1-\mu_1)^2}{\sigma_1^2} - 2\rho\frac{(x_1-\mu_1)(x_2-\mu_2)}{\sigma_1\sigma_2} + \frac{(x_2-\mu_2)^2}{\sigma_2^2}\right]\right\}$$
$(-\infty < x_1 < +\infty, -\infty < x_2 < +\infty)$,
其中 $\mu_1 = EX_1, \mu_2 = EX_2, \sigma_1^2 = DX_1, \sigma_2^2 = DX_2, \rho$ 是随机变量 X 和 Y

的相关系数.

下面用向量和矩阵的形式表示二维正态分布密度函数.

令
$$B=\begin{pmatrix} \sigma_1^2 & \rho\sigma_1\sigma_2 \\ \rho\sigma_1\sigma_2 & \sigma_2^2 \end{pmatrix}, \mu=(\mu_1,\mu_2)^T, x=(x_1,x_2)^T,$$

于是
$$|B|=(1-\rho^2)\sigma_1^2\sigma_2^2.$$

而
$$B^{-1}=\frac{1}{1-\rho^2}\begin{pmatrix} \dfrac{1}{\sigma_1^2} & -\rho\dfrac{1}{\sigma_1\sigma_2} \\ -\rho\dfrac{1}{\sigma_1\sigma_2} & \dfrac{1}{\sigma_2^2} \end{pmatrix},$$

故
$$(x-\mu)^T B^{-1}(x-\mu)=\frac{1}{1-\rho^2}\Big[\frac{(x_1-\mu_1)^2}{\sigma_1^2}- 2\rho\frac{(x_1-\mu_1)(x_2-\mu_2)}{\sigma_1\sigma_2}+\frac{(x_2-\mu_2)^2}{\sigma_2^2}\Big],$$

因此,
$$f(x_1,x_2)=\frac{1}{2\pi|B|^{\frac{1}{2}}}\exp\Big\{-\frac{1}{2}(x-\mu)^T B^{-1}(x-\mu)\Big\}.$$

同理可得 n 维正态随机向量 $X=(X_1,X_2,\cdots,X_n)^T$ 的概率密度为
$$f(x)=\frac{1}{(2\pi)^{\frac{n}{2}}|B|^{\frac{1}{2}}}\exp\Big\{-\frac{1}{2}(x-\mu)^T B^{-1}(x-\mu)\Big\},$$

其中
$$x=(x_1,x_2,\cdots,x_n)^T,$$
$$\mu=EX=(EX_1,EX_2,\cdots,EX_n)^T,$$
$$B=\begin{pmatrix} \text{Cov}(X_1,X_1) & \text{Cov}(X_1,X_2) & \cdots & \text{Cov}(X_1,X_n) \\ \text{Cov}(X_2,X_1) & \text{Cov}(X_2,X_2) & \cdots & \text{Cov}(X_2,X_n) \\ \vdots & \vdots & & \vdots \\ \text{Cov}(X_n,X_1) & \text{Cov}(X_n,X_2) & \cdots & \text{Cov}(X_n,X_n) \end{pmatrix},$$

且矩阵 B 是正定的,此时 $|B|>0$, X 为 n 维正态随机向量,记为 $X\sim N(\mu,B)$.

n 维正态分布 $N(\mu,B)$ 的特征函数是
$$\varphi(t)=\exp\Big\{i\mu^T t-\frac{1}{2}t^T B t\Big\}.$$

n 维正态随机向量具有如下性质:

(1) n 维正态随机向量 $X=(X_1,X_2,\cdots,X_n)^T$ 的 $m(m<n)$ 个分量构成 m 维正态随机向量 $\widetilde{X}=(X_1,X_2,\cdots,X_m)^T$.

(2) n 维正态随机向量 $X=(X_1,X_2,\cdots,X_n)^T$ 的 n 个分量 $X_1, X_2,\cdots,X_n$ 相互独立的充分必要条件是它们两两不相关.

(3) 若 $X=(X_1,X_2,\cdots,X_n)^T$ 服从 n 维正态分布 $N(\mu,B)$,且

$l_1, l_2, \cdots, l_n$ 是常数，则随机变量 $Y = \sum_{j=1}^{n} l_j X_j$ 服从一维正态分布 $N\left(\sum_{j=1}^{n} l_j \mu_j, \sum_{j=1}^{n} \sum_{k=1}^{n} l_j l_k \mathrm{Cov}(X_j, X_k)\right)$.

此性质说明 n 维正态随机向量分量的线性组合是一个正态随机变量.

(4) 若 $\boldsymbol{X} = (X_1, X_2, \cdots, X_n)^{\mathrm{T}}$ 服从 n 维正态分布 $N(\boldsymbol{\mu}, \boldsymbol{B})$，又 m 维随机向量 $\boldsymbol{Y} = \boldsymbol{CX}$，其中 $\boldsymbol{C}$ 是 $m \times n$ 阶矩阵，则 $\boldsymbol{Y}$ 服从 m 维正态分布 $N(\boldsymbol{C\mu}, \boldsymbol{CBC}^{\mathrm{T}})$.

此性质说明正态随机向量经过线性变换后仍为正态随机向量.

第四节 条件数学期望

首先我们回忆一下条件概率概念.

设 B 是一个事件，且 $P(B) > 0$，则事件 B 发生的条件下事件 A 发生的条件概率为

$$P(A|B) = \frac{P(A \cap B)}{P(B)}.$$

如果 X 与 Y 是离散型随机变量，对一切使得 $P\{Y=y\} > 0$ 的 y，给定 $Y = y$ 时，X 的条件概率定义为

$$P\{X=x|Y=y\} = \frac{P\{X=x, Y=y\}}{P\{Y=y\}}.$$

X 的条件分布函数定义为

$$F(x|y) = P\{X \leqslant x | Y = y\}.$$

X 的条件数学期望定义为

$$E(X|Y=y) = \int x \mathrm{d}F(x|y) = \sum_x x P\{X=x|Y=y\}.$$

如果 X 与 Y 有联合概率密度函数 $f(x,y)$，则对一切使得 $f_Y(y) \geqslant 0$ 的 y，给定 $Y = y$ 时，X 的条件概率密度定义为

$$f(x|y) = \frac{f(x,y)}{f_Y(y)}.$$

X 的条件分布函数定义为

$$F(x|y) = P\{X \leqslant x | Y = y\} = \int_{-\infty}^{x} f(u|y) \mathrm{d}u.$$

X 的条件数学期望定义为

$$E(X|Y=y) = \int x \mathrm{d}F(x|y) = \int x f(x|y) \mathrm{d}x.$$

我们以 $E(X|Y)$ 表示随机变量 Y 的函数，它在 $Y = y$ 时，取值为 $E(X|Y=y)$. 条件期望的一个重要性质是对一切随机变量 X 和 Y，当期望存在时，有

$$E(X) = E[E(X|Y)] = \int E(X|Y=y) \mathrm{d}F_Y(y). \tag{1-1}$$

当 Y 为一个离散型随机变量时，式(1-1)可化为

$$E(X) = \sum_y E(X|Y=y)P\{Y=y\};$$

当 Y 为一个连续型随机变量时,式(1-1)可化为

$$E(X) = \int_{-\infty}^{+\infty} E(X|Y=y)f_Y(y)\mathrm{d}y.$$

定义 16 设 X 是随机变量且 $E(|X|)<\infty$. 若对每个子 σ 代数 $G\subset F$,存在唯一的(几乎必然相等的意义下)随机变量 X^*,有 $E(|X^*|)<\infty$,使得 X^* 是 G 可测随机变量(即对任何的 $x\in \mathbf{R}$,有 $\{X^*\leqslant x\}\in G$),且 $E(X^* I_B)=E(XI_B)$,$\forall B\in G$,则称随机变量 X^* 为 X 在给定 G 下的**条件数学期望**,记为 $X^* = E(X|G)$. 即

$$\int_B E(X|G)\mathrm{d}P = \int_B X\mathrm{d}P, \forall B\in G.$$

条件数学期望有如下基本性质:

(1) $E[E(X|G)]=E(X)$.

(2) 设 X 是 G 可测,则 $E(X|G)=X$,a.s..

(3) 设 $G=\{\varnothing,\Omega\}$,则 $E(X|G)=E(X)$,a.s..

(4) $E(X|G)=E(E^+|G)-E(E^-|G)$,a.s..

(5) 若 $X\leqslant Y$,a.s.,则 $E(X|G)\leqslant E(Y|G)$,a.s..

(6) 若 a,b 为实数,$X,Y,aX+bY$ 的期望存在,则 $E(aX+bY|G)=aE(X|G)+bE(Y|G)$,a.s.,如果右边和式有意义.

(7) $|E(X|G)|\leqslant E(|X||G)$,a.s..

(8) 设 $0\leqslant X_n\uparrow X$,a.s.,则 $E(X_n|G)\uparrow E(X|G)$,a.s..

(9) 设 X 及 XY 的期望存在,且 Y 为 G 可测,则 $E(XY|G)=YE(X|G)$,a.s..

(10) 若 X 与 G 相互独立(即 $\sigma(X)$ 与 G 相互独立),则有 $E(X|G)=E(X)$,a.s..

(11) 若 G_1,G_2 是两个子 σ 代数,使得 $G_1\subset G_2\subset F$,则
$$E[E(X|G_2)|G_1]=E(X|G_1), \text{a.s..}$$

(12) 若 X,Y 是两个独立的随机变量,函数 $g(x,y)$ 使得 $E[|g(X,Y)|]<+\infty$,则有 $E[g(X,Y)|Y]=E[g(X,y)]\big|_{y=Y}$,a.s.. 这里 $E[g(X,y)]\big|_{y=Y}$ 的意义是,先将 y 视为常数,求得数学期望 $E[g(X,y)]$ 后再将随机变量 Y 代入到 y 的位置.

第二章 基本概念

第一节 随机过程的基本概念

概率论中研究的主要对象只是一个或多个随机变量(或随机向量),但在许多实际问题中,我们必须对一族随机现象的变化过程进行研究,形成一个随机变量族,这就是随机过程.

例1 生物群体的增长问题. 在描述群体的发展或演变过程中,以 $X(t)$ 表示在时刻 t 群体的个数,则对每一个 t,$X(t)$ 是一个随机变量. 设从 $t=0$ 开始每隔 24h 对群体的个数观测一次,则 $\{X(t), t=0,1,\cdots\}$ 是随机过程.

例2 某电话交换台在时间段 $[0,t]$ 内接到的呼唤次数是与 t 有关的随机变量 $X(t)$,对于固定的 t,$X(t)$ 是一个取非负整数的随机变量,故 $\{X(t), t\in[0,\infty)\}$ 是随机过程.

例3 在天气预报中,若以 $X(t)$ 表示某地区第 t 次统计所得到的该天最高气温,则 $X(t)$ 是随机变量. 为了预报该地区未来的气温,我们必须研究随机过程 $\{X(t), t=0,1,\cdots\}$ 的统计规律性.

例4 在海浪分析中,需要观测某固定点处海平面的垂直振动. 设 $X(t)$ 表示在时刻 t 处的海平面相对于平均海平面的高度,则 $X(t)$ 是随机变量,$\{X(t), t\in[0,\infty)\}$ 是随机过程.

根据上面几个例子的共同特点,可以总结出随机过程的一般定义.

定义1 设 $(\Omega, \mathcal{F}, P)$ 是概率空间,T 是给定的参数集,若对每个 $t\in T$,存在一个随机变量 $X(t,\omega)$ 与之对应,则称随机变量族 $\{X(t,\omega), t\in T\}$ 是 $(\Omega, \mathcal{F}, P)$ 上的**随机过程**,简记为随机过程 $\{X(t), t\in T\}$. T 称为**参数集**,在实际问题中通常表示时间.

从数学意义上讲,随机过程 $\{X(t,\omega), t\in T\}$ 是定义在 $T\times\Omega$ 上的二元函数. 对固定的 t,$X(t,\omega)$ 是随机变量,一般称为**随机过程在 t 时刻的状态**. 随机过程 $\{X(t,\omega), t\in T\}$ 所有状态构成的集合称为**状态空间**(概率论中随机变量的所有可能的取值),记为 S,即 $S=\{x|X(t)=x, t\in T\}$;对固定的 ω,它是 t 的函数,称为**随机过程的样本函数或样本曲线**. 由于 $\omega\in\Omega$,因此也可以把样本空间 Ω 理解

为样本函数的全体.

随机过程可以根据参数集 T 和状态空间的取值特点进行分类.参数集 T 可分为离散集和连续集两种情况,状态空间也同样可分为离散与连续两种情况.因而随机过程可分成下列四类:

(1) **离散参数与离散状态的随机过程**,如例 1.
(2) **离散参数与连续状态的随机过程**,如例 2.
(3) **连续参数与离散状态的随机过程**,如例 3.
(4) **连续参数与连续状态的随机过程**,如例 4.

随机过程的分类,还可以根据概率分布规律分类:独立过程、独立增量过程、正态过程、泊松过程、维纳过程、平稳过程、马尔可夫过程和鞅等.

第二节 随机过程的分布

设 $\{X(t,\omega),t\in T\}$ 是一个随机过程,对于每个 $t\in T$,定义其一维随机过程 $X(t)$ 的分布函数为

$$F(x;t)=P\{X(t)\leqslant x\},x\in \mathbf{R}.$$

当 t 变动时就得到**一维分布函数族** $\{F(x;t),t\in T\}$.同理,任取两个时刻 $t_1,t_2\in T$ 的状态是一个二维随机向量 $(X(t_1),X(t_2))$,其分布函数为

$$F(x_1,x_2;t_1,t_2)=P\{X(t_1)\leqslant x_1,X(t_2)\leqslant x_2\}.$$

依次类推可得 n 维随机向量的分布函数,由此得:

定义 2 设 $\{X(t),t\in T\}$ 是一个随机过程,对任意 $n\geqslant 1$ 和 $t_1, t_2,\cdots,t_n\in T$,有随机向量 $(X(t_1),X(t_2),\cdots,X(t_n))$ 的联合分布函数为

$$F(x_1,x_2,\cdots,x_n;t_1,t_2,\cdots,t_n)=P\{X(t_1)\leqslant x_1, X(t_2)\leqslant x_2,\cdots,X(t_n)\leqslant x_n\}.$$

这些分布函数的全体

$$\mathbf{F}=\{F(x_1,x_2,\cdots,x_n;t_1,t_2,\cdots,t_n),t_1,t_2,\cdots,t_n\in T,n\geqslant 1\}$$

称为随机过程 $\{X(t),t\in T\}$ 的**有限维分布函数族**.

描绘随机过程 $X(t)$ 的概率分布,当随机过程的状态空间为连续型时,可以用分布密度来表示,分布密度的全体 $\{f(x_1,x_2,\cdots,x_n; t_1,t_2,\cdots,t_n),t_1,t_2,\cdots,t_n\in T,n\geqslant 1\}$,称为随机过程 $\{X(t),t\in T\}$ 的**有限维分布密度族**.

有限维分布函数族具有如下性质:

(1) 对称性:对 $\{t_1,t_2,\cdots,t_n\}$ 的任意排列 $\{t_{i_1},t_{i_2},\cdots,t_{i_n}\}$ 有

$$F(x_1,x_2,\cdots,x_n;t_1,t_2,\cdots,t_n)=F(x_{i_1},x_{i_2},\cdots,x_{i_n};t_{i_1},t_{i_2},\cdots,t_{i_n}).$$

(2) 相容性:$m<n$,有

$$F(x_1,x_2,\cdots,x_m;t_1,t_2,\cdots,t_m)$$
$$=F(x_1,x_2,\cdots,x_m,\infty,\cdots,\infty;t_1,t_2,\cdots,t_n).$$

对于给定随机过程,可以得到其有限维分布函数族 F;反之是否一定存在一个以 F 作为有限维分布函数族的随机过程呢?

定理 (柯尔莫哥洛夫(Kolmogorov)存在定理)设已给参数集 T 及满足对称性和相容性条件的分布函数族 F,则必存在概率空间 $(\Omega, \mathcal{F}, P)$ 及定义在其上的随机过程 $\{X(t), t \in T\}$,它的有限维分布函数族是 F.

柯尔莫哥洛夫定理是随机过程理论的基本定理,它是证明随机过程存在性的有力工具. 值得注意的是存在性定理中的概率空间 $(\Omega, \mathcal{F}, P)$ 和随机过程 $\{X(t), t \in T\}$ 的构造并不唯一.

例 5 某数字系统的接收端收到一个接连不断的二进码信号,即长度无限的 0,1 序列 $\{X(n), n=1,2,\cdots\}$,它是一个离散参数链,称为伯努利过程. 试讨论其状态空间及一维、二维概率分布.

解 随机过程 $\{X(n), n=1,2,\cdots\}$ 的状态空间 $S=\{0,1\}$,一维和二维概率分布分别为

$X(n)$	0	1
P	q	p

$X(m)$ \ $X(n)$	0	1
0	q^2	qp
1	pq	p^2

其中 $0<p<1, p+q=1$.

例 6 随机过程 $X(t)=A\cos t, -\infty<t<\infty$,其中 A 是随机变量,且具有概率分布

A	1	2	3
P	$\frac{1}{3}$	$\frac{1}{3}$	$\frac{1}{3}$

求(1) 一维分布函数 $F\left(x; \frac{\pi}{4}\right), F\left(x; \frac{\pi}{2}\right)$;

(2) 二维分布函数 $F\left(x_1, x_2; 0, \frac{\pi}{3}\right)$.

解 (1) 由 $X\left(\frac{\pi}{4}\right)=A\cos\frac{\pi}{4}=\frac{\sqrt{2}}{2}A$,它可能取值为 $\frac{\sqrt{2}}{2}, \sqrt{2}, \frac{3\sqrt{2}}{2}$,得

$$P\left\{X\left(\frac{\pi}{4}\right)=\frac{\sqrt{2}}{2}\right\}=P\left\{A\cos\frac{\pi}{4}=\frac{\sqrt{2}}{2}\right\}=P\{A=1\}=\frac{1}{3},$$

$$P\left\{X\left(\frac{\pi}{4}\right)=\sqrt{2}\right\}=P\left\{A\cos\frac{\pi}{4}=\sqrt{2}\right\}=P\{A=2\}=\frac{1}{3},$$

$$P\left\{X\left(\frac{\pi}{4}\right)=\frac{3\sqrt{2}}{2}\right\}=P\left\{A\cos\frac{\pi}{4}=\frac{3\sqrt{2}}{2}\right\}=P\{A=3\}=\frac{1}{3}.$$

故

$$F\left(x;\frac{\pi}{4}\right)=\begin{cases} 0, & x<\frac{\sqrt{2}}{2}, \\ \frac{1}{3}, & \frac{\sqrt{2}}{2}\leqslant x<\sqrt{2}, \\ \frac{2}{3}, & \sqrt{2}\leqslant x<\frac{3\sqrt{2}}{2}, \\ 1, & x\geqslant\frac{3\sqrt{2}}{2}. \end{cases}$$

显然,$X\left(\frac{\pi}{2}\right)=A\cos\frac{\pi}{2}$ 只能取 0 值,

故

$$F\left(x;\frac{\pi}{2}\right)=\begin{cases} 0, & x<0, \\ 1, & x\geqslant 0. \end{cases}$$

(2) $F\left(x_1,x_2;0,\frac{\pi}{3}\right)=P\left\{A\cos 0\leqslant x_1,A\cos\frac{\pi}{3}\leqslant x_2\right\}$

$$=P\left\{A\leqslant x_1,\frac{A}{2}\leqslant x_2\right\}$$

$$=P\{A\leqslant x_1,A\leqslant 2x_2\}$$

$$=\begin{cases} P\{A\leqslant x_1\}, & x_1\leqslant 2x_2, \\ P\{A\leqslant 2x_2\}, & 2x_2<x_1, \end{cases}$$

故得

$$F\left(x_1,x_2;0,\frac{\pi}{3}\right)=\begin{cases} 0, & \text{当 } x_1\leqslant 2x_2,x_1<1 \\ & \text{或 } 2x_2\leqslant x_1,x_2<\frac{1}{2}, \\ \frac{1}{3}, & \text{当 } x_1\leqslant 2x_2,1\leqslant x_1<2 \\ & \text{或 } 2x_2\leqslant x_1,\frac{1}{2}\leqslant x_2<1, \\ \frac{2}{3}, & \text{当 } x_1\leqslant 2x_2,2\leqslant x_1<3 \\ & \text{或 } 2x_2\leqslant x_1,1\leqslant x_2<\frac{3}{2}, \\ 1, & \text{当 } x_1\leqslant 2x_2,x_1\geqslant 3 \\ & \text{或 } 2x_2\leqslant x_1,x_2\geqslant\frac{3}{2}. \end{cases}$$

例 7 设随机过程 $X(t)$ 只有两条样本曲线

$$X(t,\omega_1)=a\cos t,$$

$$X(t,\omega_2)=a\cos(t+\pi)=-a\cos t, -\infty<t<\infty,$$

其中常数 $a>0$，且 $P(\omega_1)=\dfrac{2}{3}, P(\omega_2)=\dfrac{1}{3}$.

求 (1) $X(t)$ 一维分布函数 $F(x;0), F\left(x;\dfrac{\pi}{4}\right)$；

(2) $X(t)$ 二维分布函数 $F\left(x_1,x_2;0,\dfrac{\pi}{4}\right)$.

解 (1) 由 $X(0)$ 的可能取值为
$$X(0,\omega_1)=a\cos 0=a,$$
$$X(0,\omega_2)=-a\cos 0=-a,$$
而
$$P\{X(0)=a\}=P\{\omega_1\}=\dfrac{2}{3}, P\{X(0)=-a\}=P\{\omega_2\}=\dfrac{1}{3},$$
故
$$F(x;0)=\begin{cases}0, & x<-a,\\ \dfrac{1}{3}, & -a\leqslant x<a,\\ 1, & x\geqslant a.\end{cases}$$

同理，根据 $X\left(\dfrac{\pi}{4}\right)$ 的可能取值
$$X\left(\dfrac{\pi}{4},\omega_1\right)=a\cos\dfrac{\pi}{4}=\dfrac{\sqrt{2}}{2}a,$$
$$X\left(\dfrac{\pi}{4},\omega_2\right)=-a\cos\dfrac{\pi}{4}=-\dfrac{\sqrt{2}}{2}a,$$
可得
$$F\left(x;\dfrac{\pi}{4}\right)=\begin{cases}0, & x<-\dfrac{\sqrt{2}}{2}a,\\ \dfrac{1}{3}, & -\dfrac{\sqrt{2}}{2}a\leqslant x<\dfrac{\sqrt{2}}{2}a,\\ 1, & x\geqslant\dfrac{\sqrt{2}}{2}a.\end{cases}$$

(2) 随机向量 $\left(X(0),X\left(\dfrac{\pi}{2}\right)\right)$ 的可能取值为
$$\left(X(0,\omega_1),X\left(\dfrac{\pi}{4},\omega_1\right)\right)=\left(a,\dfrac{\sqrt{2}}{2}a\right),$$
$$\left(X(0,\omega_2),X\left(\dfrac{\pi}{4},\omega_2\right)\right)=\left(-a,-\dfrac{\sqrt{2}}{2}a\right),$$
而
$$P\left\{X(0)=a, X\left(\dfrac{\pi}{4}\right)=\dfrac{\sqrt{2}}{2}a\right\}=P(\omega_1)=\dfrac{2}{3},$$
$$P\left\{X(0)=-a, X\left(\dfrac{\pi}{4}\right)=-\dfrac{\sqrt{2}}{2}a\right\}=P(\omega_2)=\dfrac{1}{3},$$
故

$$F(x_1,x_2;0,\frac{\pi}{4})=\begin{cases}0, & \text{当 }x_1<-a\text{ 或 }x_2<-\frac{\sqrt{2}}{2}a,\\ \frac{1}{3}, & \text{当 }x_1\geqslant -a\text{ 且 }-\frac{\sqrt{2}}{2}a\leqslant x_2<\frac{\sqrt{2}}{2}a\\ & \text{或}-a\leqslant x_1<a\text{ 且 }x_2\geqslant-\frac{\sqrt{2}}{2}a,\\ 1, & \text{当 }x_1\geqslant a\text{ 且 }x_2\geqslant\frac{\sqrt{2}}{2}a.\end{cases}$$

第三节 随机过程的数字特征

在实际问题中,要知道随机过程的全部有限维分布函数族是不可能的,因此,人们往往用随机过程的某些统计特征来取代 **F**. 在概率论中讲过随机变量的主要数字特征是数学期望和方差;二维随机向量的主要数字特征是数学期望、方差、协方差和相关系数;更一般的数字特征为矩. 随机过程的数字特征是利用随机变量和随机向量的数字特征进行定义的.

定义 3 设 $\{X(t),t\in T\}$ 是随机过程,如果对任意 $t\in T$, $EX(t)$ 存在,则称函数

$$m_X(t)=EX(t)=\int_{-\infty}^{+\infty}x\mathrm{d}F(x;t),t\in T$$

为随机过程 $X(t)$ 的**数学期望函数**(均值函数),其中 $F(x;t)$ 是随机过程的一维分布函数.

若对任意 $t\in T$, $EX^2(t)$ 存在,则称函数

$$D_X(t)=DX(t)=E[X(t)-m_X(t)]^2,t\in T$$

为随机过程 $X(t)$ 的**方差函数**. $D_X(t)$ 的算术根 $\sigma_X(t)=\sqrt{D_X(t)}$ 称为随机过程 $X(t)$ 的**标准差函数**.

称

$$C_X(t_1,t_2)=E\{[X(t_1)-m_X(t_1)][X(t_2)-m_X(t_2)]\},t_1,t_2\in T$$

为随机过程 $X(t)$ 的**协方差函数**.

称

$$R_X(t_1,t_2)=E[X(t_1)X(t_2)],t_1,t_2\in T$$

为随机过程 $X(t)$ 的**相关函数**.

相关函数具有如下性质:

(1) 相关函数 $R_X(t_1,t_2)$ 是对称的,即

$$R_X(t_1,t_2)=R_X(t_2,t_1).$$

(2) 相关函数 $R_X(t_1,t_2)$ 是非负定的,即对任意 $n\geqslant 1$ 和任意实数 $\tau_1,\tau_2,\cdots,\tau_n\in T$ 及任意复数 $z_1,z_2,\cdots,z_n$,有

$$\sum_{k=1}^{n}\sum_{j=1}^{n}R_X(\tau_k,\tau_j)z_k\overline{z_j}\geqslant 0.$$

由协方差函数和相关函数的关系可得这两条性质对协方差函数也是成立的.

如果对任意 $t\in T$,随机过程 $\{X(t),t\in T\}$ 的一、二阶矩 $EX(t)$ 和 $EX^2(t)$ 都存在,则称 $X(t)$ 是**二阶矩过程**.

二阶矩过程的协方差函数和相关函数一定存在,且有下列关系
$$C_X(t_1,t_2)=R_X(t_1,t_2)-m_X(t_1)m_X(t_2).$$

由以上相关定义可见,数学期望和相关函数是随机过程的两个最基本的数字特征,协方差函数和方差函数都可以从它们获得.

在二阶矩过程中有一类正态过程,在电子技术中经常遇到,比如温度限制二极管的噪声,电子元器件的噪声. 正态过程在随机过程中起着重要的作用. 一方面,很多重要的随机过程都是正态过程,或者可以用正态过程来近似表示;另一方面,正态过程具有很多良好的性质,对正态过程来说,许多问题的回答比其他过程更为容易.

定义 4 给定随机过程 $\{X(t),t\in T\}$,若对任意正整数 n 及 $t_1,t_2,\cdots,t_n\in T$,n 维随机变量 $\{X(t_1),X(t_2),\cdots,X(t_n)\}$ 的联合概率分布为 n 维正态分布,则称随机过程 $\{X(t),t\in T\}$ 为**正态过程**.

下面具体讨论正态过程的概率分布.

设 $\{X(t),t\in T\}$ 为正态过程,则其有限维概率分布都是正态分布.

(1) 一维概率分布　　$X(t)\sim N(m(t),D(t))$

均值分布　　　　　$m(t)=E[X(t)]$,

方差分布　　　　　$D(t)=D[X(t)]$,

一维概率密度函数
$$f(t,x)=\frac{1}{\sqrt{2\pi D(t)}}\exp\left\{-\frac{[x-m(t)]^2}{2D(t)}\right\},\begin{array}{l}t\in T,\\x\in \mathbf{R},\end{array}$$

一维特征函数
$$\varphi(t,u)=\exp\left\{im(t)u-\frac{1}{2}D(t)u^2\right\},\begin{array}{l}t\in T,\\u\in \mathbf{R}.\end{array}$$

(2) 二维概率分布 $(X(s),X(t))'\sim N(\boldsymbol{\mu},\boldsymbol{C})$

均值
$$\boldsymbol{\mu}=\begin{pmatrix}m(s)\\m(t)\end{pmatrix},$$

二阶协方差阵
$$\boldsymbol{C}=\begin{pmatrix}D(s)&C(s,t)\\C(t,s)&D(t)\end{pmatrix},$$

相关系数
$$\rho=\frac{C(s,t)}{\sqrt{D(s)D(t)}},$$

二维概率密度函数
$$f(s,t;x,y)=\frac{1}{2\pi\sqrt{D(s)D(t)}\sqrt{1-\rho^2}}\cdot$$

$$\exp\left\{-\frac{1}{2(1-\rho^2)}\left[\frac{(x-m(s))^2}{D(s)}-\frac{2\rho(x-m(s))(y-m(t))}{\sqrt{D(t)D(s)}}+\frac{(y-m(t))^2}{D(t)}\right]\right\},$$

向量形式

$$f(\boldsymbol{x})=\frac{1}{2\pi|\boldsymbol{C}|^{\frac{1}{2}}}\exp\left\{-\frac{1}{2}(\boldsymbol{x}-\boldsymbol{\mu})'\boldsymbol{C}^{-1}(\boldsymbol{x}-\boldsymbol{\mu})\right\},$$

$$\boldsymbol{x}=\begin{pmatrix}x\\y\end{pmatrix},$$

二维特征函数

$$\varphi(s,t;u,v)$$
$$=\exp\left\{\mathrm{i}[um(s)+vm(t)]-\frac{1}{2}[u^2D(s)+2uvC(s,t)+v^2D(t)]\right\},$$

向量形式

$$\varphi(\boldsymbol{u})=\exp\left\{\mathrm{i}\boldsymbol{u}'\boldsymbol{u}-\frac{1}{2}\boldsymbol{u}'\boldsymbol{C}\boldsymbol{u}\right\},\boldsymbol{u}=\begin{pmatrix}u\\v\end{pmatrix}.$$

(3) n 维概率分布 $(X(t_1),X(t_2),\cdots,X(t_n))'\sim N(\boldsymbol{\mu},\boldsymbol{C})$

均值
$$\boldsymbol{\mu}=\begin{bmatrix}m(t_1)\\m(t_2)\\\vdots\\m(t_n)\end{bmatrix},$$

协方差阵
$$\boldsymbol{C}=\begin{bmatrix}C(t_1,t_1) & C(t_1,t_2) & \cdots & C(t_1,t_n)\\C(t_2,t_1) & C(t_2,t_2) & \cdots & C(t_2,t_n)\\\vdots & \vdots & & \vdots\\C(t_n,t_1) & C(t_n,t_2) & \cdots & C(t_n,t_n)\end{bmatrix},$$

$$\boldsymbol{x}=\begin{pmatrix}x_1\\x_2\\\vdots\\x_n\end{pmatrix},\boldsymbol{u}=\begin{pmatrix}u_1\\u_2\\\vdots\\u_n\end{pmatrix}.$$

n 维概率密度函数
$$f(x)=f(t_1,\cdots,t_n;x_1,\cdots,x_n)$$
$$=\frac{1}{(2\pi)^{\frac{n}{2}}|\boldsymbol{C}|^{\frac{1}{2}}}\exp\left\{-\frac{1}{2}(\boldsymbol{x}-\boldsymbol{\mu})'\boldsymbol{C}^{-1}(\boldsymbol{x}-\boldsymbol{\mu})\right\},$$

n 维特征函数
$$\varphi(\boldsymbol{u})=\varphi(t_1,\cdots,t_n;x_1,\cdots,x_n)=\exp\left\{\mathrm{i}\boldsymbol{u}'\boldsymbol{u}-\frac{1}{2}\boldsymbol{u}'\boldsymbol{C}\boldsymbol{u}\right\}.$$

显然,正态过程的有限维分布密度族被它的数学期望、协方差函数和特征函数完全确定.

例8 随机过程 $X(t)=A+Bt,t\geqslant 0$,其中 A 和 B 是独立随机

变量,且都服从标准正态分布 $N(0,1)$. 求 $X(t)$ 的一维和二维分布.

解 当固定 t 时,$X(t)$ 是正态随机变量,又由
$$EX(t)=EA+tEB=0,$$
$$DX(t)=DA+t^2DB=1+t^2,$$
得 $X(t)\sim N(0,1+t^2)$. 这是随机过程 $X(t)$ 的一维分布.

当固定 t_1,t_2 时,$X(t_1)=A+Bt_1,X(t_2)=A+Bt_2$. 由第一章 n 维正态向量性质(4),$(X(t_1),X(t_2))^T$ 服从二维正态分布. 二维正态分布被它的数学期望和协方差矩阵所完全确定. 计算可得
$$EX(t_1)=0, EX(t_2)=0,$$
$$DX(t_1)=1+t_1^2, DX(t_2)=1+t_2^2,$$
$$\text{Cov}(X(t_1),X(t_2))=E[X(t_1)X(t_2)]$$
$$=E[(A+Bt_1)(A+Bt_2)]=1+t_1t_2.$$
故二维分布是数学期望向量为 $(0,0)^T$,协方差矩阵为
$$\begin{bmatrix} 1+t_1^2 & 1+t_1t_2 \\ 1+t_1t_2 & 1+t_2^2 \end{bmatrix}$$
的二维正态分布.

第四节 随机过程举例

本节主要介绍一些常见的随机过程.

一、独立增量过程

虽然 $X(t)$ 之间常常不是互相独立的,但人们发现许多过程的增量是互相独立的,我们称之为独立增量过程. 即:

定义 5 如果对任何 $t_1,t_2,\cdots,t_n \in T,t_1<t_2<\cdots<t_n$,随机变量 $X(t_2)-X(t_1),\cdots,X(t_n)-X(t_{n-1})$ 是相互独立的,则称 $\{X(t),t\in T\}$ 为独立增量过程.

兼有独立增量和平稳增量的过程称为平稳独立增量过程. 马尔可夫过程(链)、更新过程和鞅等都是独立增量过程. 马尔可夫过程是很重要的一类随机过程;更新过程是运筹学,排队论等管理学科中的重要工具;而鞅是近代随机过程理论中的重要概念,在经济学,特别是金融学中有着广泛的应用.

二、更新过程

例 9 考虑一个设备(它可以是灯泡、电子元件或机器零件),它一直使用到损坏或发生故障为止,然后用一个同类的设备来更换. 假定这类设备的使用寿命 T 是分布函数为 $F(t)$ 的非负随机变量,那么相继投入使用的设备的寿命 $T_1,T_2,\cdots$ 是一列与 T 相互独立同分布的随机变量. 若 $N(t)$ 表示 $[0,t]$ 时间段更换的设备数,即

$$N(t)=\sup\{n\,|\,T_1+T_2+\cdots+T_n\leqslant t\},$$
那么 $\{N(t),t\geqslant 0\}$ 是一更新过程.

例 10 设想许多轮船进入一个码头, τ_n 表示第 n 艘轮船进入码头的时刻, $n=1,2,\cdots$, 令 $T_1=\tau_1,T_2=\tau_2-\tau_1,\cdots$, 则 $T_1,T_2,\cdots$ 相互独立同分布. 若 $N(t)$ 表示 $[0,t]$ 时间段进入码头的轮船数, 即
$$N(t)=\sup\{n\,|\,T_1+T_2+\cdots+T_n\leqslant t\},$$
那么 $\{N(t),t\geqslant 0\}$ 是一更新过程.

例 11 设想一个有许多订货来源的中心邮购商行, 或一个有许多呼叫到来的电话交换台, 订货或呼叫时刻 $\tau_1,\tau_2,\cdots$ 到达, 令 $T_1=\tau_1,T_2=\tau_2-\tau_1,\cdots$, 则可认为 $T_1,T_2,\cdots$ 相互独立同分布. 设 $N(t)$ 表示 $[0,t]$ 时间段内接到的订货或呼叫的数目, 即
$$N(t)=\sup\{n\,|\,T_1+T_2+\cdots+T_n\leqslant t\},$$
那么 $\{N(t),t\geqslant 0\}$ 是一更新过程.

定义 6 设 $\{T_n,n=1,2,\cdots\}$ 是一列相互独立同分布的非负随机变量, 令 $\tau_n=\sum_{k=1}^{n}T_k,\tau_0=0,N(t)=\sup\{n\,|\,\tau_n\leqslant t\},t\geqslant 0$, 则称 $\{N(t),t\geqslant 0\}$ 是一更新过程, 称 $\tau_n(n=0,1,2,\cdots)$ 为第 n 个更新时刻, $\{T_n,n=1,2,\cdots\}$ 为第 n 个更新间距. 显然, 更新过程 $\{N(t),t\geqslant 0\}$ 的状态空间为 $S=\{0,1,2,\cdots\}$.

图 2-1 表示更新过程 $\{N(t),t\geqslant 0\}$ 的一条样本曲线. 图中, $\tau_0=0$ 代表过程的起始点; $\tau_1=T_1$ 代表过程中第一次更新时刻; $\tau_2=T_1+T_2$ 代表过程中第二次更新时刻; $\cdots$; $\tau_n=T_1+T_2+\cdots+T_n$ 代表过程中第 n 次更新时刻; $\cdots$.

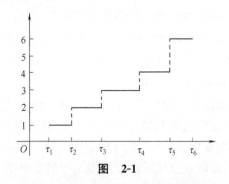

图 2-1

设 $T_1,T_2,\cdots,T_n,\cdots$ 的分布函数为 $F(t)$, 概率密度为 $f(t)$, 则随机变量 τ_n 的概率密度函数为 $f(t)$ 的 n 重卷积. 设 $\mu=ET_n,n=1,2,\cdots$, 由 T_n 的非负随机变量且不恒为零知, $\mu>0$, 从而
$$F(0)=P(T_n=0)<1,$$
并且事件 $\{N(t)=n\}$ 的概率为
$$P\{N(t)=n\}=P\{N(t)\geqslant n\}-P\{N(t)\geqslant n+1\}$$
$$=P(\tau_n\leqslant t)-P(\tau_{n+1}\leqslant t)=F_n(t)-F_{n+1}(t),$$
其中 $F_n(t)=P(\tau_n\leqslant t)$ 是 $F(t)$ 的 n 重卷积.

例 12 设 $\{N(t), t \geqslant 0\}$ 是更新过程,更新间距 T_n 服从参数为 m 和 λ 的 Γ 分布,即 T_n 的概率密度函数为

$$f(t) = \begin{cases} \lambda e^{-\lambda t} \dfrac{(\lambda t)^{m-1}}{(m-1)!}, & t \geqslant 0, \\ 0, & t < 0. \end{cases}$$

求 $P\{N(t) = n\}$.

解 由于 T_n 的特征函数为

$$\varphi_{T_n}(t) = \left(1 - \frac{\mathrm{i}\lambda}{t}\right)^{-m},$$

因此 $\tau_n = T_1 + T_2 + \cdots + T_n$ 的特征函数为

$$\varphi_{\tau_n}(t) = \left(1 - \frac{\mathrm{i}\lambda}{t}\right)^{-mn},$$

于是,τ_n 的概率密度函数为

$$f_{\tau_n}(t) = \begin{cases} \dfrac{1}{(mn-1)!} \lambda^{mn} t^{mn-1} e^{-\lambda t}, & t \geqslant 0, \\ 0, & t < 0, \end{cases}$$

从而 τ_n 的分布函数为

$$F_{\tau_n}(t) =$$

$$\begin{cases} \displaystyle\int_0^t f_{\tau_n}(s)\,\mathrm{d}s = \dfrac{1}{(mn-1)!}\lambda^{mn}\int_0^t s^{mn-1}e^{-\lambda s}\,\mathrm{d}s = 1 - e^{-\lambda t}\sum_{r=0}^{mn-1}\dfrac{(\lambda t)^r}{r!}, & t \geqslant 0, \\ 0, & t < 0, \end{cases}$$

所以

$$P\{N(t) = n\} = F_n(t) - F_{n+1}(t) = e^{-\lambda t} \sum_{r=mn}^{mn+m-1} \frac{(\lambda t)^r}{r!}, n = 0, 1, 2, \cdots.$$

特别地,当 $m = 1$ 时,

$$P\{N(t) = n\} = e^{-\lambda t} \frac{(\lambda t)^n}{n!}, n = 0, 1, 2, \cdots.$$

三、维纳过程(布朗运动)

英国植物学家布朗于 1827 年观察到悬浮于液体中的花粉微粒的运动是非常不规则的,后人把这种运动称为布朗运动. 如何用数学模型来精确描述布朗运动在当时一直存在困难,直到 1918 年维纳在他的博士论文中提到了布朗运动的精确数学公式,所以布朗运动又称维纳过程.

假设花粉微粒每隔 Δt 的时间以 $1/2$ 的概率向右(向左)移动 Δx 单位,记 $X(t)$ 为 t 时刻的位置,则

$$X(t) = \Delta x (X_1 + X_2 + \cdots + X_{[t/\Delta t]}),$$

其中,$[t/\Delta t]$ 为 $t/\Delta t$ 的整数部分.

$$X_i = \begin{cases} 1, & \text{向右移动}, \\ -1, & \text{向左移动}, \end{cases}$$

X_i 互相独立同分布.

$$P(X_i=1)=P(X_i=-1)=\frac{1}{2},$$
$$E(X_i)=0, D(X_i)=1,$$
$$E[X(t)]=0, D[X(t)]=(\Delta x)^2\left[\frac{t}{\Delta t}\right].$$

只要令 $\Delta x \to 0$ 时 $\Delta t \to 0$，我们就可以得到维纳过程的一维数学模型.

令 $\Delta x = C\sqrt{\Delta t}$ 其中 C 为某个正常数，则 $\Delta t \to 0$ 时，
$$E[X(t)]=0,$$
$$D[X(t)]=C^2 t,$$

由中心极限定理有：

(1) $X(t)$ 是正态的，$E[X(t)]=0, D[X(t)]=C^2 t$；

(2) $[X(t), t \geq 0]$ 为平稳独立增量过程.

由此我们给出维纳过程的定义.

定义7 如果随机过程 $\{W(t), t \geq 0\}$ 满足下列条件：

(1) $W(0)=0$；

(2) $E[W(t)]=0$；

(3) 具有平稳独立增量；

(4) $t>0, W(t) \sim N(0, \sigma^2 t)(\sigma>0)$，

称 $\{W(t), t \geq 0\}$ 是参数 σ^2 的维纳过程.

维纳过程是应用概率论中最有用的随机过程之一，此过程在分析股票价格水平、通信理论、生物学、管理科学等领域得到了广泛应用.

维纳过程的概率分布及数字特征：

(1) 一维概率密度
$$f(t,x)=\frac{1}{\sigma\sqrt{2\pi t}}\exp\left\{-\frac{x^2}{2\sigma^2 t}\right\}, 0<t<+\infty, -\infty<x<+\infty,$$

一维特征函数
$$\varphi(t,\mu)=e^{-\frac{1}{2}\sigma^2 t u^2}, 0 \leq t<+\infty, -\infty<u<+\infty,$$

增量分布
$$W(t)-W(s) \sim N(0, \sigma^2|t-s|),$$

维纳过程的协方差函数
$$C(s,t)=\sigma^2 \min(s,t).$$

(2) 二维概率分布
$$(W(t)-W(s)) \sim N(\mathbf{0}, \mathbf{C}), t>s,$$

均值
$$\mathbf{0}=\begin{pmatrix}0\\0\end{pmatrix},$$

协方差矩阵
$$\mathbf{C}=\begin{pmatrix}\sigma^2 s & \sigma^2 s\\ \sigma^2 s & \sigma^2 t\end{pmatrix}, t>s,$$

二维概率密度函数

$$f(s,t;x,y)=\frac{1}{2\pi\sigma^2\sqrt{s(t-s)}}\exp\left\{-\frac{1}{2\sigma^2 s(t-s)}[tx^2-2sxy+sy^2]\right\},0<s<t,$$

二维特征函数

$$\varphi(s,t;u,v)=\exp\left\{-\frac{\sigma^2}{2}[su^2+2suv+tv^2]\right\},s<t.$$

(3) n 维概率分布

$$\boldsymbol{X}=\begin{pmatrix}W(t_1)\\W(t_2)\\\vdots\\W(t_n)\end{pmatrix}\sim N(\boldsymbol{0},\boldsymbol{C}),\boldsymbol{0}=\begin{pmatrix}0\\0\\\vdots\\0\end{pmatrix}(0<t_1<t_2<\cdots<t_n),$$

n 阶协方差矩阵

$$\boldsymbol{C}=\begin{bmatrix}\sigma^2 t_1 & \sigma^2 t_1 & \cdots & \sigma^2 t_1\\\sigma^2 t_1 & \sigma^2 t_2 & \cdots & \sigma^2 t_2\\\vdots & \vdots & & \vdots\\\sigma^2 t_1 & \sigma^2 t_2 & \cdots & \sigma^2 t_n\end{bmatrix},$$

n 维概率密度

$$f(t_1,t_2,\cdots,t_n;x_1,x_2,\cdots,x_n)=\frac{1}{(2\pi)^{\frac{n}{2}}|\boldsymbol{C}|^{\frac{1}{2}}}\exp\left\{-\frac{1}{2}\boldsymbol{x}'\boldsymbol{C}^{-1}\boldsymbol{x}\right\},$$

$$\boldsymbol{x}=\begin{pmatrix}x_1\\x_2\\\vdots\\x_n\end{pmatrix},$$

n 维特征函数

$$\varphi(\boldsymbol{u})=\varphi(t_1,\cdots,t_n;x_1,\cdots,x_n)=\exp\left\{-\frac{1}{2}\boldsymbol{u}'\boldsymbol{C}\boldsymbol{u}\right\},$$

其中

$$\boldsymbol{u}=\begin{pmatrix}u_1\\u_2\\\vdots\\u_n\end{pmatrix}.$$

维纳过程是平稳独立增量过程、正态过程、马尔可夫过程,也是平稳增量过程.

第五节 多维随机过程

与随机变量有多维的情况类似,在实际问题中有时需要同时考虑两个或两个以上随机过程的统计规律.例如,把一个随机信号 $X(t)$ 输入到一个线性系统,那么系统的输出也是随机过程,记为 $Y(t)$,实际需要讨论输入随机过程 $X(t)$ 和输出随机过程 $Y(t)$ 之间的联系,从而考察它们的联合统计规律. 下面仅对两个随机过程的情形给出相关定义.

设 $X(t),Y(t)(t\in T)$ 是两个随机过程,则称 $\{(X(t),Y(t))^{\mathrm{T}}, t\in T\}$ 为**二维随机过程**. 下面类似于一维情形,定义二维随机过程的有限维分布和数字特征.

定义 8 对任意正整数 n 和 m,任取 $t_1,t_2,\cdots,t_m,t'_1,t'_2,\cdots,t'_n\in T$,作 $m+n$ 维随机向量

$$(X(t_1),X(t_2),\cdots,X(t_m),Y(t'_1),Y(t'_2),\cdots,Y(t'_n)),$$

称其联合分布函数

$$F(x_1,x_2,\cdots,x_m;t_1,t_2,\cdots,t_m;y_1,y_2,\cdots,y_n;t'_1,t'_2,\cdots,t'_n)$$
$$=P\{X(t_1)\leqslant x_1,X(t_2)\leqslant x_2,\cdots,X(t_m)\leqslant x_m,Y(t'_1)\leqslant y_1,$$
$$Y(t'_2)\leqslant y_2,\cdots,Y(t'_n)\leqslant y_n\}$$

为**二维随机过程** $(X(t),Y(t))^{\mathrm{T}}$ **的** $m+n$ **维联合分布函数**.

为表示方便,可用向量表示为

$$F(\boldsymbol{x},\boldsymbol{t};\boldsymbol{y},\boldsymbol{t}')=P\{\boldsymbol{X}(\boldsymbol{t})\leqslant\boldsymbol{x},\boldsymbol{Y}(\boldsymbol{t}')\leqslant\boldsymbol{y}\},$$

其中 $\boldsymbol{t}=(t_1,t_2,\cdots,t_m)^{\mathrm{T}},\boldsymbol{t}'=(t'_1,t'_2,\cdots,t'_n)^{\mathrm{T}},\boldsymbol{x}=(x_1,x_2,\cdots,x_m)^{\mathrm{T}},$ $\boldsymbol{y}=(y_1,y_2,\cdots,y_n)^{\mathrm{T}},\boldsymbol{X}(\boldsymbol{t})=(X(t_1),X(t_2),\cdots,X(t_m))^{\mathrm{T}},\boldsymbol{Y}(\boldsymbol{t}')=(Y(t'_1),Y(t'_2),\cdots,Y(t'_n))^{\mathrm{T}}.$

定义 9 记 $F_X(\boldsymbol{x},\boldsymbol{t})=P\{\boldsymbol{X}(\boldsymbol{t})\leqslant\boldsymbol{x}\}$ 为随机过程 $X(t)$ 的 m 维分布函数; 又记 $F_Y(\boldsymbol{y},\boldsymbol{t}')=P\{\boldsymbol{Y}(\boldsymbol{t}')\leqslant\boldsymbol{y}\}$ 为随机过程 $Y(t)$ 的 n 维分布函数. 若对任意正整数 m,n 及 $\boldsymbol{t},\boldsymbol{t}'$ 有

$$F(\boldsymbol{x},\boldsymbol{t};\boldsymbol{y},\boldsymbol{t}')=F_X(\boldsymbol{x},\boldsymbol{t})F_Y(\boldsymbol{y},\boldsymbol{t}'),$$

则称随机过程 $X(t)$ 与 $Y(t)$ **相互独立**.

与一维随机过程相似,也可给出协方差与相关函数的定义.

定义 10 设 $X(t),Y(t)(t\in T)$ 是两个随机过程,对固定的 $t_1,t_2\in T$,称

$$C_{XY}(t_1,t_2)=E\{[X(t_1)-m_X(t_1)][Y(t_2)-m_Y(t_2)]\},t_1,t_2\in T$$

为随机过程 $X(t),Y(t)$ 的**互协方差函数**. 而称

$$R_{XY}(t_1,t_2)=E[X(t_1)Y(t_2)],t_1,t_2\in T$$

为随机过程 $X(t),Y(t)$ 的**互相关函数**.

显然,两个随机过程的互协方差函数和互相关函数间有如下关系:

$$C_{XY}(t_1,t_2)=R_{XY}(t_1,t_2)-m_X(t_1)m_Y(t_2).$$

定义 11 若两个随机过程 $X(t),Y(t)(t\in T)$ 有 $C_{XY}(t_1,t_2)=0$ 或 $R_{XY}(t_1,t_2)=m_X(t_1)m_Y(t_2),t_1,t_2\in T$,则称**随机过程** $X(t)$ **与** $Y(t)$ **不相关**.

显然,若两个随机过程 $X(t),Y(t)(t\in T)$ 相互独立,则 $X(t)$ 与 $Y(t)$ 不相关,但反之不成立.

第六节 复随机过程

首先给出复随机变量方差和两个复随机变量协方差的定义.

定义 12 设 $Z=X+\mathrm{i}Y$ 为复随机变量,其中 X,Y 都是实随机变量,且 $\mathrm{i}=\sqrt{-1}$,则称
$$DZ=E|Z-EZ|^2$$
为**复随机变量 Z 的方差**. 方差 DZ 的非负性并没有改变.

定义 13 设两个复随机变量 $Z_1=X_1+\mathrm{i}Y_1$ 和 $Z_2=X_2+\mathrm{i}Y_2$,其中 X_1,Y_1,X_2,Y_2 都是实随机变量,称
$$\mathrm{Cov}(Z_1,Z_2)=E[(Z_1-EZ_1)\overline{(Z_2-EZ_2)}]$$
为**复随机变量 Z_1 与 Z_2 的协方差**.

协方差一般为复数,与实随机变量的协方差一样,有 $\mathrm{Cov}(Z,Z)=DZ$.

定义 14 如果 $\mathrm{Cov}(Z_1,Z_2)=0$,则称 Z_1 与 Z_2 **不相关**.

下面介绍复随机过程的相关定义.

定义 15 若 $X(t),Y(t)(t\in T)$ 都是实随机过程,则称
$$Z(t)=X(t)+\mathrm{i}Y(t),t\in T$$
为**复随机过程**.

复随机过程 $Z(t)$ 的概率分布可用二维随机过程 $(X(t),Y(t))^\mathrm{T}$ 的所有 $m+n$ 维分布函数给出. 由复随机变量的数字特征定义,可类似给出复随机过程的数字特征.

定义 16 设 $Z(t)=X(t)+\mathrm{i}Y(t),t\in T$ 为复随机过程,称
$$m_Z(t)=EZ(t)=EX(t)+\mathrm{i}EY(t),t\in T$$
为**复随机过程 $Z(t)$ 的数学期望**.

称
$$D_Z(t)=E|Z(t)-m_Z(t)|^2$$
为**复随机过程 $Z(t)$ 的方差**.

称
$$\Psi_Z(t)=E|Z(t)|^2$$
为**复随机过程 $Z(t)$ 的均方值**(非负).

称
$$C_Z(t_1,t_2)=E\{[Z(t_1)-m_Z(t_1)]\overline{[Z(t_2)-m_Z(t_2)]}\},t_1,t_2\in T$$
为**复随机过程 $Z(t)$ 的协方差函数**.

称
$$R_Z(t_1,t_2)=E[Z(t_1)\overline{Z(t_2)}],t_1,t_2\in T$$
为**复随机过程 $Z(t)$ 的相关函数**.

由上述相关定义可见,复随机过程的协方差函数和相关函数的

关系为
$$C_Z(t_1,t_2)=R_Z(t_1,t_2)-m_Z(t_1)\overline{m_Z(t_2)},$$
方差与协方差的关系为
$$D_Z(t)=C_Z(t,t),$$
均方值与相关函数的关系为
$$\Psi_Z(t)=R_Z(t,t).$$

相关函数 $R_Z(t_1,t_2)$ 的性质：

(1) $R_Z(t_1,t_2)=\overline{R_Z(t_2,t_1)}$；

(2) $R_Z(t_1,t_2)$ 是非负定的，即对任意正整数 n 和任意实数 τ_1, $\tau_2,\cdots,\tau_n\in T$ 以及任意复数 $z_1,z_2,\cdots,z_n$，有 $\sum_{r=1}^{n}\sum_{s=1}^{n}R_X(\tau_r-\tau_s)z_r\overline{z_s}\geqslant 0$；

(3) $|R_Z(t_1,t_2)|^2\leqslant R_Z(t_1,t_1)R_Z(t_2,t_2)$.

例 13 设复随机过程 $Z(t)=\sum_{k=1}^{N}A_k e^{i(\omega_0 t+\Phi_k)}$，$-\infty<t<+\infty$，表示 N 个复谐波信号叠加而成的信号，其中，ω_0 是正常数，N 是固定的正整数，A_k 是实随机变量，Φ_k 都服从在 $[0,2\pi]$ 上的均匀分布，而所有 A_k 和 $\Phi_k(k=1,2,\cdots,N)$ 相互独立. 求 $Z(t)$ 的数学期望和相关函数.

解 数学期望
$$EZ(t)=E\Big[\sum_{k=1}^{N}A_k e^{i(\omega_0 t+\Phi_k)}\Big]$$
$$=\sum_{k=1}^{N}EA_k[E\cos(\omega_0 t+\Phi_k)+iE\sin(\omega_0 t+\Phi_k)]$$
$$=\sum_{k=1}^{N}EA_k\Big[\int_0^{2\pi}\cos(\omega_0 t+\varphi_k)\frac{1}{2\pi}d\varphi_k+i\int_0^{2\pi}\sin(\omega_0 t+\varphi_k)\frac{1}{2\pi}d\varphi_k\Big]$$
$$=0.$$

相关函数
$$R_Z(t_1,t_2)=E\Big[\sum_{k=1}^{N}A_k e^{i(\omega_0 t_1+\Phi_k)}\overline{\sum_{j=1}^{N}A_j e^{i(\omega_0 t_2+\Phi_j)}}\Big]$$
$$=E\Big[\sum_{k=1}^{N}\sum_{j=1}^{N}A_k A_j e^{i(\Phi_k-\Phi_j)}\Big]e^{i\omega_0(t_1-t_2)}.$$
$$=e^{i\omega_0(t_1-t_2)}\sum_{k=1}^{N}\sum_{j=1}^{N}E(A_k A_j)Ee^{i(\Phi_k-\Phi_j)}.$$

而
$$Ee^{i(\Phi_k-\Phi_j)}=E\cos(\Phi_k-\Phi_j)+iE\sin(\Phi_k-\Phi_j)$$
$$=\int_0^{2\pi}\int_0^{2\pi}\cos(\varphi_k-\varphi_j)\Big(\frac{1}{2\pi}\Big)^2 d\varphi_k d\varphi_j+i\int_0^{2\pi}\int_0^{2\pi}\sin(\varphi_k-\varphi_j)\Big(\frac{1}{2\pi}\Big)^2 d\varphi_k d\varphi_j$$
$$=\begin{cases}0, & \text{当 } j\neq k,\\ 1, & \text{当 } j=k.\end{cases}$$

于是，
$$R_Z(t_1,t_2)=e^{i\omega_0(t_1-t_2)}\sum_{k=1}^{N}EA_k^2.$$

与实随机过程相同，也可定义**互协方差函数**
$$C_{Z_1 Z_2}(t_1,t_2)=\operatorname{Cov}[Z_1(t_1),Z_2(t_2)]$$
和**互相关函数**
$$R_{Z_1 Z_2}(t_1,t_2)=E[Z_1(t_1)\overline{Z_2(t_2)}].$$

习题二

1. 设随机过程
$$X(t)=X\cos\omega_0 t,\quad -\infty<t<\infty,$$
其中 ω_0 是正常数，而 X 是标准正态变量．试求 $X(t)$ 的一维概率分布．

2. 利用投掷一枚硬币的试验，定义随机过程
$$X(t)=\begin{cases}\cos\pi t, & \text{出现正面},\\ 2t, & \text{出现反面}.\end{cases}$$
假定"出现正面"和"出现反面"的概率各为 $\frac{1}{2}$．试确定 $X(t)$ 的一维分布函数 $F\left(x;\frac{1}{2}\right)$ 和 $F\left(x_1,x_2;\frac{1}{2},1\right)$．

3. 设随机过程 $\{X(t),-\infty<t<+\infty\}$ 总共有三条样本曲线 $X(t,\omega_1)=1$，$X(t,\omega_2)=\sin t$，$X(t,\omega_3)=\cos t$，且 $P(\omega_1)=P(\omega_2)=P(\omega_3)=\frac{1}{3}$．试求数学期望 $EX(t)$ 和相关函数 $R_X(t_1,t_2)$．

4. 设随机过程 $X(t)=\mathrm{e}^{-Xt}(t>0)$，其中 X 是具有分布密度 $f(x)$ 的随机变量．试求 $X(t)$ 的一维分布密度．

5. 在题 4 中，假定随机变量 X 具有在区间 $(0,T)$ 中的均匀分布．试求随机过程的数学期望 $EX(t)$ 和自相关函数 $R_X(t_1,t_2)$．

6. 设随机过程 $\{X(t),-\infty<t<\infty\}$ 在每一时刻 t 的状态只能取 0 或 1 的数值，而在不同时刻的状态是相互独立的，且对于任意固定 t 有 $P\{X(t)=1\}=p$，$P\{X(t)=0\}=1-p$，其中 $0<p<1$．试求 $X(t)$ 的一维和二维分布，并求 $X(t)$ 的数学期望和自相关函数．

7. 设 $\{X_n,n\geqslant 1\}$ 是独立同分布的随机序列，其中 X_j 的分布列为

X_j	1	-1
p	$\frac{1}{2}$	$\frac{1}{2}$

$,j=1,2,\cdots$．

定义 $Y_n=\sum_{j=1}^n X_j$．试对随机序列 $\{Y_n,n\geqslant 1\}$ 求

(1) Y_1 的概率分布列；

(2) Y_2 的概率分布列；

(3) Y_n 的数学期望；

(4) Y_n 的相关函数 $R_Y(n,m)$．

8. 设随机过程 $\{X(t), -\infty < t < \infty\}$ 的数学期望为 $m_X(t)$,协方差函数为 $C_X(t_1, t_2)$,而 $\varphi(t)$ 是一个函数. 试求随机过程 $Y(t) = X(t) + \varphi(t)$ 的数学期望和协方差函数.

9. 给定随机过程 $\{X(t), -\infty < t < \infty\}$. 对于任意一个数 x,定义另一个随机过程 $Y(t) = \begin{cases} 1, & X(t) \leqslant x, \\ 0, & X(t) > x. \end{cases}$

   试证: $Y(t)$ 的数学期望和相关函数分别为随机过程 $X(t)$ 的一维和二维分布函数. (两个自变量都取 x)

10. 给定一个随机过程 $X(t)$ 和常数 a,试用 $X(t)$ 的相关函数表示随机过程 $Y(t) = X(t+a) - X(t)$ 的相关函数.

11. 设随机过程 $X(t) = A\cos(\omega_0 t + \varphi), -\infty < t < \infty$,
    其中 ω_0 为正常数, A 和 φ 是相互独立的随机变量,且 A 服从在区间 $[0,1]$ 上的均匀分布,而 φ 服从在区间 $[0, 2\pi]$ 上的均匀分布. 试求 $X(t)$ 的数学期望和自相关函数.

12. 设随机过程 $X(t) = X$(随机变量),而 $EX = a, DX = \sigma^2$,试求 $X(t)$ 的数学期望和协方差函数.

13. 设随机过程 $X(t) = X + Yt, -\infty < t < \infty$,而随机向量 $(X, Y)^T$ 的协方差阵为

$$\begin{bmatrix} \sigma_1^2 & \gamma \\ \gamma & \sigma_2^2 \end{bmatrix},$$

试求 $X(t)$ 的协方差函数.

14. 设随机过程 $X(t) = X + Yt + Zt^2, -\infty < t < \infty$,其中 X, Y, Z 是相互独立的随机变量,各自的数学期望为零,方差为 1. 试求 $X(t)$ 的协方差函数.

第三章 随机分析

本章介绍随机过程在均方意义下的极限、连续、微分和积分问题. 随机过程在均方意义下的极限、连续、导数和积分的定义在形式上与微积分学中相应的定义类似,但需注意前者是对随机过程而言,而后者是对确定性函数而言的,因此两者在符号和性质上都有区别.

第一节 均方极限

定义 1 设随机序列 $\{X_n, n=1,2,\cdots\}$ 和随机变量 X,且 $E|X_n|^2$ 和 $E|X|^2$ 都存在. 若有
$$\lim_{n\to\infty} E|X_n-X|^2 = 0,$$
则称 X_n **均方收敛于** X,而 X 是 X_n 的**均方极限**,记 $\underset{n\to\infty}{\text{l.i.m}} X_n = X$.

这里记号"l.i.m"是英文 limit in mean square 的缩写. 需要注意均方极限是对随机序列而言的,而 lim 是对数列而言的. 还要指出,在上面定义中取 X_n, X 为复随机变量也是可以的,此时绝对值记号应理解为复数的模. 下面给出均方极限的唯一性定理.

定理 1 若 $\underset{n\to\infty}{\text{l.i.m}} X_n = X$,且 $\underset{n\to\infty}{\text{l.i.m}} X_n = Y$,则 $P\{X=Y\}=1$. 即均方极限在概率为 1 相等的意义下是唯一的.

证明 $E|X-Y|^2 = E|(X_n-Y)-(X_n-X)|^2$
$\leqslant E|(X_n-Y)|^2 + 2E|(X_n-Y)(X_n-X)| + E|(X_n-X)|^2$(应用施瓦茨不等式)
$\leqslant E|(X_n-Y)|^2 + 2\sqrt{E|X_n-Y|^2}\sqrt{E|X_n-X|^2} + E|(X_n-X)|^2 \to 0 (n\to\infty)$,

即有
$$E|X-Y|^2 = 0,$$
故
$$P\{X-Y=0\}=1 \text{ 或 } P\{X=Y\}=1.$$

均方极限性质:

(1) 若 $\underset{n\to\infty}{\text{l.i.m}} X_n = X$,则 $\lim EX_n = EX$. 即 $\lim EX_n = E(\underset{n\to\infty}{\text{l.i.m}} X_n)$.

证明 已知 $\underset{n\to\infty}{\text{l.i.m}} X_n = X$,得 $E|X_n-X|^2 \to 0 (n\to\infty)$. 再应用 $DY = E|Y|^2 - |EY|^2 \geqslant 0$,有

$$|EX_n - EX| = |E(X_n - X)| \leqslant \sqrt{E|X_n - X|^2} \to 0 (n \to \infty),$$

故得

$$\lim_{n \to \infty} EX_n = EX.$$

此性质表明极限与数学期望可以交换次序.

(2) 若 $\underset{m \to \infty}{\text{l.i.m}} X_m = X$ 且 $\underset{n \to \infty}{\text{l.i.m}} Y_n = Y$,则 $\underset{\substack{m \to \infty \\ n \to \infty}}{\lim} E(X_m Y_n) = E(XY)$.

特殊地,若 $\underset{n \to \infty}{\text{l.i.m}} X_n = X$,则 $\underset{\substack{m \to \infty \\ n \to \infty}}{\lim} E(X_m X_n) = E(X^2)$.

证明 已知 $\underset{m \to \infty}{\text{l.i.m}} X_m = X$ 且 $\underset{n \to \infty}{\text{l.i.m}} Y_n = Y$,可得 $E|X_m - X|^2 \to 0$ ($m \to \infty$) 和 $E|Y_n - Y|^2 \to 0 (n \to \infty)$,故

$$|E(X_m Y_n) - E(XY)|$$
$$= |E(X_m Y_n - XY)|$$
$$= |E[(X_m - X)(Y_n - Y) + X(Y_n - Y) + (X_m - X)Y]|$$

（应用三角不等式）

$$\leqslant E|(X_m - X)(Y_n - Y)| + E|X(Y_n - Y)| + E|(X_m - X)Y|$$

（应用施瓦茨不等式）

$$\leqslant \sqrt{E|(X_m - X)|^2} \sqrt{E|(Y_n - Y)|^2} + \sqrt{E|X|^2} \sqrt{E|(Y_n - Y)|^2}$$
$$+ \sqrt{E|(X_m - X)|^2} \sqrt{E|Y|^2}$$
$$\to 0 (n \to \infty),$$

得

$$\underset{\substack{m \to \infty \\ n \to \infty}}{\lim} E(X_m X_n) = E(X^2).$$

注意,关于均方极限在性质(2)的条件下不能得到 $\underset{m \to \infty}{\text{l.i.m}} X_m^2 = X^2$, $\underset{n \to \infty}{\text{l.i.m}}(X_n Y_n) = XY$,这是因为 $E|X_m^2 - X^2|^2$ 和 $E|X_n Y_n - XY|^2$ 涉及四阶矩.

(3) 若 $\underset{m \to \infty}{\text{l.i.m}} X_m = X$ 且 $\underset{n \to \infty}{\text{l.i.m}} Y_n = Y$,则对常数 a, b,有 $\underset{n \to \infty}{\text{l.i.m}}(aX_n + bY_n) = aX + bY$.

证明 已知 $\underset{m \to \infty}{\text{l.i.m}} X_m = X$ 且 $\underset{n \to \infty}{\text{l.i.m}} Y_n = Y$,可得 $E|X_m - X|^2 \to 0$ ($m \to \infty$) 和 $E|Y_n - Y|^2 \to 0 (n \to \infty)$,故

$$E|(aX_n + bY_n) - (aX + bY)|^2 = E|a(X_n - X) + b(Y_n - Y)|^2$$
$$\leqslant |a|^2 E|X_n - X|^2 + 2|a||b|E|(X_n - X)(Y_n - Y)| +$$
$$|b|^2 E|Y_n - Y|^2$$

（应用施瓦茨不等式）

$$\leqslant |a|^2 E|X_n - X|^2 + 2|a||b| \sqrt{E|X_n - X|^2} \sqrt{E|Y_n - Y|^2} +$$
$$|b|^2 E|Y_n - Y|^2 \to 0 (n \to \infty),$$

得

$$\underset{n \to \infty}{\text{l.i.m}}(aX_n + bY_n) = aX + bY.$$

(4) 若数列 $\{a_n, n = 1, 2, \cdots\}$ 有极限 $\underset{n \to \infty}{\lim} a_n = 0$,又 X 是随机变量,则 $\underset{n \to \infty}{\text{l.i.m}} a_n X = 0$.

显然，当 $n\to\infty$ 时，$E|a_nX-0|^2=|a_n|^2E|X|^2\to 0$.

(5) 极限 $\underset{n\to\infty}{\text{l.i.m}}X_n$ 存在的充分必要条件是 $\underset{\substack{m\to\infty\\n\to\infty}}{\text{l.i.m}}(X_m-X_n)=0$.

(证明略)

(6) 均方收敛必依概率收敛. 即若 $\underset{n\to\infty}{\text{l.i.m}}X_n=X$，则 $X_n\xrightarrow{P}X$.

证明 由切比雪夫不等式，对任意 $\varepsilon>0$，有
$$P\{|X_n-X|\geqslant\varepsilon\}\leqslant\frac{E|X_n-X|^2}{\varepsilon^2},$$
由已知 $\underset{n\to\infty}{\text{l.i.m}}X_n=X$，即 $E|X_n-X|^2\to 0(n\to\infty)$. 对任意固定 $\varepsilon>0$，$\underset{n\to\infty}{\lim}\frac{E|X_n-X|^2}{\varepsilon^2}=0$，故有
$$\underset{n\to\infty}{\lim}P\{|X_n-X|\geqslant\varepsilon\}=0,$$
即
$$X_n\xrightarrow{P}X.$$

例 1 设 $\{Y_n\}$ 为相互独立同分布的随机变量序列，且
$$E(Y_n)=\mu,D(Y_n)=\sigma^2,n=1,2,\cdots,$$
令 $X_n=\frac{1}{n}\sum_{i=1}^{n}Y_i$，证明 X_n 的均方极限存在，且 $\underset{n\to\infty}{\text{l.i.m}}X_n=\mu$.

证明 由
$$\begin{aligned}E|X_m-X_n|^2&=E|(X_m-\mu)-(X_n-\mu)|^2\\&=E[(X_m-\mu)^2-2(X_m-\mu)(X_n-\mu)+(X_n-\mu)^2]\\&=\frac{\sigma^2}{m}+\frac{\sigma^2}{n}-2E[(X_m-\mu)(X_n-\mu)]\\&=\frac{\sigma^2}{m}+\frac{\sigma^2}{n}-\frac{2}{mn}E\Big[\sum_{i=1}^{m}(Y_i-\mu)\sum_{j=1}^{n}(Y_j-\mu)\Big]\\&\to 0(m,n\to\infty),\end{aligned}$$
得 $\underset{\substack{m\to\infty\\n\to\infty}}{\text{l.i.m}}(X_m-X_n)=0$. 由均方极限性质(5)，得 X_n 的均方极限存在.
再由
$$E|X_n-\mu|^2=\frac{1}{n^2}E\Big[\sum_{i=1}^{m}(Y_i-\mu)\Big]^2=\frac{1}{n^2}\cdot n\sigma^2\to 0(n\to\infty),$$
即
$$\underset{n\to\infty}{\text{l.i.m}}X_n=\mu.$$
同理可以定义一般随机过程的均方极限.

定义 2 设随机过程 $\{X(t),t\in T\}$ 为二阶矩过程，X 为随机变量，且 $E|X|^2$ 存在. 若有
$$\underset{t\to t_0}{\lim}E|X(t)-X|^2=0,$$
则称 $t\to t_0$ 时，$X(t)$ **均方收敛**于 X. 而 X 是 $X(t)$ 的 $t\to t_0$ 时的**均方极限**，记 $\underset{t\to t_0}{\text{l.i.m}}X(t)=X$.

关于随机过程的均方收敛的性质，我们很容易从随机序列推广到二阶矩随机过程的情形．类似数学分析中从数列到普通函数极限的推广办法，只要将 $n\to\infty$ 变为 $t\to t_0$ 即可．

第二节 均方连续

类似普通函数，若均方极限等于该点的随机变量，则称其为均方连续．以下三节内容中参数集 T 取为连续的区间．

定义 3 若随机过程 $\{X(t),t\in T\}$，对固定的 $t_0\in T$，有
$$\mathop{\text{l.i.m}}_{t\to t_0} X(t)=X(t_0),$$
即
$$\mathop{\text{l.i.m}}_{t\to t_0} E|X(t)-X(t_0)|^2=0,$$
则称 $X(t)$ 在 t_0 处均方连续．若 $X(t)$ 在 T 中每一个 t 处都连续，则称 $X(t)$ 在 T 上均方连续．

定理 2 随机过程 $\{X(t),t\in T\}$ 在 T 上均方连续的充分必要条件是其相关函数 $R_X(t_1,t_2)$ 在第一象限的分角线中 $\{(t,t),t\in T\}$ 的所有点上是连续的．

证明 充分性．设 $R_X(t_1,t_2)$ 在 (t_0,t_0) 上连续，即 $R_X(t_1,t_2)\to R_X(t_0,t_0)(t_1\to t_0,t_2\to t_0)$，仅需证 $\mathop{\text{l.i.m}}_{t\to t_0} E|X(t)-X(t_0)|^2=0$ 即可．

由 $E|X(t)-X(t_0)|^2 = E|X(t)|^2-2E[X(t)X(t_0)]+E|X(t_0)|^2$
$$=R_X(t,t)-2R_X(t,t_0)+R_X(t_0,t_0)\to$$
$$0(t\to t_0)，得证．$$

必要性．已知 $\mathop{\text{l.i.m}}_{t\to t_0} X(t)=X(t_0)$，由均方极限性质(2)有
$$\lim_{\substack{t_1\to t_0\\ t_2\to t_0}} E[X(t_1)X(t_2)]=E[X(t_0)X(t_0)],$$
即
$$\lim_{\substack{t_1\to t_0\\ t_2\to t_0}} R_X(t_1,t_2)=R_X(t_0,t_0).$$

注：定理表明，一个随机过程的均方连续性与自相关函数这个普通二元函数的连续性等价，这就可以使均方微积分的理论像普通微积分的理论那样被建立起来．

例 2 设随机过程
$$X(t)=A\cos(\omega t+\varphi),-\infty<t<\infty,$$
其中，A,ω 为常数，而 φ 服从在区间 $[0,2\pi]$ 上的均匀分布．讨论随机过程 $X(t)$ 是否均方连续．

解 均值 $EX(t)=0$，自相关函数 $R_X(t_1,t_2)=\dfrac{A^2}{2}\cos\omega(t_2-t_1)$．显然 $R_X(t_1,t_2)$ 在 (t,t) 处连续，故 $\{X(t),-\infty<t<\infty\}$ 均方连续．

第三节 均方导数

定义 4 若随机过程 $\{X(t), t \in T\}$ 在 t_0 处的下列均方极限

$$\underset{h \to 0}{\text{l.i.m}} \frac{X(t_0+h)-X(t_0)}{h}$$

存在,则称此极限为 $X(t)$ 在 t_0 处的**均方导数**,也称 $X(t)$ 在 t_0 处**均方可导**. 记为 $X'(t_0)$ 或 $\left.\dfrac{\mathrm{d}X(t)}{\mathrm{d}t}\right|_{t=t_0}$. 若 $X(t)$ 在 T 中每一点 t 处均方可导,则称 $X(t)$ 在 T 上**均方可导**. 此时均方导数记为 $X'(t)$ 或 $\dfrac{\mathrm{d}X(t)}{\mathrm{d}t}$,它是一个新的随机过程.

定义 5 设 $f(s,t)$ 为普通二元函数,若极限

$$\lim_{\substack{h_1 \to 0 \\ h_2 \to 0}} \frac{f(s+h_1, t+h_2) - f(s+h_1, t) - f(s, t+h_2) + f(s,t)}{h_1 h_2}$$

存在,则称该极限为 $f(s,t)$ 在点 (s,t) 处的**广义二阶导数**.

广义二阶导数与二阶混合偏导数不同. 二阶混合偏导数是二次累次极限,而广义二阶导数则是二重极限. 所以二阶混合偏导数存在,不一定有广义二阶导数存在;反之,广义二阶导数存在,二阶混合偏导数也未必存在. 但是如果二阶混合偏导数存在且连续,则广义二阶导数存在且与二阶混合偏导数相等.

有了广义二阶导数的概念,现在可以叙述均方可导准则.

定理 3 随机过程 $\{X(t), t \in T\}$ 在 t 处均方可导的充分必要条件是 $R_X(t_1, t_2)$ 在 (t,t) 处的广义二阶导数,即极限

$$\lim_{\substack{h_1 \to 0 \\ h_2 \to 0}} \frac{R_X(t+h_1, t+h_2) - R_X(t+h_1, t) - R_X(t, t+h_2) + R_X(t,t)}{h_1 h_2}$$

(3-1)

存在.

证明 充分性. 已知 $R_X(t_1, t_2)$ 在 (t,t) 处的广义二阶导数存在,仅需证 $\underset{h \to 0}{\text{l.i.m}} \dfrac{X(t+h)-X(t)}{h}$ 存在. 由均方极限性质(5),只要证

$$\lim_{\substack{h_1 \to 0 \\ h_2 \to 0}} \left[\frac{X(t+h_1)-X(t)}{h_1} - \frac{X(t+h_2)-X(t)}{h_2} \right] = 0,$$

即证

$$\lim_{\substack{h_1 \to 0 \\ h_2 \to 0}} E \left| \frac{X(t+h_1)-X(t)}{h_1} - \frac{X(t+h_2)-X(t)}{h_2} \right|^2 = 0,$$

也即证

$$\underset{\substack{h_1 \to 0 \\ h_2 \to 0}}{\text{l.i.m}} \left[\frac{R_X(t+h_1, t+h_1) - R_X(t+h_1, t) - R_X(t, t+h_1) + R_X(t,t)}{h_1^2} + \right.$$

$$\frac{R_X(t+h_2,t+h_2)-R_X(t+h_2,t)-R_X(t,t+h_2)+R_X(t,t)}{h_2^2}-$$
$$2\frac{R_X(t+h_1,t+h_2)-R_X(t+h_1,t)-R_X(t,t+h_2)+R_X(t,t)}{h_1 h_2}\Big]=0.$$

由已知极限(3-1)存在,而此极限在 $h_1=h_2$ 时也存在,且极限的数值不变,所以上式成立.

必要性. 设 $X(t)$ 在 t 处均方可导,即有 $\underset{h_1\to 0}{\text{l.i.m}}\dfrac{X(t+h_1)-X(t)}{h_1}$ 和 $\underset{h_2\to 0}{\text{l.i.m}}\dfrac{X(t+h_2)-X(t)}{h_2}$ 都存在. 应用均方极限性质(2),可知

$$\lim_{\substack{h_1\to 0 \\ h_2\to 0}} E\Big[\frac{X(t+h_1)-X(t)}{h_1}\cdot\frac{X(t+h_2)-X(t)}{h_2}\Big]$$

存在,即

$$\lim_{\substack{h_1\to 0 \\ h_2\to 0}} \frac{R_X(t+h_1,t+h_2)-R_X(t+h_1,t)-R_X(t,t+h_2)+R_X(t,t)}{h_1 h_2}$$

存在.

与函数导数类似,下面给出均方导数的性质(包括均方导数的求导法则),对于它们的证明只需要用均方导数的定义和均方极限的性质,具体步骤与普通导数类似,故以下性质的证明从略.

(1) 若随机过程 $X(t)$ 在 t 处可导,则它在 t 处连续.

(2) 随机过程 $X(t)$ 的均方导数 $X'(t)$ 的数学期望是

$$m_{X'}(t)=E[X'(t)]=\frac{\mathrm{d}}{\mathrm{d}t}EX(t)=m'_X(t).$$

(3) 随机过程 $X(t)$ 的均方导数 $X'(t)$ 的相关函数是

$$R_{X'}(t_1,t_2)=E[X'(t_1)X'(t_2)]=\frac{\partial^2}{\partial t_1\partial t_2}R_X(t_1,t_2)=\frac{\partial^2}{\partial t_2\partial t_1}R_X(t_1,t_2).$$

(4) 若 X 是随机变量,则 $X'=0$.

(5) 若 $X(t),Y(t)$ 是随机过程,而 a,b 是常数,则

$$[aX(t)+bY(t)]'=aX'(t)+bY'(t).$$

(6) 若 $f(t)$ 是可微函数,而 $X(t)$ 是随机过程,则

$$[f(t)X(t)]'=f'(t)X(t)+f(t)X'(t).$$

例3 设随机过程

$$X(t)=\sin tX,\ -\infty<t<\infty,$$

其中,X 为一随机变量且 EX^4 存在. 证明:$X'(t)=X\cos tX$.

证明 要证 $X'(t)=X\cos tX$,只需证明

$$\lim_{h\to 0}E\Big[\frac{\sin(t+h)X-\sin tX}{h}-X\cos tX\Big]^2=0.$$

由

$$E\Big[\frac{\sin(t+h)X-\sin tX}{h}-X\cos tX\Big]^2$$
$$=E\Big[\frac{(\cos hX-1)\sin tX}{h}+\frac{(\sin hX-hX)\cos tX}{h}\Big]^2$$

$$\leqslant 2E\left[\frac{(\cosh X-1)\sin tX}{h}\right]^2 + 2E\left[\frac{(\sinh X-hX)\cos tX}{h}\right]^2$$

$$\leqslant 2E\left[\frac{(hX)^4\sin^2 tX}{h^2}\right] + 2E\left[\frac{(hX)^4\cos^2 tX}{h^2}\right]$$

$$= 2E(h^2 X^4) \to 0 \, (h \to 0)$$

即得证 $X'(t) = X\cos tX$.

第四节 均方积分

定义 6 设 $\{X(t), t \in [a,b]\}$ 是随机过程，$f(t), t \in [a,b]$ 是函数. 把区间 $[a,b]$ 分成 n 个子区间，分点为 $a = t_0 < t_1 < \cdots < t_n = b$. 作和式

$$\sum_{k=1}^{n} f(u_k) X(u_k)(t_k - t_{k-1}),$$

其中，u_k 是子区间 $[t_{k-1}, t_k]$ 中任意一点，$k = 1, 2, \cdots, n$. 令 $\Delta t = \max_{1 \leqslant k \leqslant n}(t_k - t_{k-1})$. 若均方极限

$$\underset{\Delta t \to 0}{\text{l.i.m}} \sum_{k=1}^{n} f(u_k) X(u_k)(t_k - t_{k-1})$$

存在，且与子区间的分法和 u_k 的取法无关，则称此极限为 $f(t)X(t)$ 在区间 $[a,b]$ 上的均方积分，此时也称 $f(t)X(t)$ 在区间 $[a,b]$ 上是均方可积的，记为 $\int_a^b f(t)X(t)\mathrm{d}t$.

下面给出均方积分存在的一个充分条件.

定理 4 $f(t)X(t)$ 在区间 $[a,b]$ 上是均方可积的充分条件是二重积分

$$\int_a^b \int_a^b f(s)f(t) R_X(s,t) \mathrm{d}s \mathrm{d}t$$

存在，且有 $E\left|\int_a^b f(t)X(t)\mathrm{d}t\right|^2 = \int_a^b \int_a^b f(s)f(t) R_X(s,t) \mathrm{d}s \mathrm{d}t$.

证明 应用均方极限性质(5)，要积分 $\int_a^b f(t)X(t)\mathrm{d}t$ 存在，只需证

$$\underset{\substack{\Delta t \to 0 \\ \Delta h \to 0}}{\text{l.i.m}}\left[\sum_{k=1}^{n} f(u_k)X(u_k)(t_k - t_{k-1}) - \sum_{l=1}^{m} f(v_l)X(v_l)(h_l - h_{l-1})\right] = 0,$$

其中，$a = h_0 < h_1 < \cdots < h_m = b$ 是区间 $[a,b]$ 的另一组分点，而 $h_{l-1} \leqslant v_l \leqslant h_l$，$\Delta h = \max_{1 \leqslant l \leqslant m}(h_l - h_{l-1})$，即证

$$\underset{\substack{\Delta t \to 0 \\ \Delta h \to 0}}{\text{l.i.m}} E\left|\sum_{k=1}^{n} f(u_k)X(u_k)(t_k - t_{k-1}) - \sum_{l=1}^{m} f(v_l)X(v_l)(h_l - h_{l-1})\right|^2 = 0.$$

左边平方项打开，有

$$\underset{\substack{\Delta t \to 0 \\ \Delta h \to 0}}{\text{l.i.m}}\left[\sum_{k=1}^{n}\sum_{j=1}^{n} f(u_k)f(u_j) R_X(u_k, u_j)(t_k - t_{k-1})(t_j - t_{j-1}) + \right.$$

$$\sum_{l=1}^{m}\sum_{s=1}^{m}f(v_l)f(v_s)R_X(v_l,v_s)(h_l-h_{l-1})(h_s-h_{s-1})-$$
$$2\sum_{k=1}^{n}\sum_{l=1}^{m}f(u_k)f(v_l)R_X(u_k,v_l)(t_k-t_{k-1})(h_l-h_{l-1})\Big], \quad (3\text{-}2)$$

由二重积分定义,式(3-2)等于

$$\int_a^b\int_a^b f(s)f(t)R_X(s,t)\mathrm{d}s\mathrm{d}t+\int_a^b\int_a^b f(s)f(t)R_X(s,t)\mathrm{d}s\mathrm{d}t-$$
$$2\int_a^b\int_a^b f(s)f(t)R_X(s,t)\mathrm{d}s\mathrm{d}t=0,$$

充分性证完.

又因为均方积分 $\int_a^b f(t)X(t)\mathrm{d}t$ 存在,应用均方极限性质(2),有

$$\lim_{\substack{\Delta t\to 0\\ \Delta h\to 0}}E\Big[\sum_{k=1}^{n}f(u_k)X(u_k)(t_k-t_{k-1})\sum_{l=1}^{m}f(v_l)X(v_l)(h_l-h_{l-1})\Big]$$

存在,且等于 $E\Big|\int_a^b f(t)X(t)\mathrm{d}t\Big|^2$,得证

$$E\Big|\int_a^b f(t)X(t)\mathrm{d}t\Big|^2=\int_a^b\int_a^b f(s)f(t)R_X(s,t)\mathrm{d}s\mathrm{d}t.$$

均方积分的性质:

(1) 若随机过程 $X(t)$ 在区间 $[a,b]$ 上均方连续,则 $X(t)$ 在区间 $[a,b]$ 上均方可积.

(2) $E\Big[\int_a^b f(t)X(t)\mathrm{d}t\Big]=\int_a^b f(t)EX(t)\mathrm{d}t=\int_a^b f(t)m_X(t)\mathrm{d}t.$

(此性质表明数学期望与积分号可交换次序,但前者积分为随机过程的积分,而后者积分为普通积分)

(3) $E\Big|\int_a^b f(t)X(t)\mathrm{d}t\Big|^2=\int_a^b\int_a^b f(s)f(t)R_X(s,t)\mathrm{d}s\mathrm{d}t.$

(4) 若 $X(t),Y(t)$ 是随机过程,而 a,b 是常数,则

$$\int_a^b[aX(t)+bY(t)]\mathrm{d}t=a\int_a^b X(t)\mathrm{d}t+b\int_a^b Y(t)\mathrm{d}t.$$

(5) 若 X 是随机变量,则

$$\int_a^b f(t)X\mathrm{d}t=X\int_a^b f(t)\mathrm{d}t.$$

(6) $\int_a^b f(t)X(t)\mathrm{d}t=\int_a^c f(t)X(t)\mathrm{d}t+\int_c^b f(t)X(t)\mathrm{d}t.$

(7) 若随机过程 $X(t)$ 在区间 $[a,b]$ 上均方连续,则

$$Y(t)=\int_a^t X(s)\mathrm{d}s, a\leqslant t\leqslant b$$

在区间 $[a,b]$ 上均方可导,且 $Y'(t)=X(t)$.

(8) 设随机过程 $X(t)$ 在区间 $[a,b]$ 上均方可导,且 $X'(t)$ 在此区间上均方连续,则

$$X(b)-X(a)=\int_a^b X'(t)\mathrm{d}t.$$

应用均方积分的定义和均方极限的性质就能对这些性质进行

证明,故它们的证明在此省略. 均方积分的定义还可以推广到无限区间.

定义 7 设 $\{X(t), t \in [a, \infty]\}$ 是随机过程,$f(t), t \in [a, \infty]$ 是函数. 若均方极限

$$\underset{b \to \infty}{\text{l.i.m}} \int_a^b f(t) X(t) \mathrm{d}t$$

存在,则称此极限为 $f(t)X(t)$ **在无穷区间** $[a, \infty]$ **上的均方积分**,记为 $\int_a^\infty f(t) X(t) \mathrm{d}t$.

无限区间上的均方积分具有类似于前面均方积分从(1)到(5)的性质,只要把 b 换成 ∞ 即可. 同样地,还可以定义均方积分 $\int_{-\infty}^b f(t) X(t) \mathrm{d}t$ 和 $\int_{-\infty}^\infty f(t) X(t) \mathrm{d}t$.

例 4 设随机过程 $\{X(t), t \geqslant 0\}$ 的期望 $EX(t) = 0$,自相关函数 $R_X(s, t) = A \mathrm{e}^{-\alpha |t-s|}$,若

$$Y(t) = \int_0^t X(s) \mathrm{d}s, t \geqslant 0,$$

求随机过程 $\{Y(t), t \geqslant 0\}$ 的期望 $EY(t)$ 和自相关函数 $R_Y(s, t)$(其中 A 和 α 为常数).

解 $Y(t)$ 的期望 $EY(t) = \int_0^t EX(s) \mathrm{d}s = 0$,

$Y(t)$ 的自相关函数

$$\begin{aligned}
R_Y(s,t) &= E[Y(s)Y(t)] = E\left[\int_0^s X(u)\mathrm{d}u \int_0^t X(v)\mathrm{d}v\right] \\
&= \int_0^s \int_0^t E[X(u)X(v)] \mathrm{d}u\mathrm{d}v = \int_0^s \int_0^t R_X(u,v)\mathrm{d}u\mathrm{d}v \\
&= A \int_0^s \int_0^t \mathrm{e}^{-\alpha|t-s|} \mathrm{d}u\mathrm{d}v.
\end{aligned}$$

当 $s < t$ 时,

$$\begin{aligned}
R_Y(s,t) &= A \int_0^s \left[\int_0^u \mathrm{e}^{-\alpha(u-v)} \mathrm{d}v + \int_u^t \mathrm{e}^{-\alpha(v-u)} \mathrm{d}v\right] \mathrm{d}u \\
&= \frac{2As}{\alpha} + \frac{A}{\alpha^2}[\mathrm{e}^{-\alpha s} + \mathrm{e}^{-\alpha t} + \mathrm{e}^{-\alpha(t-s)} - 1];
\end{aligned}$$

当 $s > t$ 时,由于相关函数 s, t 的对称性,只需将上式中 s 与 t 的位置对调即可.

综上可得

$$R_Y(s,t) = \frac{2A}{\alpha} \min(s,t) + \frac{A}{\alpha^2}[\mathrm{e}^{-\alpha s} + \mathrm{e}^{-\alpha t} + \mathrm{e}^{-\alpha|t-s|} - 1].$$

还有另一种均方积分——均方斯蒂尔切斯积分,与上述均方积分有类似的定义形式和性质结论. 这里不做介绍了.

习题三

1. 设随机过程 $X(t)$ 的导数存在,试证

$$E\left[X(t)\frac{\mathrm{d}X(t)}{\mathrm{d}t}\right]=\frac{\partial R_{X(t_1,t)}}{\partial t_1}\bigg|_{t_1=t}.$$

2. 设 X,Y 是相互独立分别服从正态分布 $N(0,\sigma^2)$ 的随机变量,作随机过程 $X(t)=Xt+Y$. 试求下列随机变量的数学期望:
$$Z_1=\int_0^1 X(t)\mathrm{d}t;Z_2=\int_0^1 X^2(t)\mathrm{d}t.$$

3. 试证均方导数的下列性质:

(1) $E\left[\dfrac{\mathrm{d}X(t)}{\mathrm{d}t}\right]=\dfrac{\mathrm{d}EX(t)}{\mathrm{d}t}$;

(2) 若 a,b 是常数,则 $[aX(t)+bY(t)]'=aX'(t)+bY'(t)$;

(3) 若 $f(t)$ 是可微函数,则 $[f(t)X(t)]'=f'(t)X(t)+f(t)X'(t)$.

4. 试证均方积分的下列性质:

(1) $E\left[\int_a^b f(t)X(t)\mathrm{d}t\right]=\int_a^b f(t)EX(t)\mathrm{d}t$;

(2) 若 α,β 是常数,则
$$\int_a^b[\alpha X(t)+\beta Y(t)]\mathrm{d}t=\alpha\int_a^b X(t)\mathrm{d}t+\beta\int_a^b Y(t)\mathrm{d}t.$$

5. 设 $\{X(t),a\leqslant t\leqslant b\}$ 是均方可导的随机过程,试证
$$\mathop{\mathrm{l.\,i.\,m}}_{t\to t_0}g(t)X(t)=g(t_0)X(t_0),$$
这里 $g(t)$ 是在区间 $[a,b]$ 上的连续函数.

6. 设 $X(t)$ 为二阶矩随机过程,其自相关函数 $R_X(s,t)=\mathrm{e}^{-\left(\frac{t-s}{2}\right)^2}$,若 $Y(t)=2X(t)+X'(t)$,试求 $Y(t)$ 的自相关函数.

7. 设 $X(t)=A\cos\alpha t+B\sin\alpha t, t\geqslant 0, \alpha$ 为常数,A,B 相互独立同服从 $N(0,\sigma^2)$ 分布,试判断 $X(t)$ 是否均方可积. 若可积,求其均方积分过程的均值函数、协方差函数和方差函数.

第四章
马尔可夫过程

马尔可夫过程是具有无后效性的随机过程.本章主要介绍马尔可夫过程的定义、转移概率及其关系、转移概率的极限性态,并着重讨论马尔可夫链以及时间连续状态离散的马尔可夫过程.

第一节 马尔可夫过程的直观描述

马尔可夫过程是具有无后效性的随机过程.所谓**无后效性**是指:当过程在时刻 t_m 所处的状态为已知时,过程在大于 t_m 的时刻 t 所处状态的概率特性只与过程在 t_m 时刻所处的状态有关,而与过程在 t_m 时刻以前的状态无关.

如果把 t_m 时刻作为"现在", t_m 以后的时刻作为"将来", t_m 以前的时刻作为"过去",那么无后效性也可解释为:过程在已知现在状态的条件下,将来的状态只与现在的状态有关,而与过去的状态无关.马尔可夫过程简称马氏过程.下面举几个例子.

例1 直线上的随机游动 一个质点在零时刻处于实数轴上原点的位置.每隔单位时间右移或左移一个单位长度,右移的概率为 $p(0<p<1)$,左移的概率为 q,其中 $q=1-p$.记质点在第 n 时刻的位置为 $X(n)$, $n=1,2,\cdots$.质点移动图像见图 4-1.质点在直线上的移动是随机的,故称之为质点在直线上的随机游动.很明显,已知质点现在的位置,将来的情况只与现在的位置有关,而与过去的情况无关.随机游动具有无后效性,所以它是一个马尔可夫过程.

例2 电话交换站在 t 时刻前来到的呼唤数 $X(t)$(即时间 $[0,t]$ 内来到的呼唤数)是一个随机过程.已知现在 t_m 时刻前来到的呼唤数,未来时刻 $t(t>t_m)$ 前来到的呼唤数只依赖于 t_m 时刻前来到的呼唤数,这是因为 $[0,t]$ 内来到的呼唤数等于 $[0,t_m]$ 时间内来到的呼唤数加上 $[t_m,t]$ 时间内来到的呼唤数,而 $[t_m,t]$ 内来到的呼唤数与 t_m 以前来到的呼唤数相互独立.因此, $X(t)$ 具有无后效性,是马尔可夫过程.

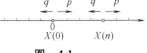

图 4-1

例3 (布朗运动)将一颗小花粉放在水面上,由于水分子的冲击,使它在液面上随机地游动(见图 4-2).这种游动物理上称为**布朗运动**.在水面上作一平面直角坐标系,不妨取花粉的起始位置为坐标原点.考察在 t 时刻花粉所处位置的 x 坐标,记为 $X(t)$.由

于 t_m 时刻的花粉的位置仅依赖于现在(t_m 时刻)的位置,而与过去花粉的位置无关,所以花粉随机游动具有无后效性.因而 $X(t)$ 亦具有无后效性,是马尔可夫过程.同样地,花粉位置的 y 坐标 $Y(t)$ 亦是马尔可夫过程.

马尔可夫过程$(X(t),t\in T)$按参数集 T 和状态空间(值域)S 的情况一般可分为下列三类:

(1) 时间离散、状态离散的马尔可夫过程.通常称之为马尔可夫链,简称马氏链.在例 1 中马尔可夫过程 $X(n)$ 的参数集 $T=\{0,1,2,\cdots\}$,状态空间 S 为所有整数,因而是一个马尔可夫链.

(2) 时间连续、状态离散的马尔可夫过程.在例 2 中,t 时刻前来到的呼唤数 $X(t)$ 的参数集 $T=[0,\infty)$,状态空间 $S=\{0,1,2,\cdots\}$,所以是一个时间连续、状态离散的马尔可夫过程.

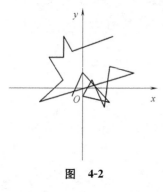

图 4-2

(3) 时间连续、状态连续的马尔可夫过程在例 3 中,随机过程 $X(t)$ 的参数集 $T=[0,\infty)$,状态空间 $S=(-\infty,+\infty)$,所以是一个时间连续、状态连续的马尔可夫过程.

下面先介绍马尔可夫链.

第二节 马尔可夫链的基本概念

一、马尔可夫链的定义、转移概率

设随机序列$\{X(n),n=0,1,2,\cdots\}$的离散状态空间 S 为 $\{1,2,\cdots\}$或$\{1,2,\cdots,N\}$.当然,根据实际需要,具有无限多个状态的离散状态空间有时亦可取为 $S=\{0,1,2,\cdots\}$ 或 $S=\{\cdots,-2,-1,0,1,2,\cdots\}$,而有限多个状态空间有时取为 $S=\{0,1,2,\cdots,N\}$.下面用式子定义马尔可夫链.

定义1 设随机序列$\{X(n),n=0,1,2,\cdots\}$的离散状态空间为 S,若对于任意 m 个非负整数 $n_1,n_2,\cdots,n_m(0\leqslant n_1<n_2<\cdots<n_m)$ 和任意自然数 k,以及任意 $i_1,i_2,\cdots,i_m,j\in S$,满足

$$P\{X(n_m+k)=j|X(n_1)=i_1,X(n_2)=i_2,\cdots,X(n_m)=i_m\}$$
$$=P\{X(n_m+k)=j|X(n_m)=i_m\}, \tag{4-1}$$

则称$\{X(n),n=0,1,2,\cdots\}$为**马尔可夫链**.

在式(4-1)中,如果 n_m 表示现在时刻,$n_1,n_2,\cdots,n_{m-1}$ 表示过去时刻,n_m+k 表示将来时刻,那么此式表明过程在将来时刻 n_m+k 处于状态 j 仅依赖于现在时刻 n_m 的状态 i_m,而与过去 $m-1$ 个时刻 $n_1,n_2,\cdots,n_{m-1}$ 所处的状态无关.式(4-1)给出了无后效性的表达式.

式(4-1)中右边的条件概率形式

$$P\{X(n+k)=j|X(n)=i\},k\geqslant 1,$$

称之为马尔可夫链在 n 时刻的 k **步转移概率**,记为 $p_{ij}(n,n+k)$.转

移概率表示已知 n 时刻处于状态 i，经 k 个单位时间后过程处于状态 j 的概率.

转移概率 $p_{ij}(n,n+k)$ 是不依赖于 n 的马尔可夫链，称为**时齐马尔可夫链**. 这种马尔可夫链的状态转移概率仅与转移出发状态 i、转移步数 k、转移到达状态 j 有关，而与转移的起始时刻 n 无关. 此时，k 步转移概率可记为 $p_{ij}(k)$，即

$$p_{ij}(k) = p_{ij}(n, n+k) = P\{X(n+k) = j \mid X(n) = i\}, k \geq 1.$$

下面只讨论时齐马尔可夫链. 为方便起见把"时齐"二字省略.

当 $k=1$ 时，$p_{ij}(1)$ 称为**一步转移概率**，简记为 p_{ij}. 此时，

$$p_{ij} = p_{ij}(1) = P\{X(n+1) = j \mid X(n) = i\}.$$

显然，一步转移概率具有下列两个性质：

(1) $0 \leq p_{ij} \leq 1, i, j = 1, 2, \cdots$（有限个或无限个）；

(2) $\sum_{j} p_{ij} = 1, i = 1, 2, \cdots$.

一步转移概率可写成矩阵形式. 对有限状态空间 $S = \{1, 2, \cdots, N\}$，矩阵

$$\boldsymbol{P} = \begin{pmatrix} p_{11} & p_{12} & \cdots & p_{1N} \\ p_{21} & p_{22} & \cdots & p_{2N} \\ \vdots & \vdots & & \vdots \\ p_{N1} & p_{N2} & \cdots & p_{NN} \end{pmatrix}, \tag{4-2}$$

对无限状态空间 $S = \{1, 2, \cdots\}$，矩阵

$$\boldsymbol{P} = \begin{pmatrix} p_{11} & p_{12} & \cdots \\ p_{21} & p_{22} & \cdots \\ \vdots & \vdots & \vdots \\ \cdots & \cdots & \cdots \end{pmatrix}. \tag{4-3}$$

式(4-2)、式(4-3)都称为**一步转移概率矩阵**. 由一步转移概率性质可见，$\boldsymbol{P}$ 的所有元素都是非负的，且每一行元素之和等于 1. 若一个方阵或无限矩阵（无限多行无限多列矩阵）的所有元素都是非负的，且每一行元素之和等于 1，则称此矩阵为**随机矩阵**. 因此，一步转移概率矩阵 $\boldsymbol{P}$ 是随机矩阵.

下面举一些例子.

例 4 （伯努利试验）设伯努利试验每次试验"成功"的概率为 $p(0 < p < 1)$，"失败"的概率为 $q(q = 1 - p)$，且各次试验是相互独立的. "成功"用状态"1"表示，"失败"用状态"2"表示. 第 n 次试验的结果记为 $X(n)$，进行无限多次试验得 $\{X(n), n = 0, 1, 2, \cdots\}$. 由于试验的独立性，式(4-1)中的概率

$$P\{X(n_m + k) = 1 \mid X(n_1) = i_1, X(n_2) = i_2, \cdots, X(n_m) = i_m\} = p,$$
$$P\{X(n_m + k) = 1 \mid X(n_m) = i_m\} = p,$$

而

$$P\{X(n_m + k) = 2 \mid X(n_1) = i_1, X(n_2) = i_2, \cdots, X(n_m) = i_m\} = q,$$

$$P\{X(n_m+k)=2\mid X(n_m)=i_m\}=q,$$

所以式(4-1)成立. 因此 $X(n)$ 是马尔可夫链. 于是,一步转移概率

$$p_{i1}=P\{X(n+1)=1\mid X(n)=i\}=p, i=1,2,$$
$$p_{i2}=P\{X(n+1)=2\mid X(n)=i\}=q, i=1,2,$$

一步转移概率矩阵为

$$\boldsymbol{P}=\begin{pmatrix} p & q \\ p & q \end{pmatrix}.$$

一般地说,独立同分布的离散随机变量序列 $\{X(n), n=0,1,2,\cdots\}$ 亦是马尔可夫链. 因为随机序列的将来不依赖于现在,更不依赖于过去.

例 5 (直线上带吸收壁的随机游动)一质点只能处在实数轴上 $1,2,3,4,5$ 五个点的位置. 当它处在 $2,3,4$ 位置时,下一时刻右移一格的概率为 $p(0<p<1)$,左移一格的概率为 $q(q=1-p)$. 当质点处在 1 位置时,它永远停留在 1 上;又当质点处在 5 位置时,它永远停留在 5 上. 把 1 和 5 点看作分别放置有吸收壁. 质点的随机游动用 $\{X(n), n=0,1,2,\cdots\}$ 表示,其中 $X(n)$ 表示第 n 时刻质点的位置. 显而易见,将来的状况仅依赖于现在所处的位置,而与以前的情况无关,所以它是马尔可夫链. 一步转移概率如下:当 $i=2,3,4$ 时,

$$p_{i,i+1}=p, p_{i,i-1}=q, p_{ij}=0(j\neq i-1, i+1),$$

而

$$p_{11}=1, p_{1j}=0(j\neq 1), p_{55}=1, p_{5j}=0(j\neq 5),$$

所以一步转移概率矩阵为

$$\boldsymbol{P}=\begin{pmatrix} 1 & 0 & 0 & 0 & 0 \\ q & 0 & p & 0 & 0 \\ 0 & q & 0 & p & 0 \\ 0 & 0 & q & 0 & p \\ 0 & 0 & 0 & 0 & 1 \end{pmatrix}.$$

例 6 (直线上带反射壁的随机游动)设 $0<p<1, q=1-p$. 在上例中,当质点处于 $2,3,4$ 位置时,下一时刻的移动规则仍保持. 当质点处于 1 位置时,下一时刻留在原位置的概率为 q,右移一格的概率为 p;当质点处于 5 位置时,下一时刻左移一格的概率为 q,留在原位置的概率为 p,可看作在 $1,5$ 位置分别放置有反射壁. 显然,质点在第 n 时刻的位置 $X(n), n=0,1,2,\cdots$ 是马尔可夫链. 它的一步转移概率矩阵是

$$\boldsymbol{P}=\begin{pmatrix} q & p & 0 & 0 & 0 \\ q & 0 & p & 0 & 0 \\ 0 & q & 0 & p & 0 \\ 0 & 0 & q & 0 & p \\ 0 & 0 & 0 & q & p \end{pmatrix}.$$

二、高阶转移概率

定义 2 n 步转移概率

$$p_{ij}(n) = p_{ij}(m, m+n) = P\{X(m+n) = j \mid X(m) = i\}, \quad (4\text{-}4)$$

$i, j = 1, 2, \cdots, N \geqslant 1$,

当 $n \geqslant 2$ 时，$p_{ij}(n)$ 称为**高阶转移概率**.

n 步转移概率亦可以写成矩阵形式. 对有限状态空间 $S = \{1, 2, \cdots, N\}$，矩阵

$$\boldsymbol{P}(n) = \begin{pmatrix} p_{11}(n) & p_{12}(n) & \cdots & p_{1N}(n) \\ p_{21}(n) & p_{22}(n) & \cdots & p_{2N}(n) \\ \vdots & \vdots & & \vdots \\ p_{N1}(n) & p_{N2}(n) & \cdots & p_{NN}(n) \end{pmatrix},$$

对无限状态空间 $S = \{1, 2, \cdots\}$，矩阵

$$\boldsymbol{P}(n) = \begin{pmatrix} p_{11}(n) & p_{12}(n) & \cdots \\ p_{21}(n) & p_{22}(n) & \cdots \\ \vdots & \vdots & \vdots \end{pmatrix}.$$

它们都称为 n **步转移概率矩阵**. 显然有

$$0 \leqslant p_{ij} \leqslant 1, i, j = 1, 2, \cdots (\text{有限个或无限个})$$

和

$$\sum_j p_{ij} \leqslant 1, i = 1, 2, \cdots,$$

因而 n 步转移概率矩阵 $\boldsymbol{P}(n)$ 是随机矩阵.

定理 1 马尔可夫链的转移概率之间有下列关系：设 $n = k + l, k \geqslant 1, l \geqslant 1$，则

$$p_{ij}(n) = p_{ij}(k+l) = \sum_r p_{ir}(k) p_{rj}(l), i, j = 0, 1, \cdots. \quad (4\text{-}5)$$

此式称为**切普曼—柯尔莫哥洛夫（Chapman-Kolmogorov）方程**，简称 C-K 方程. 这个方程式的直观意义是：要想由 i 状态出发经 $k+l$ 步到达 j 状态，必须先经 k 步到达任意 r 状态，然后再经 l 步由 r 状态转移到 j 状态，推导时要用到无后效性.

证明

$$p_{ij}(k+l) = P\{X(m+k+l) = j \mid X(m) = i\}$$

$$= \frac{P\{X(m) = i, X(m+k+l) = j\}}{P\{X(m) = i\}}$$

$$= \frac{\sum_r P\{X(m) = i, X(m+k) = r, X(m+k+l) = j\}}{P\{X(m) = i\}}$$

$$= \sum_r \frac{P\{X(m) = i, X(m+k) = r\} \cdot P\{X(m+k+l) = j \mid X(m) = i, X(m+k) = r\}}{P\{X(m) = i\}}$$

利用无后效性，

$$p_{ij}(k+l)$$
$$= \sum_r \frac{P\{X(m)=i, X(m+k)=r\} P\{X(m+k+l)=j | X(m+k)=r\}}{P\{X(m)=i\}}$$
$$= \sum_r \frac{P\{X(m)=i, X(m+k)=r\}}{P\{X(m)=i\}} p_{rj}(l)$$
$$= \sum_r p_{ir}(k) p_{rj}(l). \text{证毕.}$$

将式(4-5)表示成矩阵形式,得

$$\boldsymbol{P}(k+l) = \boldsymbol{P}(k)\boldsymbol{P}(l). \tag{4-6}$$

在式(4-6)中,取 $k=1, l=1$,得

$$\boldsymbol{P}(2) = \boldsymbol{P}(1)\boldsymbol{P}(1) = [\boldsymbol{P}(1)]^2,$$

取 $k=2, l=1$,得

$$\boldsymbol{P}(3) = \boldsymbol{P}(2)\boldsymbol{P}(1) = [\boldsymbol{P}(1)]^3.$$

一般地,有

$$\boldsymbol{P}(n) = [\boldsymbol{P}(1)]^n.$$

此式表明 n 步转移概率矩阵等于 n 个一步转移概率矩阵的乘积. 由此可见,n 步转移概率矩阵可由一步转移概率矩阵获得. 因此,在马尔可夫链中,一步转移概率是最基本的,它完全确定链的状态转移的统计规律.

通常,我们还规定

$$p_{ij}(0) = \delta_{ij} = \begin{cases} 1, i=j, \\ 0, i \neq j, \end{cases}$$

其中 δ 是克罗内克的记号.

三、初始概率、绝对概率

定义3 马尔可夫链在初始时刻(即零时刻)取各状态的概率分布

$$p_i^{(0)} = P\{X(0)=i\}, i=1, 2, \cdots$$

称为它的**初始(概率)分布**. 显然有

$$p_i^{(0)} \geq 0 (i=1, 2, \cdots), \quad \sum_i p_i^{(0)} = 1.$$

特殊地,马尔可夫链在零时刻由确定的 i_0 状态出发,此时有 $p_{i_0}^{(0)} = 1, p_j^{(0)} = 0 (j \neq i_0)$.

马尔可夫链在第 $n(n \geq 0)$ 时刻取各状态的概率分布

$$p_i^{(n)} = P\{X(n)=i\}, i=1, 2, \cdots$$

称为它在时刻 n 的**绝对概率分布**. 当 $n=0$ 时,绝对概率分布变为初始概率分布. 显然有

$$p_i^{(0)} \geq 0 (i=1, 2, \cdots), \quad \sum_i p_i^{(0)} = 1.$$

利用全概率公式可得

$$P\{X(n)=j\} = \sum_i P\{X(0)=i\} P\{X(n)=j | X(0)=i\},$$

即
$$p_j^{(n)} = \sum_i p_i^{(0)} p_{ij}^{(n)}. \qquad (4-7)$$

此式表明在 n 时刻的绝对概率分布完全被初始概率分布和 n 步转移概率所确定.

定理 2 马尔可夫链的有限维分布

$$P\{X(n_1)=i_1, X(n_2)=i_2, \cdots, X(n_m)=i_m\}$$
$$= \sum_i p_i^{(0)} p_{ii_1}(n_1) p_{i_1 i_2}(n_2-n_1) p_{i_2 i_3}(n_3-n_2) \cdots p_{i_{m-1} i_m}(n_m-n_{m-1}).$$

此式表明有限维分布完全被初始概率分布和转移概率所确定.

证明
$$P\{X(n_1)=i_1, X(n_2)=i_2, \cdots, X(n_m)=i_m\}$$
$$= P\{X(n_1)=i_1, X(n_2)=i_2, \cdots, X(n_{m-1})=i_{m-1}\} \cdot$$
$$\quad P\{X(n_m)=i_m | X(n_1)=i_1, X(n_2)=i_2, \cdots, X(n_{m-1})=i_{m-1}\}$$
$$= P\{X(n_1)=i_1, X(n_2)=i_2, \cdots, X(n_{m-1})=i_{m-1}\} \cdot P\{X(n_m)=i_m | X(n_{m-1})=i_{m-1}\}$$
$$= P\{X(n_1)=i_1, X(n_2)=i_2, \cdots, X(n_{m-1})=i_{m-1}\} p_{i_{m-1} i_m}(n_m-n_{m-1})$$
$$= \cdots$$
$$= p_{i_1}^{(n_1)} p_{i_1 i_2}(n_2-n_1) p_{i_2 i_3}(n_3-n_2) \cdots p_{i_{m-1} i_m}(n_m-n_{m-1})$$
$$= \sum_i p_i^{(0)} p_{ii_1}(n_1) p_{i_1 i_2}(n_2-n_1) p_{i_2 i_3}(n_3-n_2) \cdots p_{i_{m-1} i_m}(n_m-n_{m-1}).$$
证毕.

第三节 马尔可夫链的遍历性

马尔可夫链理论中一个重要问题是讨论当 $n \to \infty$ 时转移概率 $p_{ij}^{(n)}$ 的极限. 这里的讨论有时需要区分有限状态空间和无限状态空间. 具有有限多个状态的马尔可夫链简称为有限马尔可夫链. 设它的状态空间 $S=\{1,2,\cdots,N\}$. 又设具有无限多个状态的马尔可夫链的状态空间为 $S=\{1,2,\cdots\}$.

定义 4 若马尔可夫链转移概率的极限
$$\lim_{n \to \infty} p_{ij}(n) = p_j, \, i,j \in S$$

存在, 且与 i 无关, 则称此马尔可夫链具有**遍历性**.

对有限马尔可夫链, 显然有
$$p_j \geqslant 0 (j=1,2,\cdots,N), \sum_{j=1}^N p_j = 1.$$

事实上, 前者由转移概率的非负性即得, 而后者在等式 $\sum_{j=1}^N p_{ij}(n) = 1$ 中让 $n \to \infty$ 即得. 此时, 我们称 $\{p_j, j=1,2,\cdots,N\}$ 为转移概率的极限分布.

对于具有无限多个状态的马尔可夫链,有

$$p_j \geq 0 (j=1,2,\cdots), \quad \sum_{j=1}^{\infty} p_j \leq 1.$$

前者是显然的,而后者的证明如下:由 $\sum_{j=1}^{\infty} p_{ij}(n) = 1$,有 $\sum_{j=1}^{M} p_{ij}(n) \leq 1$,让 $n \to \infty$ 得 $\sum_{j=1}^{M} p_j \leq 1$,再让 $M \to \infty$ 得所需结果. 此时转移概率的极限不一定构成概率分布. 若 $\{p_j, j=1,2,\cdots\}$ 满足 $\sum_{j=1}^{\infty} p_j = 1$,则称它是转移概率的极限分布.

当马尔可夫链具有遍历性时,考察绝对概率 $p_j^{(n)}(n \to \infty)$ 的极限. 在式(4-7)中,让 $n \to \infty$,得

$$\lim_{n \to \infty} p_j^{(n)} = \lim_{n \to \infty} \sum_i p_i^{(0)} p_{ij}(n) = \sum_i p_i^{(0)} \lim_{n \to \infty} p_{ij}(n) = \sum_i p_i^{(0)} p_j = p_j,$$

即

$$\lim_{n \to \infty} p_j^{(n)} = p_j, j=1,2,\cdots, \qquad (4-8)$$

这里 $j=1,2,\cdots$ 表示有限多个或无限多个自然数. 需要指出,上面推导中的第二个等号成立,用到了极限号与和号交换次序的知识. 对有限马尔可夫链,和号为 $\sum_{i=1}^{N}$,等号显然成立;对 $\sum_{i=1}^{\infty}$ 的情形,等号成立需用到数学分析中的一致收敛性. 式(4-8)表明绝对概率的极限与转移概率的极限是相同的. 这说明讨论转移概率的极限已经足够,而绝对概率分布的极限自然地可以被得到.

在工程技术中,当马尔可夫链极限分布存在,它的遍历性表示一个系统经过相当长时间以后达到平衡状态,此时系统各状态的概率分布不随时间而变,亦不依赖于初始状态.

在式(4-5)中,取 $l=1$,得

$$p_{ij}(k+1) = \sum_r p_{ir}(k) p_{rj}.$$

对具有遍历性的马尔可夫链,让 $k \to \infty$,有

$$p_j = \sum_r p_r p_{rj}. \qquad (4-9)$$

下面介绍平稳分布.

定义5 若有限或无限数列 $\{q_j, j=1,2,\cdots\}$ 满足:(1) $q_j \geq 0$,$j=1,2,\cdots$;(2) $\sum_j q_j = 1$,则称它是**概率分布**. 若一个概率分布 $\{q_j, j=1,2,\cdots\}$ 满足

$$q_j = \sum_i q_i p_{ij}, j=1,2,\cdots,$$

则称它是**平稳分布**.

由式(4-9)可见,有限马尔可夫链转移概率的极限分布是平稳分布;而对具有无限多个状态的马尔可夫链来说,如果转移概率的极限是一个概率分布,那么它是平稳分布.

对于平稳分布$\{q_j, j=1,2,\cdots\}$，有
$$q_j = \sum_i q_i p_{ij} = \sum_i \left(\sum_k q_k p_{ki}\right) p_{ij}$$
$$= \sum_k q_k \left(\sum_i p_{ki} p_{ij}\right) = \sum_k q_k p_{kj}(2).$$

一般地，可得
$$q_j = \sum_i q_i p_{ij}(n), n=1,2,\cdots. \tag{4-10}$$

如果马尔可夫链的初始概率分布取为平稳分布，即 $p_i^{(0)} = q_i$，$i=1,2,\cdots$，其中$\{q_i, i=1,2,\cdots\}$是平稳分布. 由式(4-9)、式(4-10)得，
$$p_j^{(n)} = \sum_i q_i p_{ij}(n) = q_j,$$

即在任意时刻 n 链的绝对概率分布都等于初始概率分布. 这亦是"平稳分布"名词的来由.

下面仅讨论有限马尔可夫链的遍历性，先介绍一个定理.

定理3 若存在正整数 k，使
$$p_{ij}(k) > 0, i,j=1,2,\cdots,N, \tag{4-11}$$
则此链是遍历的，即
$$\lim_{n\to\infty} p_{ij}(n) = p_j,$$
且极限分布$\{p_j, j=1,2,\cdots,N\}$是方程组
$$p_j = \sum_{i=1}^N p_i p_{ij}, j=1,2,\cdots,N \tag{4-12}$$
满足条件
$$p_j > 0 (j=1,2,\cdots,N), \sum_{j=1}^N p_j = 1 \tag{4-13}$$
的唯一解.

此定理的证明省略. 定理表明在条件(4-11)下极限分布中的概率都是正的，且在计算极限分布时只需求方程组(4-12)满足约束条件(4-13)的解即可.

例7 直线上带反射壁的随机游动，如果质点只能取1，2，3三个点，一步转移概率矩阵为
$$\boldsymbol{P} = \begin{pmatrix} q & p & 0 \\ q & 0 & p \\ 0 & q & p \end{pmatrix},$$
其中含有零元素. 现计算二步转移概率矩阵
$$\boldsymbol{P}(2) = \boldsymbol{P}^2 = \begin{pmatrix} q^2+pq & pq & p^2 \\ q^2 & 2pq & p^2 \\ q^2 & pq & pq+p^2 \end{pmatrix},$$
它的所有元素都大于零，即在 $k=2$ 时式(4-11)成立，所以此链具有遍历性. 因而有

$$\lim_{n\to\infty} p_{ij}(n) = p_j, i,j=1,2,3.$$

下面求极限概率 $p_j, i,j=1,2,3$,代入式(4-12)得

$$\begin{cases} qp_1+qp_2=p_1, \\ pp_1+qp_3=p_2, \\ pp_2+pp_3=p_3, \end{cases}$$

由此方程组得 $p_2=\dfrac{p}{q}p_1, p_3=\left(\dfrac{p}{q}\right)^2 p_1$,再代入上式得

$$p_1\left[1+\dfrac{p}{q}+\left(\dfrac{p}{q}\right)^2\right]=1,$$

所以

$$p_1=\left[1+\dfrac{p}{q}+\left(\dfrac{p}{q}\right)^2\right]^{-1},$$

因此,

$$p_2=\dfrac{p}{q}\left[1+\dfrac{p}{q}+\left(\dfrac{p}{q}\right)^2\right]^{-1},$$

$$p_3=\left(\dfrac{p}{q}\right)^2\left[1+\dfrac{p}{q}+\left(\dfrac{p}{q}\right)^2\right]^{-1}$$

即为所求. 特殊地,当 $p=q=\dfrac{1}{2}$ 时,有 $p_1=p_2=p_3=\dfrac{1}{3}$,这时极限分布为等概率分布.

例8 直线上带完全反射壁的随机游动,如果质点只能取 1,2,3 三个点,一步转移概率矩阵为

$$\boldsymbol{P}=\begin{pmatrix} 0 & 1 & 0 \\ q & 0 & p \\ 0 & 1 & 0 \end{pmatrix},$$

二步转移概率矩阵

$$\boldsymbol{P}(2)=\boldsymbol{P}^2=\begin{pmatrix} q & 0 & p \\ 0 & 1 & 0 \\ q & 0 & p \end{pmatrix},$$

三步转移概率矩阵

$$\boldsymbol{P}(3)=\boldsymbol{P}(2)\boldsymbol{P}=\begin{pmatrix} 0 & 1 & 0 \\ q & 0 & p \\ 0 & 1 & 0 \end{pmatrix}=\boldsymbol{P}.$$

一般地,有

$$\boldsymbol{P}(2n-1)=\boldsymbol{P},$$

和

$$\boldsymbol{P}(2n)=\begin{pmatrix} q & 0 & p \\ 0 & 1 & 0 \\ q & 1 & p \end{pmatrix},$$

其中 n 是自然数. 显然,转移概率的极限

$$\lim_{k\to\infty} p_{ij}(k)$$

是不存在的. 因而此链不具有遍历性.

例9 直线上带吸收壁的随机游动, 如果质点只能取 1, 2, 3 三个点, 一步转移概率矩阵为

$$\boldsymbol{P} = \begin{pmatrix} 1 & 0 & 0 \\ q & 0 & p \\ 0 & 0 & 1 \end{pmatrix},$$

二步转移概率矩阵

$$\boldsymbol{P}(2) = \boldsymbol{P}^2 = \begin{pmatrix} 1 & 0 & 0 \\ q & 0 & p \\ 0 & 0 & 1 \end{pmatrix}.$$

一般地, n 步转移概率矩阵 $\boldsymbol{P}(n) = \boldsymbol{P}^n = \boldsymbol{P}$. 显然, 转移概率的极限存在, 且

$$\lim_{n \to \infty} p_{ij}(n) = p_{ij},$$

这个极限与 i 有关, 所以此链不具有遍历性.

例10 直线上带完全反射壁允许停留的随机游动, 设 $p = q = r = \frac{1}{3}$. 此时, 一步转移概率矩阵为

$$\boldsymbol{P} = \begin{pmatrix} 0 & 1 & 0 & 0 & 0 \\ \frac{1}{3} & \frac{1}{3} & \frac{1}{3} & 0 & 0 \\ 0 & \frac{1}{3} & \frac{1}{3} & \frac{1}{3} & 0 \\ 0 & 0 & \frac{1}{3} & \frac{1}{3} & \frac{1}{3} \\ 0 & 0 & 0 & 1 & 0 \end{pmatrix},$$

其中含有零元素. 逐个计算转移概率矩阵 $\boldsymbol{P}(2), \boldsymbol{P}(3), \cdots$, 得

$$\boldsymbol{P} = \begin{pmatrix} \frac{5}{27} & \frac{10}{27} & \frac{8}{27} & \frac{1}{8} & \frac{1}{27} \\ \frac{10}{81} & \frac{33}{81} & \frac{21}{81} & \frac{14}{81} & \frac{1}{27} \\ \frac{8}{81} & \frac{21}{81} & \frac{23}{81} & \frac{21}{81} & \frac{8}{81} \\ \frac{1}{27} & \frac{14}{81} & \frac{21}{81} & \frac{23}{81} & \frac{10}{81} \\ \frac{1}{27} & \frac{1}{9} & \frac{8}{27} & \frac{10}{27} & \frac{5}{27} \end{pmatrix},$$

它的所有元素都大于零. 因而此链具有遍历性, 有

$$\lim_{n \to \infty} p_{ij}(n) = p_j, \quad i, j = 1, 2, 3, 4, 5.$$

下面求极限概率分布 $p_j, j = 1, 2, 3, 4, 5$. 代入方程式 (4-12), 得

$$\begin{cases} \frac{1}{3}p_2 = p_1, \\ p_1 + \frac{1}{3}p_2 + \frac{1}{3}p_3 = p_2, \\ \frac{1}{3}p_2 + \frac{1}{3}p_3 + \frac{1}{3}p_4 = p_3, \\ \frac{1}{3}p_3 + \frac{1}{3}p_4 + p_5 = p_4, \\ \frac{1}{3}p_4 = p_5, \end{cases}$$

加上条件
$$p_1 + p_2 + p_3 + p_4 + p_5 = 1,$$
可以解得
$$p_1 = p_5 = \frac{1}{11}, p_2 = p_3 = p_4 = \frac{3}{11}.$$

与例 8 相比,两者都是直线上带完全反射壁的随机游动,但是例 8 中马尔可夫链没有遍历性,而此链具有遍历性. 这是由此链允许质点保持原位置(概率为 r)所引起的.

第四节 马尔可夫链的状态分类

这一节我们将对马尔可夫链的状态按其概率特性进行分类,并讨论这些分类的判断准则. 先举例说明:

例 11 设系统有三种可能状态 $S = \{1, 2, 3\}$. "1"表示系统运行良好,"2"表示运行正常,"3"表示系统失效. 以 X_n 表示系统在时刻 n 的状态,并设 $\{X_n, n \leqslant 0\}$ 是一马尔可夫链. 在没有维修及更换的条件下,其自然转移概率矩阵为

$$\boldsymbol{P} = \begin{pmatrix} 17/20 & 1/10 & 1/20 \\ 0 & 9/10 & 1/10 \\ 0 & 0 & 1 \end{pmatrix}.$$

由 $\boldsymbol{P}$ 可以看出,从状态"1"或"2"出发经有限次转移后总要到达状态"3",而且一旦到达"3"则永远停在"3". 显然状态"1"、状态"2"与状态"3"的概率性质不同. 由此引入如下定义:

定义 6 称状态 $i \in S$ 为**吸收状态**,若 $p_{ii} = 1$.

定义 7 对 $i, j \in S$,若存在 $n \in N$,使 $p_{ij}^{(n)} > 0$,则称自状态 i 出发可达状态 j,记为 $i \to j$. 若 $i \to j$ 且 $j \to i$,则称 i, j **相通**,记为 $i \leftrightarrow j$. 若马尔可夫链的任意两个状态都相通,则称为不可约链.

定义 8 首达时间为
$$T_{ij} = \min\{n: n \geqslant 1, X_n = j, X_0 = i\}.$$
若右边为空集,则令 $T_{ij} = +\infty$.

T_{ij} 表示从 i 出发首次到达 j 的时间；T_{ii} 表示从 i 出发首次回到 i 的时间.

定义 9 首达概率为
$$f_{ij}^{(n)} = P\{T_{ij} = n \mid X_0 = i\} = P\{X_n = j, X_k \neq j, 1 \leqslant k \leqslant n-1 \mid X_0 = i\}.$$

$f_{ij}^{(n)}$ 表示从 i 出发经 n 步首次到达 j 的概率；而 $f_{ij} = \sum_{n=1}^{\infty} f_{ij}^{(n)}$ 表示由 i 出发，经有限步首次到达 j 的概率.

定义 10 若 $f_{ii} = 1$，则称 i 为**常返状态**；若 $f_{ii} < 1$，则称 i 为**非常返状态**（或称为瞬时状态）.

本节例 11 中，T_{13} 表示系统的工作寿命，因此
$$f_{13}^{(1)} = P\{T_{13} = 1 \mid X_0 = 1\} = p_{13} = \frac{1}{20}.$$

因
$$(T_{13} = 2) = (1 \xrightarrow{(1)} 1 \xrightarrow{(1)} 3) \cup (1 \xrightarrow{(1)} 2 \xrightarrow{(1)} 3),$$

这里 $(1 \xrightarrow{(1)} 1 \xrightarrow{(1)} 3)$ 表示从 "1" 出发经 1 步到 "1"，再经 1 步到 "3". 故
$$f_{13}^{(2)} = p_{11} p_{13} + p_{12} p_{23} = \frac{21}{400},$$

$P(T_{13} \geqslant n)$ 表示系统在 $[0, n]$ 内运行的可靠性. 故研究 $f_{ij}^{(n)}$ 及 T_{ij} 的特性是颇有意义的.

显然，该系统至多经有限步总会被吸收状态吸收，因而由概率背景可直观地得到
$$\lim_{n \to +\infty} \boldsymbol{P}^{(n)} = \begin{bmatrix} 0 & 0 & 1 \\ 0 & 0 & 1 \\ 0 & 0 & 1 \end{bmatrix}.$$

当 $f_{ii} = 1$ 时，$\{f_{ii}^{(n)}, n \geqslant 1\}$ 是一概率分布，有以下定义：

定义 11 如果 $f_{ii} = 1$，记 $\mu_i = \sum_{n=1}^{\infty} n f_{ii}^{(n)}$，则 μ_i 表示从 i 出发再回到 i 的平均返回时间. 若 $\mu_i < \infty$，则称 i 为**正常返状态**；若 $\mu_i = \infty$，则称 i 为**零常返状态**.

定义 12 如果集合 $\{n : n \geqslant 1, p_{ii}^{(n)} > 0\} \neq \varnothing$，则称该数集的最大公约数 $d(i)$ 为状态 i 的**周期**，若 $d(i) > 1$，则称 i 为周期的；若 $d(i) = 1$，则称 i 为非周期的.

定义 13 若状态 i 为正常返状态的且非周期的，则称 i 为**遍历状态**.

例 12 设马尔可夫链的 $S = \{1, 2, 3, 4\}$，转移概率矩阵为
$$\boldsymbol{P} = \begin{bmatrix} 1/2 & 1/2 & 0 & 0 \\ 1 & 0 & 0 & 0 \\ 0 & 1/3 & 2/3 & 0 \\ 1/2 & 0 & 1/2 & 0 \end{bmatrix},$$

该链各状态的转移如图 4-3 所示.

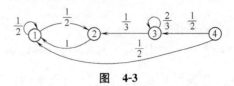

图 4-3

因
$$f_{44}^{(n)}=0, n\geqslant 1, f_{44}=0<1,$$
$$f_{33}^{(1)}=\frac{2}{3}, f_{33}^{(n)}=0, n\geqslant 2, f_{33}=\frac{2}{3}<1,$$

故状态 4 和 3 是非常返状态；因
$$f_{11}=f_{11}^{(1)}+f_{11}^{(2)}=1,$$
$$f_{22}=\sum_{n=1}^{\infty}f_{22}^{(n)}=0+\frac{1}{2}+\frac{1}{4}+\frac{1}{8}+\cdots=1,$$
$$\mu_1=\sum_{n=1}^{\infty}nf_{11}^{(n)}=1\times\frac{1}{2}+2\times\frac{1}{2}=\frac{3}{2}<\infty,$$
$$\mu_2=\sum_{n=1}^{\infty}nf_{22}^{(n)}=1\times 0+2\times\frac{1}{2}+\cdots+n\times\frac{1}{2^{n-1}}+\cdots=3<\infty,$$

故状态 1 和 2 都是正常返状态,且易知它们是非周期的,从而是遍历状态.

下面讨论各状态的若干性质以及如何利用转移概率矩阵 $\boldsymbol{P}$ 来判断其是否为常返状态.

$p_{ij}^{(n)}$ 与 $f_{ij}^{(n)}$ 有以下关系.

定理 4 对 $\forall i,j\in S, n\geqslant 1$,有：

(1) $p_{ij}^{(n)}=\sum_{l=1}^{n}f_{ij}^{(l)}p_{jj}^{(n-l)};$ \hfill (4-14)

(2) $f_{ij}^{(n)}=\sum_{k\neq j}p_{ik}f_{kj}^{(n-1)}\mathrm{I}_{(n>1)}+p_{ij}\mathrm{I}_{(n=1)};$

(3) $i\rightarrow j\Leftrightarrow f_{ij}>0, i\leftrightarrow j\Leftrightarrow f_{ij}>0$ 且 $f_{ji}>0$.

证明 (1) 因为 $\{X_0=i, X_n=j\}\subset\bigcup_{l=1}^{\infty}(T_{ij}=l)$,故
$$\{X_0=i, X_n=j\}=\{X_0=i, X_n=j\}\cap\left\{\bigcup_{l=1}^{\infty}(T_{ij}=l)\right\}$$
$$=\bigcup_{l=1}^{n}\{X_0=i, X_n=j, T_{ij}=l\}\cup\left\{\bigcup_{l>n}(X_0=i, X_n=j, T_{ij}=l)\right\},$$

而
$$\bigcup_{l>n}\{(X_0=i, X_n=j, T_{ij}=l)\}=\varnothing,$$

所以
$$\{X_0=i, X_n=j\}=\bigcup_{l=1}^{n}\{X_0=i, X_n=j, T_{ij}=l\},$$

于是

$$P\{X_0=i\}P\{X_n=j|X_0=i\}$$
$$=\sum_{l=1}^{n}P\{X_0=i\}P\{T_{ij}=l|X_0=i\}P\{X_n=j|X_0=i,T_{ij}=l\},$$
因此
$$P\{X_n=j|X_0=i\}$$
$$=\sum_{l=1}^{n}P\{T_{ij}=l|X_0=i\}P\{X_n=j|X_0=i,X_k\neq j,1\leqslant k\leqslant l-1,X_l=j\}$$
$$=\sum_{l=1}^{n}f_{ij}^{(l)}P\{X_n=j,X_l=j\} \text{（由马尔可夫性）}$$
$$=\sum_{l=1}^{n}f_{ij}^{(l)}p_{jj}^{(n-l)},$$
即
$$p_{ij}^{(n)}=\sum_{l=1}^{n}f_{ij}^{(l)}p_{jj}^{(n-l)}.$$

（2）当 $n=1$ 时,显然有 $f_{ij}^{(l)}=p_{ij}$,下面考虑 $n>1$ 的情况.
由于
$$\{T_{ij}=n,X_0=i\}=\bigcup_{k\neq j}\{X_0=i,X_1=k,X_l\neq j,2\leqslant k\leqslant n-1,X_n=j\},$$
因此有
$$P\{T_{ij}=n|X_0=i\}=\sum_{k\neq j}P\{X_1=k|X_0=i\}\cdot$$
$$P\{X_n=j|X_1=k,X_0=i,X_l\neq j,2\leqslant k\leqslant n-1\}.$$
由马尔可夫性得
$$f_{ij}^{(n)}=\sum_{k\neq j}p_{ik}f_{kj}^{(n-1)}.$$
综上式(2)成立.

（3）当 $i\to j$ 时, $\exists n>0$, 使 $p_{ij}^{(n)}>0$, 取 $n'=\min\{n:p_{ij}^{(n)}>0\}$, 则
$$f_{ij}^{(n')}=P\{T_{ij}=n'|X_0=i\}=p_{ij}^{(n')}>0.$$
因此
$$f_{ij}=\sum_{n=1}^{\infty}f_{ij}^{(n)}\geqslant f_{ij}^{(n')}>0,$$
即 $i\to j$ 时, $f_{ij}>0$.
反之,当 $f_{ij}>0$ 时, $\exists n'$, 使 $f_{ij}^{(n')}>0$, 从而 $p_{ij}^{(n')}>0$, 得 $i\to j$. 综上所述
$$i\to j\Leftrightarrow f_{ij}>0.$$
同理 $j\to i$ 时,有 $j\to i\Leftrightarrow f_{ji}>0$,故
$$i\leftrightarrow j\Leftrightarrow f_{ij}>0 \text{ 且 } f_{ji}>0.$$

定理 5 状态 i 为常返状态,当且仅当
$$\sum_{n=0}^{\infty}p_{ii}^{(n)}=\infty; \qquad (4-15)$$
状态 i 为非常返状态,当且仅当
$$\sum_{n=0}^{\infty}p_{ii}^{(n)}=\frac{1}{1-f_{ii}}<\infty. \qquad (4-16)$$

证明 约定 $p_{ii}^{(0)}=1, f_{ii}^{(0)}=0$. 根据定理 4 有

$$p_{ii}^{(n)} = \sum_{l=0}^{n} f_{ii}^{(l)} p_{ii}^{(n-l)}.$$

令 $\{p_{ii}^{(n)}, f_{ii}^{(n)}\}(i \geq 0)$ 的母函数分别为 $P(\rho), F(\rho)$，即

$$P(\rho) = \sum_{n=0}^{\infty} p_{ii}^{(n)} \rho^n, \quad F(\rho) = \sum_{n=0}^{\infty} f_{ii}^{(n)} \rho^n.$$

又

$$\sum_{n=1}^{\infty} p_{ii}^{(n)} \rho^n = \sum_{n=1}^{\infty} \Big(\sum_{l=1}^{n} f_{ii}^{(l)} p_{ii}^{(n-l)} \Big) \rho^n = \Big(\sum_{l=1}^{n} f_{ii}^{(l)} \rho^l \Big) \Big(\sum_{n=1}^{\infty} p_{ii}^{(n-l)} \rho^{n-l} \Big)$$

$$= F(\rho) - f_{ii}^{(0)} \sum_{n'=0}^{\infty} p_{ii}^{(n')} \rho^{n'} = F(\rho) P(\rho) \text{（因为 } f_{ii}^{(0)} = 0\text{）},$$

而

$$\sum_{n=1}^{\infty} p_{ii}^{(n)} \rho^n = \sum_{n=0}^{\infty} p_{ii}^{(n)} \rho^n - p_{ii}^{(0)} \rho^0 = P(\rho) - 1,$$

因此

$$P(\rho) - 1 = F(\rho) P(\rho),$$

注意到，当 $0 \leq \rho < 1$ 时，$F(\rho) < f_{ii} \leq 1$，故

$$P(\rho) = \frac{1}{1 - F(\rho)}, \quad 0 \leq \rho < 1. \tag{4-17}$$

又因对一切 $0 \leq \rho < 1$ 及正整数 N，有

$$\sum_{n=0}^{N} p_{ii}^{(n)} \rho^n \leq P(\rho) \leq \sum_{n=0}^{\infty} p_{ii}^{(n)} \tag{4-18}$$

且当 $\rho \uparrow 1$ 时 $P(\rho)$ 不减，故在式 (4-18) 中先令 $\rho \uparrow 1$，后令 $N \to \infty$ 可得

$$\lim_{\rho \to 1^-} P(\rho) = \sum_{n=0}^{\infty} p_{ii}^{(n)}. \tag{4-19}$$

同理可得

$$\lim_{\rho \to 1^-} F(\rho) = \sum_{n=0}^{\infty} f_{ii}^{(n)} = f_{ii}. \tag{4-20}$$

于是在式 (4-17) 中两边令 $\rho \uparrow 1$，由式 (4-19) 和式 (4-20) 便可得定理的结论.

为解释定理 5 的直观意义，令

$$I_n(i) = \begin{cases} 1, & X_n = i, \\ 0, & X_n \neq i, \end{cases}$$

及 $S(i) = \sum_{n=0}^{\infty} I_n(i)$，则 $S(i)$ 表示马氏链 $\{X_n, n \geq 0\}$ 到达 i 的次数. 于是

$$E\{S(i) | X_0 = i\} = \sum_{n=0}^{\infty} E\{I_n(i) | X_0 = i\} = \sum_{n=0}^{\infty} P\{X_n = i | X_0 = i\}$$

$$= \sum_{n=0}^{\infty} P\{X_n = i | X_0 = i\} = \sum_{n=0}^{\infty} p_{ii}^{(n)}. \tag{4-21}$$

可见 $\sum_{n=0}^{\infty} p_{ii}^{(n)}$ 表示由 i 出发返回到 i 的平均次数. 当 i 为常返状态时，

第四章 马尔可夫过程

返回 i 的平均次数为无限多次,反之亦然. 当为非常返状态时,再回到 i 的平均次数至多为有限次.

推论 1 若 j 为非常返状态,则对任意 $i \in S$,有

$$\sum_{n=1}^{\infty} p_{ij}^{(n)} < \infty, \tag{4-22}$$

$$\lim_{n \to \infty} p_{ij}^{(n)} = 0. \tag{4-23}$$

证明 由式(4-14)两边对 n 求和得

$$\sum_{n=1}^{N} p_{ij}^{(n)} = \sum_{n=1}^{N} \sum_{l=1}^{n} f_{ij}^{(l)} p_{jj}^{(n-l)} = \sum_{l=1}^{N} \sum_{n=0}^{N} f_{ij}^{(l)} p_{jj}^{(n-l)}$$

$$= \sum_{l=1}^{N} f_{ij}^{(l)} \sum_{m=0}^{N-1} p_{jj}^{(m)} \leqslant \sum_{l=1}^{N} f_{ij}^{(l)} \sum_{n=0}^{N} p_{jj}^{(n)}.$$

令 $N \to \infty$,则

$$\sum_{n=1}^{\infty} p_{ij}^{(n)} \leqslant \sum_{l=1}^{\infty} f_{ij}^{(l)} \left(1 + \sum_{n=1}^{\infty} p_{jj}^{(n)}\right) \leqslant 1 + \sum_{n=1}^{\infty} p_{jj}^{(n)} < \infty,$$

由此即得式(4-22). 又因为 $p_{ij}^{(n)} \geqslant 0$,所以式(4-23)也成立.

推论 2 若 j 为常返状态,则

(1) 当 $i \to j$ 时,有

$$\sum_{n=1}^{\infty} p_{ij}^{(n)} = \infty. \tag{4-24}$$

(2) 当 $i \nrightarrow j$ 时(不可达),有

$$\sum_{n=1}^{\infty} p_{ij}^{(n)} = 0. \tag{4-25}$$

证明 式(4-25)显然成立,下面证式(4-24)成立. 因 $i \to j$,故 $\exists m > 0$,使 $p_{ij}^{(m)} > 0$. 而

$$p_{ij}^{(m+n)} = \sum_{k \in S} p_{ik}^{(m)} p_{kj}^{(n)} \geqslant p_{ij}^{(m)} p_{jj}^{(n)},$$

故

$$\sum_{n=1}^{\infty} p_{ij}^{(m+n)} \geqslant p_{ij}^{(m)} \sum_{n=1}^{\infty} p_{jj}^{(n)} = \infty,$$

此即式(4-24).

下面再从概率意义考察常返性质. 记

$$S_m(j) = \sum_{n=m}^{\infty} I_n(j),$$

$$g_{ij} = P\{S_1(j) = +\infty \mid X_0 = i\} = P\{S_{m+1}(j) = +\infty \mid X_m = i\}.$$

事件 $\{S_m(j) = +\infty\}$ 表示从时刻 m 起系统无穷多次到达状态 j,有下面的定理:

定理 6 对任意 $i \in S$,有

$$g_{ij} = \begin{cases} f_{ij}, & \text{如 } j \text{ 为常返状态,} \\ 0, & \text{如 } j \text{ 为非常返状态.} \end{cases} \tag{4-26}$$

证明 因 $\{S_m(j) \geqslant k+1\} \subset \{S_m(j) \geqslant k\}$,故

$$\{S_1(j) = +\infty\} = \bigcap_{k=1}^{\infty} \{S_1(j) \geqslant k\} = \lim_{k \to \infty} \{S_1(j) \geqslant k\}.$$

由概率的连续性可得
$$\begin{aligned}g_{ij}&=P\{S_1(j)=+\infty\,|\,X_0=i\}\\&=P\Big\{\bigcap_{k=1}^{\infty}(S_1(j)\geqslant k)\,|\,X_0=i\Big\}\\&=\lim_{k\to\infty}P\{S_1(j)\geqslant k\,|\,X_0=i\}.\end{aligned}\qquad(4\text{-}27)$$

又
$$\{S_1(j)\geqslant k+1,X_0=i\}=\bigcup_{l=1}^{\infty}\{T_{ij}=l,S_1(j)\geqslant k+1\}=\bigcup_{l=1}^{\infty}\{T_{ij}=l,S_{l+1}(j)\geqslant k\},$$

故
$$\begin{aligned}&P\{S_1(j)\geqslant k+1\,|\,X_0=i\}\\&=\sum_{l=1}^{\infty}P\{T_{ij}=l\,|\,X_0=i\}P\{S_{l+1}(j)\geqslant k\,|\,X_0=i,T_{ij}=l\}\\&=\sum_{l=1}^{\infty}f_{ij}^{(l)}P\{S_{l+1}(j)\geqslant k\,|\,X_0=i,X_m\neq j,1\leqslant m\leqslant l-1,X_l=j\}\\&=\sum_{l=1}^{\infty}f_{ij}^{(l)}P\{S_{l+1}(j)\geqslant k\,|\,X_l=j\}\quad\text{（由马尔可夫性）}\\&=\sum_{l=1}^{\infty}f_{ij}^{(l)}P\{S_1(j)\geqslant k\,|\,X_0=j\},\quad\text{（由时齐性）}\end{aligned}$$

即
$$P\{S_1(j)\geqslant k+1\,|\,X_0=i\}=f_{ij}P\{S_1(j)\geqslant k\,|\,X_0=j\}.\quad(4\text{-}28)$$

反复利用上式可得
$$P\{S_1(j)\geqslant k+1\,|\,X_0=i\}=f_{ij}(f_{jj})^k.\qquad(4\text{-}29)$$

令 $k\to\infty$，若 j 为常返状态，即 $f_{jj}=1$，则由式(4-17)及式(4-19)得
$$g_{ij}=f_{ij};$$
若 j 为非常返状态，即 $f_{jj}<1$，则 $g_{ij}=0$.

定理7 状态 i 为常返状态，当且仅当 $g_{ii}=1$；若状态 i 为非常返状态，则 $g_{ii}=0$.

证明 将式(4-26)中 j 换成 i 即可得.

定理7说明：若 i 为常返状态，则系统从 i 出发以概率1无穷多次返回 i，即从 i 出发的几乎所有样本轨道无穷多次回到 i；若 i 为非常返状态，则从 i 出发几乎所有样本轨道至多有限次回到 i.

进一步地，若 i 为常返状态，如何判别它是零常返的或是遍历的？有以下重要定理.

定理8 设 j 为常返状态，则对于任意 $i\in S$，有
$$\lim_{n\to\infty}\frac{1}{n+1}\sum_{k=0}^{n}p_{ij}^{(k)}=\frac{f_{ij}}{\mu_j}.\qquad(4\text{-}30)$$

下面利用实分析的一个结果来证明该定理.

引理1 设幂级数 $\sum_{n=0}^{\infty}a_n z^n$ 在 $0\leqslant z<1$ 上收敛，a_n 非负，记

$$A(z) = \sum_{n=0}^{\infty} a_n z^n, 0 \leqslant z < 1,$$

则

$$\lim_{n \to \infty} \frac{1}{n+1} \sum_{k=0}^{\infty} a_k \sum_{k=0}^{n} p_{ij}^{(k)} = \lim_{z \to 1-0} (1-z)A(z). \quad (4\text{-}31)$$

定理 8 的证明 记 $F_{ij}(z) = \sum_{n=1}^{\infty} f_{ij}^{(n)} z^n$, 把 $P_{ij}(z) = \sum_{n=0}^{\infty} p_{ij}^{(n)} z^n$, 作为引理 1 中的 $A(z)$, 于是由式(4-31)有

$$\lim_{n \to \infty} \frac{1}{n+1} \sum_{k=0}^{n} p_{ij}^{(k)} = \lim_{z \to 1-0} (1-z)P_{ij}(z).$$

由式(4-14)及式(4-17), 对 $i \nrightarrow j$ 有

$$P_{ij}(z) = F_{ij}(z) P_{jj}(z) = \frac{F_{ij}(z)}{1 - F_{jj}(z)}.$$

因此, 对 $i \nrightarrow j$ 有

$$\lim_{z \to 1-0} (1-z) P_{ij}(z) = \lim_{z \to 1-0} \frac{1-z}{1 - F_{jj}(z)} F_{ij}(z).$$

因为 $\lim_{z \to 1-0} F_{ij}(z) = F_{ij}(1) = f_{ij}$, 而由洛必达法则有

$$\lim_{z \to 1-0} \frac{1-z}{1 - F_{jj}(z)} F_{ij}(z) = \lim_{z \to 1-0} \frac{-1}{-F_{jj}'(z)} f_{ij} = \frac{f_{ij}}{F_{jj}'(1)},$$

又由于

$$F_{jj}'(1) = \sum_{k=1}^{n} k f_{jj}^{(k)} = \mu_j,$$

所以

$$\lim_{z \to 1-0} (1-z) P_{ij}(z) = \frac{f_{ij}}{\mu_j}.$$

当 $i = j$ 时, 利用式(4-17), 类似可证, 此时, $f_{jj} = 1$.

若极限 $\lim_{n \to \infty} p_{ii}^{(n)}$ 存在, 则有

$$\lim_{n \to \infty} p_{ii}^{(n)} = \lim_{n \to \infty} \frac{1}{n+1} \sum_{k=0}^{n} p_{ii}^{(k)}.$$

由此及定理 8 不难得到(注:若 $\lim_{n \to \infty} a_n = a$, 则有 $\lim_{n \to \infty} \frac{1}{n} \sum_{i=1}^{n} a_i = a$.):

定理 9 设 i 为常返状态且周期为 d, 则

$$\lim_{n \to \infty} p_{ii}^{(nd)} = \frac{d}{\mu_i}, \quad (4\text{-}32)$$

其中 μ_i 为 i 的平均返回时间. 当 $\mu_i = +\infty$ 时, 理解为 $\frac{d}{\mu_i} = 0$.

证明 由极限 $\lim_{n \to \infty} p_{ii}^{(nd)}$ 存在, 然后类似定理 5 的证明, 只需令 $z = x^d$, 对 $P_{ij}(z)$ 用引理 1 便可证得.

定理 10 设 i 为常返状态, 则

(1) i 为零常返状态, 当且仅当

$$\lim_{n \to \infty} p_{ii}^{(n)} = 0;$$

(2) i 为遍历状态，当且仅当

$$\lim_{n\to\infty} p_{ii}^{(n)} = \frac{1}{\mu_i} > 0.$$

证明 (1) 若 i 为零常返状态，则由式(4-32)知 $\lim_{n\to\infty} p_{ii}^{(nd)} = 0$，由周期的定义知，当 n 不能被 d 整除（即 $n \neq 0 \mod d$）时，$p_{ii}^{(n)} = 0$，故有

$$\lim_{n\to\infty} p_{ii}^{(n)} = 0.$$

反之，若 $\lim_{n\to\infty} p_{ii}^{(n)} = 0$，假设 i 为正常返状态，由式(4-32)得矛盾的结果 $\lim_{n\to\infty} p_{ii}^{(nd)} > 0$，故 i 是零常返状态。

(2) 设 $\lim_{n\to\infty} p_{ii}^{(n)} = \frac{1}{\mu_i} > 0$，由(1)知 i 为正常返状态，且 $\lim_{n\to\infty} p_{ii}^{(n)} = \frac{1}{\mu_i}$，与式(4-32)比较得 $d=1$，故 i 为遍历状态。反之，由定理9即得。

状态相通关系为等价关系，因为具有

(1) 自反性：$i \leftrightarrow i$。这由下面定义可得

$$p_{ij}^{(0)} = \delta_{ij} = \begin{cases} 1, j=i, \\ 0, j \neq i. \end{cases}$$

(2) 对称性：若 $i \leftrightarrow j$，则 $j \leftrightarrow i$。

(3) 传递性：若 $i \leftrightarrow j$ 且 $j \leftrightarrow k$，则 $i \leftrightarrow k$。

传递性的证明如下：由于 $i \leftrightarrow j, j \leftrightarrow k$，则 $\exists m, n$，使 $p_{ij}^{(m)} > 0, p_{jk}^{(n)} > 0$，

$$p_{ik}^{(m+n)} = \sum_{l \in S} p_{il}^{(m)} p_{lk}^{(n)} \geq p_{ij}^{(m)} p_{jk}^{(n)} > 0.$$

故 $i \leftrightarrow k$。同理可证 $k \leftrightarrow i$。故 $i \leftrightarrow k$。

利用等价关系，可以把马尔可夫链的状态空间分为若干等价类。在同一等价类内的状态彼此相通；在不同的等价类中的状态不可能彼此相通。然而，从某一类出发以正的概率到达另一类的情形是可能的，由此可知对于不可约链，又有以下的定义：

定义 14 若一马尔可夫链的所有状态属于同一等价类，则称它是**不可约链**。

为说明这些概念，考虑下面例子。

例 13

(1)
$$S = \{1,2,3\}, \boldsymbol{P} = \begin{pmatrix} 1/2 & 1/4 & 1/4 \\ 1/4 & 0 & 3/4 \\ 0 & 2/3 & 1/3 \end{pmatrix};$$

(2)
$$S = \{1,2,3,4,5\}, \boldsymbol{P} = \begin{pmatrix} 1/2 & 1/2 & 0 & 0 & 0 \\ 1/4 & 3/4 & 0 & 0 & 0 \\ 0 & 0 & 0 & 1 & 0 \\ 0 & 0 & 1/2 & 0 & 1/2 \\ 0 & 0 & 0 & 1 & 0 \end{pmatrix};$$

(3)
$$S=\{1,2,3,4,5\}, \mathbf{P}=\begin{pmatrix} 0.6 & 0.1 & 0 & 0.3 & 0 \\ 0.2 & 0.5 & 0.1 & 0.2 & 0 \\ 0.2 & 0.2 & 0.4 & 0.1 & 0.1 \\ 0 & 0 & 0 & 1 & 0 \\ 0 & 0 & 0 & 0 & 1 \end{pmatrix}.$$

利用各种情况下的状态转移图进行判断.

(1) 由于所有状态相通(见图 4-4),组成一等价类,故该链是不可约链.

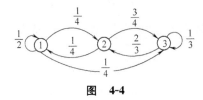

图 4-4

(2) 此链可分为两个等价类$\{1,2\}$及$\{3,4,5\}$(见图 4-5).

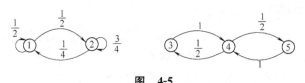

图 4-5

(3) 此链可分为三个等价类$\{1,2,3\}$,$\{4\}$及$\{5\}$(见图 4-6).由$\{1,2,3\}$可进入$\{4\}$或$\{5\}$,反之则不行.

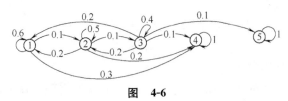

图 4-6

定理 11 如果 i 为常返状态,且 $i \to j$,则 j 必为常返状态,且 $f_{ji}=1$.

证明 先对 $\forall i,j \in S$,有 $0 \leqslant g_{ij} \leqslant f_{ij}$,这是因为 $\{X_0=i, S_1(j) \geqslant 1\} = \{X_0=i, T_{ij}<\infty\}$,且 $\forall k \geqslant 1, \{S_1(j) \geqslant k\} \subset \{S_1(j) \geqslant 1\}$,故
$$\bigcap_{k=1}^{\infty}\{X_0=i, S_1(j) \geqslant k\} \subset \{X_0=i, T_{ij}<\infty\},$$
因而
$$\{X_0=i, S_1(j)=+\infty\} = \bigcap_{k=1}^{\infty}\{X_0=i, S_1(j) \geqslant k\} \subset \{X_0=i, T_{ij}<\infty\},$$
故
$$0 \leqslant g_{ij} = P\{S_1(j)=+\infty \mid X_0=i\} \leqslant P\{T_{ij}<\infty \mid X_0=i\} = f_{ij}.$$
因 $i \to j$,则存在 $m>0$,使 $p_{ij}^{(m)}>0$,又对 $\forall h \in S$,
$$\{X_0=i, S_1(h)=+\infty\} = \bigcup_{k \in S}\{X_0=i, X_m=k, S_{m+1}(h)=+\infty\},$$

有
$$g_{ih} = \sum_{k \in S} p_{ik}^{(m)} P\{S_{m+1}(h) = +\infty \mid X_0 = i, X_m = k\} = \sum_{k \in S} p_{ik}^{(m)} g_{kh}.$$

又因 i 为常返状态, $f_{ii} = 1$, 故
$$0 = 1 - f_{ii} = \sum_{k \in S} p_{ik}^{(m)} - \sum_{k \in S} p_{ik}^{(m)} g_{ki}$$
$$= \sum_{k \in S} p_{ik}^{(m)} (1 - g_{ki}) \geqslant p_{ij}^{(m)} (1 - g_{ji}) \geqslant 0.$$

从而 $1 = g_{ji} \leqslant f_{ji} \leqslant 1$, 得 $f_{ji} = 1$, 故 $j \to i$.

设 $p_{ji}^{(r)} = \alpha > 0, p_{ij}^{(s)} = \beta > 0$. 由 C-K 方程知,对任意 $n \geqslant 0$, 有
$$p_{jj}^{(r+n+s)} \geqslant p_{ji}^{(r)} p_{ii}^{(n)} p_{ij}^{(s)} = \alpha \beta p_{ii}^{(n)}. \tag{4-33}$$

由 i 为常返状态及定理 5, 有 $\sum_{n=1}^{\infty} p_{ii}^{(n)} = +\infty$. 从而
$$\sum_{n=1}^{\infty} p_{jj}^{(n)} = +\infty.$$

故 j 为常返状态.

对于相通的状态,有

定理 12 若 $i \leftrightarrow j$, 则

(1) i 与 j 同为常返状态或非常返状态,若为常返状态,则它们同为正常返状态或同为零常返状态;

(2) i 与 j 或有相同的周期,或同为非周期.

证明 (1) 的前一部分是定理 11 的直接推论. 现设 j 为零常返状态,由定理 10 有 $\lim_{n \to \infty} p_{jj}^{(n)} = 0$. 由式 (4-33) 得 $\lim_{n \to \infty} p_{ii}^{(n)} = 0$, 故 i 也是零常返状态.

同理可证, 若 i 为零常返状态, 由
$$p_{ii}^{(r+n+s)} \geqslant p_{ij}^{(s)} p_{jj}^{(n)} p_{ji}^{(r)} = \beta \alpha p_{jj}^{(n)}, \tag{4-34}$$
可知 j 也是零常返状态.

(2) 仍令对 $p_{ji}^{(r)} = \alpha > 0, p_{ij}^{(s)} = \beta > 0$, 设 i 的周期为 d, j 的周期为 t. 因此对 $\forall m \in \mathbf{N}, \exists n = mt$, 使得 $p_{jj}^{(n)} > 0$. 由式 (4-34) 知, $p_{ii}^{(r+n+s)} > 0$, 从而 $n+r+s$ 能被 d 整除. 但 $p_{ii}^{(r+s)} \geqslant p_{ij}^{(s)} p_{ji}^{(r)} = \alpha \beta > 0$, 所以 $r+s$ 也能被 d 整除. 可见, n 能被 d 整除, 故 t 能被 d 整除. 反之, 利用式 (4-33) 类似可推得 d 能被 t 整除. 从而 $t = d$.

该定理说明, 对相通的状态, 因是同类型, 故只需选出其中一个较容易判别的状态即可.

例 14 设马尔可夫链的 $S = \{1, 2, 3, \cdots\}$, 转移概率为 $p_{11} = \frac{1}{2}$, $p_{i,i+1} = \frac{1}{2}, p_{i1} = \frac{1}{2}, i \in S$. 分析状态 1. 由如下状态转移图 4-7 易知,

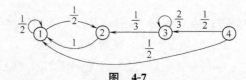

图 4-7

$$f_{11}^{(1)} = \frac{1}{2}, f_{11}^{(2)} = \left(\frac{1}{2}\right)^2, f_{11}^{(3)} = \left(\frac{1}{2}\right)^3, \cdots, f_{11}^{(n)} = \left(\frac{1}{2}\right)^n.$$

故 $f_{11} = \sum_{n=1}^{\infty} \left(\frac{1}{2}\right)^n$，所以"1"是常返状态. 又 $\mu_1 = \sum_{n=1}^{\infty} n \left(\frac{1}{2}\right)^n < \infty$，所以"1"是正常返状态，再由 $p_{11}^{(1)} = \frac{1}{2} > 0$，知"1"是非周期的，从而"1"是遍历状态. 对其他 $i \neq 1$，因 $i \leftrightarrow 1$，故 i 也是遍历状态（若求 $f_{ii}^{(n)}$ 则较麻烦）.

关于常返状态的判断，我们可以总结为以下重要定理：

定理 13 下列命题等价：

(1) i 为常返状态；

(2) $P\left\{\bigcup_{n=1}^{\infty} (X_n = i) \mid X_0 = i\right\} = 1$；

(3) $P\{S_1(i) = +\infty \mid X_0 = i\} = 1$；

(4) $\sum_{n=0}^{\infty} p_{ii}^{(n)} = +\infty$；

(5) $E\{S_1(i) \mid X_0 = i\} = +\infty$.

证明 (1)⇔(2)：由于 $f_{ii} = P(T_{ii} < \infty \mid X_0 = i) = 1$，及

$$\{T_{ii} < \infty\} = \bigcup_{n=1}^{\infty} \{T_{ii} = n\}$$
$$= \bigcup_{n=1}^{\infty} \{X_0 = i, X_l \neq i, 0 < l < n, X_n = i\}$$
$$= \bigcup_{n=1}^{\infty} \{X_0 = i, X_n = i\},$$

因此

$$P\left\{\bigcup_{n=1}^{\infty} (X_n = i) \mid X_0 = i\right\} = P(T_{ii} < \infty \mid X_0 = i) = f_{ii} = 1,$$

即(1)与(2)等价.

(1)⇔(3)：见定理 7.

(1)⇔(4)：见定理 5.

(4)⇔(5)：由式(4-21)即得.

读者可自行对以上结论给出直观解释.

例 15 直线上无限制随机游动

设 $\{Y_n, n \geq 1\}$ 独立同分布，$Y_0 = 0, P(Y_1 = 1) = p, P(Y_1 = -1) = q$，令 $X_0 = 0, X_n = \sum_{i=1}^{n} Y_i$，则 $\{X_n, n \geq 1\}$ 称为直线上无限制随机游动. 易知该马氏链的全体状态 $\{\cdots, -2, -1, 0, 1, 2, \cdots\}$ 构成一个类. 问题是：它是常返类还是非常返类？为此，只需选一个代表 i 即可.

下面来计算 $\sum_n p_{ii}^{(n)}$，据此来判别 i 是否为常返状态. 易知

$$p_{ii}^{(2n-1)} = 0,$$
$$p_{ii}^{(2n)} = C_{2n}^n p^n q^n.$$

考虑母函数

$$p_{ii}(z) = \sum_{n=0}^{\infty} C_{2n}^n p^n q^n z^{2n}$$

$$= \sum_{n=0}^{\infty} \frac{(2n)!}{n!n!} (pqz^2)^n$$

$$= \sum_{n=0}^{\infty} \frac{2^{2n}(-1)^n}{n!} \left(-\frac{1}{2}\right)\left(-\frac{3}{2}\right)\cdots\left(-\frac{2n-1}{2}\right)(pqz^2)^n$$

$$= \sum_{n=0}^{\infty} \frac{1}{n!} \left(-\frac{1}{2}\right)\left(-\frac{3}{2}\right)\cdots\left(-\frac{2n-1}{2}\right)(-4pqz^2)^n$$

$$= (1-4pqz^2)^{-\frac{1}{2}},$$

从而有

$$\sum_{n=0}^{\infty} p_{ii}^{(n)} = p_{ii}(1) = \lim_{z\to 1-0} p_{ii}(z) = \lim_{z\to 1-0} (1-4pqz^2)^{-\frac{1}{2}} = \begin{cases} \infty, p = \frac{1}{2}, \\ \text{有限}, p \neq \frac{1}{2}. \end{cases}$$

由此可知,当 $p = \frac{1}{2}$ 时 i 是常返状态,从而全体状态构成单一的类是常返的;当 $p \neq \frac{1}{2}$ 时,链是非常返的.

例 16 现在我们讨论平面上的对称随机游动. 质点的位置是平面上的整数格点(坐标为整数的点). 每个位置有 4 个相邻的位置,质点各以 $\frac{1}{4}$ 的概率转移到这 4 个相邻位置中的每一个,易见平面上的对称游动是周期为 2 的不可约链.

计算质点经过 $2n$ 步仍回原位置的概率 u_n. 这时质点必须与横坐标平行地向右移动 k 步,向左也移动 k 步,与纵坐标轴平行地向上移动 l 步,向下也移动 l 步,且 $k+l=n$. 因此

$$u_n = \frac{1}{4^{2n}} \sum_{k=0}^{n} \frac{(2n)!}{[k!(n-k)!]^2} = \frac{1}{4^{2n}} C_{2n}^n \sum_{k=0}^{n} (C_n^k)^2 = \frac{1}{4^{2n}} (C_{2n}^n)^2 \approx \frac{1}{\pi n}.$$

由于 $\sum_{n=1}^{\infty} \frac{1}{n} = \infty$,平面上的对称随机游动是常返的.

再讨论空间中的对称随机游动. 这时质点的位置是空间中的整数格点,每个位置有 6 个相邻的位置. 质点各以 $\frac{1}{6}$ 的概率转移到 6 个相邻位置中的每一个. 同样地,空间中的对称随机游动也是周期为 2 的不可约链.

质点经过 $2n$ 步返回原位置的概率 u_n,可类似地计算:

$$u_n = \frac{1}{6^{2n}} \sum_{j,k\geq 0, j+k\leq n} \frac{(2n)!}{[j!k!(n-j-k)!]^2}$$

$$= \frac{1}{2^{2n}} C_{2n}^n \sum_{j,k\geq 0, j+k\leq n} \left[\frac{1}{3^n} \frac{(2n)!}{j!k!(n-j-k)!}\right]^2$$

$$\leq \frac{1}{2^{2n}} \max_{j,k\geq 0, j+k\leq n} \left[\frac{1}{3^n} \frac{(2n)!}{j!k!(n-j-k)!}\right]^2.$$

这里利用了三项式定理

$$\sum_{j,k\geqslant 0, j+k\leqslant n}\left[\frac{1}{3^n}\frac{(2n)!}{j!k!(n-j-k)!}\right]^2 = 1,$$

三项分布的最大项在 j 与 k 最接近 $\frac{n}{3}$ 时达到. 由斯特林公式可知, 这最大项与 $\frac{1}{n}$ 同阶, 从而 u_n 的阶数不超过 $\frac{1}{n^{2/3}}$. 但是 $\sum_{n=1}^{\infty}\frac{1}{n^{2/3}}<\infty$, 因此与直线和平面上的对称随机游动不同, 空间中的对称随机游动是非常返的.

更一般地, $d\geqslant 3$ 维空间中的对称随机游动也是一个周期为 2 的不可约链. 此时, 质点经过 $2n$ 步返回原位置的概率 u_n 的阶数不超过 $\frac{1}{n^{d/2}}$. 但是 $\sum_n \frac{1}{n^{d/2}}<\infty$, 因此 $d\geqslant 3$ 维空间中的对称随机游动是非常返的.

第五节 马尔可夫链状态空间的分解

前面已提到, 马尔可夫链的状态空间可以分为若干不同的等价类. 本节将进一步讨论状态空间的分解问题.

定义 15 设 $C\subset S$, 如对任意 $i\in C$ 及 $j\notin C$, 都有 $p_{ij}=0$, 称 C 为 (随机) **闭集**. 若 C 的状态**相通**, 闭集 C 称为不可约的.

引理 2 C 是闭集的充要条件为: 对任意 $i\in C$ 及 $j\notin C, n\geqslant 1$, 都有 $p_{ij}^{(n)}=0$.

证明 只需证必要性. 用归纳法, 设 C 为闭集, 则由定义, 当 $n=1$ 时, 结论成立. 现设 $n=l$ 时, 对任意 $i\in C, j\notin C$ 有 $p_{ij}^{(n)}=0$, 则
$$p_{ij}^{(l+1)}=\sum_{k\in C}p_{ik}^{(l)}p_{kj}+\sum_{k\notin C}p_{ik}^{(l)}p_{kj}=\sum_{k\in C}0\cdot p_{kj}^{(l)}+\sum_{k\notin C}0\cdot p_{kj}=0.$$
于是引理 2 得证.

易知, i 为吸收状态等价于单点集 $\{i\}$ 是闭集. 显然整个状态空间 S 构成一闭集. 上节中例 13(2) 的 $\{1,2\}$ 及 $\{3,4,5\}$ 分别为闭集.

闭集 C 的直观意义是自 C 内部不能到达 C 的外部, 这意味着系统一旦进入闭集 C 内, 它就永远在 C 中运动.

定理 14 所有常返状态构成一闭集.

证明 设 i 为常返状态, 且 $i\to j$, 则由上节定理 8 知 $i\leftrightarrow j, j$ 亦为常返状态. 说明从常返状态出发, 只能到达常返状态, 不可能到达非常返状态. 从而定理得证.

今后用 C 表示所有常返状态构成的闭集, T 表示所有非常返状态组成的集合.

推论 3 不可约马尔可夫链或者没有非常返状态, 或者没有常返状态.

定理 15 设 $C\neq\varnothing$, 则它可分为若干个互不相交的闭集 $\{C_n\}$, 使 $C=C_1\cup C_2\cup\cdots$, 且有

(1) C_n 中任两状态相通;

(2) $C_h \cap C_l = \varnothing (h \neq l)$,即 C_h 中任一状态与 C_l 中的任一状态互不相通,即 $\{C_n\}$ 均为互不相通闭集.

证明 因 $C \neq \varnothing$,任取 $i_1 \in C$,令 $C_1 = \{i : i \leftrightarrow i_1 \in C\}$. 若 $C - C_1 \neq \varnothing$,再任取 $i_2 \in C - C_1$,令 $C_2 = \{i : i \leftrightarrow i_2 \in C - C_1\}$,…;若 $C - \bigcup_{i=1}^{h} C_i \neq \varnothing$,取 $i_{h+1} \in C - \bigcup_{i=1}^{h} C_i$,令 $C_{h+1} = \{i : i \leftrightarrow i_{h+1} \in C - \bigcup_{i=1}^{h} C_i\}$,….

显然,由 $\{C_h\}$ 的构成即得定理的结论.

推论 4 状态空间 S 可分解为
$$S = T \cup C = T \cup C_1 \cup C_2 \cup \cdots,$$
其中 $\{C_h\}$ 为基本常返闭集,T 不一定是闭集.

因此,当系统从某非常返状态出发,系统可能一直在非常返集 T 中(当 T 为闭集时),也可能在某时刻离开 T 进入到某一基本常返闭集 C_h 中运动.

若 S 为有限集,则有以下结论:

定理 16 若 S 为有限集,则 T 一定是非闭集,亦即不管系统自什么状态出发,迟早要进入常返闭集.

证明 因 $T \subset S$ 有限,又根据上节定理 7,系统至多有限次返回非常返状态,从而只有有限次返回 T. 换言之,系统迟早将进入常返闭集.

推论 5 有限不可约马尔可夫链的状态都是常返状态,即 $T = \varnothing, S = C$.

引理 3 设 $C_h \subset S$ 为闭集,只考虑 C_h 上所得的 m 步转移子矩阵 $\boldsymbol{P}_h^{(m)} = (p_{ij}^{(m)}), i, j \in C_h$,则它们为随机矩阵.

证明 任取 $i \in C_h$,由引理 2 有
$$1 = \sum_{j \in S} p_{ij}^{(m)} = \sum_{j \in C_h} p_{ij}^{(m)} + \sum_{j \notin C_h} p_{ij}^{(m)} = \sum_{j \in C_h} p_{ij}^{(m)}.$$

显然,$p_{ij}^{(m)} \geq 0, i, j \in C_h$. 故局限在 C_h 上的 $\boldsymbol{P}_h^{(m)} = (p_{ij}^{(m)})(i, j \in C_h)$ 为随机矩阵.

为了计算与分析的方便,有时把状态空间中的状态顺序按如下规则重新排列:

(1) 属于同一等价类的状态接连不断地依次编号.

(2) 安排不同等价类的先后次序,使得系统从一给定状态可以达到同一类的另一状态或到达前面的等价类,但不能到达后面的等价类. 由定理 15 知,由常返状态组成的等价类是一闭集,而由非常返状态组成的等价类不一定是闭集,于是按上述规则,常返状态的类放在非常返类之前.

设 $S = C \cup T, C = C_1 \cup C_2 \cup \cdots \cup C_h$ 及 $T = T_{h+1} \cup \cdots \cup T_n$,这是按上面规则编排的等价类次序,其中 $C_1, C_2, \cdots, C_h$ 是常返等价类(闭集),$T_{h+1}, \cdots, T_n$ 是非常返等价类. 于是,转移概率矩阵可分解

成如下形式：

$$\boldsymbol{P} = \begin{pmatrix} P_1 & 0 & \cdots & 0 & 0 & \cdots & 0 \\ 0 & P_2 & \cdots & 0 & 0 & \cdots & 0 \\ \vdots & \vdots & & \vdots & \vdots & & \vdots \\ 0 & 0 & \cdots & P_h & 0 & \cdots & 0 \\ R_{h+1,1} & R_{h+1,2} & \cdots & R_{h+1,h} & Q_{h+1} & \cdots & 0 \\ \vdots & \vdots & & \vdots & \vdots & & \vdots \\ R_{n,1} & R_{n,2} & \cdots & R_{n,h} & R_{n,h+1} & \cdots & Q_n \end{pmatrix} = \begin{pmatrix} \boldsymbol{P}_C & \boldsymbol{O} \\ \boldsymbol{R} & \boldsymbol{Q}_T \end{pmatrix}.$$

(4-35)

其中 $\boldsymbol{O}$ 表示零矩阵，而

$$\boldsymbol{P}_C = \begin{pmatrix} P_1 & 0 & \cdots & 0 \\ 0 & P_2 & \cdots & 0 \\ \vdots & \vdots & & \vdots \\ 0 & 0 & \cdots & P_h \end{pmatrix}, \boldsymbol{Q}_T = \begin{pmatrix} Q_{h+1} & 0 & \cdots & 0 \\ R_{h+2,h+1} & Q_{h+2} & \cdots & 0 \\ \vdots & \vdots & & \vdots \\ R_{n,h+1} & R_{n,h+2} & \cdots & Q_n \end{pmatrix},$$

$$\boldsymbol{R} = \begin{pmatrix} R_{h+1,1} & R_{h+1,2} & \cdots & R_{h+1,h} \\ R_{h+2,1} & R_{h+2,2} & \cdots & R_{h+2,h} \\ \vdots & \vdots & & \vdots \\ R_{n1} & R_{n2} & \cdots & R_{nh} \end{pmatrix}.$$

其中 $\boldsymbol{P}_l(1 \leqslant l \leqslant h)$ 是局限在 C_l 上的转移概率矩阵；$\boldsymbol{Q}_l(h+1 \leqslant l \leqslant n)$ 是局限在 T_l 上的转移概率矩阵.

以上节例 13(3) 的转移概率矩阵为例，它可重新排列分解如下：

$$\boldsymbol{P} = \begin{pmatrix} 1 & 0 & 0 & 0 & 0 \\ 0 & 1 & 0 & 0 & 0 \\ 0.3 & 0 & 0.6 & 0.1 & 0 \\ 0.2 & 0 & 0.2 & 0.5 & 0.1 \\ 0.1 & 0.1 & 0.2 & 0.2 & 0.4 \end{pmatrix},$$

则对应的 $\boldsymbol{P}_C, \boldsymbol{Q}_T, \boldsymbol{R}$ 为

$$\boldsymbol{P}_C = \begin{pmatrix} 1 & 0 \\ 0 & 1 \end{pmatrix}, \boldsymbol{Q}_T = \begin{pmatrix} 0.6 & 0.1 & 0 \\ 0.2 & 0.5 & 0.1 \\ 0.2 & 0.2 & 0.4 \end{pmatrix}, \boldsymbol{R} = \begin{pmatrix} 0.3 & 0 \\ 0.2 & 0 \\ 0.1 & 0.1 \end{pmatrix}.$$

还有以下简单而有效的定理.

定理 17 若转移概率矩阵按式(4-35)的形式分解，则

(1) $P_l(1 \leqslant l \leqslant h)$ 是局限在 C_l 上的随机矩阵；

(2) $\boldsymbol{P}^n = \begin{pmatrix} \boldsymbol{P}_C^n & \boldsymbol{O} \\ \boldsymbol{R}_n & \boldsymbol{Q}_T^n \end{pmatrix}.$

其中 $\boldsymbol{R}_1 = \boldsymbol{R}, \boldsymbol{R}_n = \boldsymbol{R}_{n+1} \boldsymbol{P}_C + \boldsymbol{Q}_T^{n-1} \boldsymbol{R}.$

(3) $\lim_{n \to \infty} \boldsymbol{Q}_T^n = \boldsymbol{O}.$

证明 (1) 由定理 15 及引理 3 即得；

(2) 由归纳法可证之；

(3) 由定理 5 推论 1 的式(4-23)即得.

例 17 设有四个状态$\{0,1,2,3\}$的齐次马尔可夫链，它的一步转移概率矩阵为

$$P = \begin{pmatrix} \frac{1}{2} & \frac{1}{2} & 0 & 0 \\ \frac{1}{2} & \frac{1}{2} & 0 & 0 \\ \frac{1}{4} & \frac{1}{4} & \frac{1}{4} & \frac{1}{4} \\ 0 & 0 & 0 & 1 \end{pmatrix}.$$

试研究其状态关系.

解 状态 0 可到状态 1，状态 1 可到状态 0. 故 $0 \leftrightarrow 1$. 状态 2 可到状态 0,1,3，但状态 0,1,3 到达不了状态 2，故状态 2 非常返. 因为 $p_{33}=1$，状态 3 到达其他状态的概率为 0，故状态 3 是吸收状态. 所以 $S=\{0,1\}+\{2\}+\{3\}$. 故集合 $\{0,1\}$ 正常返，$\{2\}$ 非常返.

本例也可画状态转移图进行分析.

第六节 时间连续状态离散的马尔可夫过程

一、转移概率函数

设离散状态空间为 $S=\{0,1,2,\cdots,N\}$ 或 $S=\{0,1,2,\cdots\}$. 当然，根据实际需要，具有无限多个状态的离散状态空间有时亦可取为 $S=\{0,1,2,\cdots\}$ 或 $S=\{\cdots,-2,-1,0,1,2,\cdots\}$，有限多个状态空间有时取为 $S=\{0,1,2,\cdots,N\}$.

定义 16 设时间连续状态离散的随机过程$\{X(t), t\in[0,\infty)\}$的状态空间为 S，若对于任意整数 $m(m \geq 2)$，任意 m 个时刻 $t_1, t_2, \cdots, t_m$ ($0 \leq t_1 < t_2 < \cdots < t_m$)，任意正数 s 以及任意 $i_1, i_2, \cdots, i_n, j \in S$，满足

$$P\{X(t_m+s)=j | X(t_1)=i_1, X(t_2)=i_2, \cdots, X(t_m)=i_m\}$$
$$= P\{X(t_m+s)=j | X(t_m)=i_m\}, \quad (4\text{-}36)$$

则称$\{X(t), t\in[0,\infty)\}$为**时间连续状态离散的马尔可夫过程**.

在式(4-36)中，如果 t_m 表示现在时刻，$t_1, t_2, \cdots, t_{m-1}$ 表示过去时刻，t_m+s 表示将来时刻，那么此式表明过程在将来时刻 t_m+s 的状态仅依赖于现在时刻 t_m 的状态，而与过去时刻 $t_1, t_2, \cdots, t_{m-1}$ 过程的状态无关. 式(4-36)给出了无后效性的表达式.

式(4-36)中右边条件概率形式

$$P\{X(t+s)=j | X(t)=i\}, t \geq 0, s > 0$$

称之为马尔可夫过程在 t 时刻的 s 时间的**转移概率函数**，记为 $p_{ij}(t, t+s)$. 转移概率函数表示已知 t 时刻处于状态 i，经 s 时间后

过程处于状态 j 的概率.

转移概率函数 $p_{ij}(t,t+s)$ 不依赖于 t 的马尔可夫过程,称为**时齐马尔可夫过程**. 这种马尔可夫链过程的状态转移概率函数,仅与转移出发状态 i、转移所经过的时间 s、转移到达状态 j 有关,而与转移的开始时刻 t 无关. 此时,转移概率函数可记为 $p_{ij}(s)$,即

$$p_{ij}(s)=p_{ij}(t,t+s)=P\{X(t+s)=j\mid X(t)=i\},t\geq 0,s\geq 1.$$

下面我们只讨论时齐马尔可夫过程. 为方便起见把"时齐"二字省略.

根据条件概率性质,转移概率函数具有下列两条性质:

(1) $0\leq p_{ij}(s)\leq 1, i,j=1,2,\cdots$(有限多个或无限多个);

(2) $\sum_{j} p_{ij}(s)=1, i=1,2,\cdots$.

通常,我们规定

$$p_{ij}(0)=\delta_{ij}=\begin{cases}1, i=j,\\ 0, i\neq j.\end{cases}$$

转移概率函数之间具有下列关系:设 $s>0, t>0$,

$$p_{ij}(s+t)=\sum_{r}p_{ir}(s)p_{rj}(t), i,j=0,1,2,\cdots. \qquad (4\text{-}37)$$

此式称为切普曼—**柯尔莫哥洛夫方程**. 这个方程式的直观意义是:要想由状态 i 出发经 $s+t$ 时间到达状态 j,必须先经 s 时间到达任意状态 r,然后再经 t 时间由状态 r 转移到状态 j,此方程的证明方法类似于马尔可夫链中切普曼—柯尔莫哥洛夫方程的证明方法,只要把那里的 m,k,l 分别换成 t_m,s,t 即可.

马尔可夫过程在初始时刻(即零时刻)取各状态的概率分布

$$p_i^{(0)}=P\{X(0)=i\}, i=0,1,2,\cdots$$

称为它的**初始(概率)分布**. 显然有

$$p_i^{(0)}\geq 0(i=0,1,2,\cdots), \sum_{i}p_i^{(0)}=1.$$

特别地,马尔可夫过程在零时刻由固定的状态 i_0 出发,此时 $p_{i_0}^{(0)}=1, p_j^{(0)}=0(j\neq i_0)$.

马尔可夫过程在 $t(t\geq 0)$ 时刻取各状态的概率分布

$$p_i(t)=P\{X(t)=i\}, i=0,1,2,\cdots$$

称在 t 时刻的**绝对概率分布**,显然有

$$p_i(t)\geq 0(i=0,1,2,\cdots), \sum_{i}p_i(t)=1.$$

利用全概率公式可以得到

$$p_j(t)=\sum_{i}p_i^{(0)}p_{ij}(t), j=0,1,2,\cdots. \qquad (4\text{-}38)$$

此式表明绝对概率分布完全被初始概率分布和转移概率函数所确定.

在马尔可夫链中,n 步转移概率可以由一步转移概率算得,而一步转移概率可用直观方法求得. 在马尔可夫过程中,转移概率函数 $p_{ij}(t)$ 可以通过解微分方程获得. 为此首先需要导出转移概率函

数所满足的微分方程组.

二、柯尔莫哥洛夫向前和向后方程

设 $\{X(t), t \in [0, \infty)\}$ 是状态有限（即具有有限多个状态）的马尔可夫过程，$S = \{0, 1, 2, \cdots, N\}$.

定义 17 设状态有限的马尔可夫过程 $X(t)$ 的转移概率函数为 $p_{ij}(t)$. 若

$$\lim_{t \to 0^+} p_{ij}(t) = \delta_{ij} = \begin{cases} 1, i = j, \\ 0, i \neq j \end{cases} \quad (4\text{-}39)$$

成立，则称此过程为**随机连续马尔可夫过程**.

式(4-39)表示：当 t 很小时，过程由状态 i 转移到 i 的概率接近于 1，而转移到状态 $j(\neq i)$ 的概率接近于零，亦即经过很短时间系统的状态几乎是不变的. 显然，用式(4-39)定义马尔可夫过程的连续性是合理的.

在马尔可夫过程理论中，根据第三章结论可以证明极限

$$\lim_{t \to 0^+} \frac{p_{ij}(t) - \delta_{ij}}{t} = q_{ij}, \quad i, j = 0, 1, 2, \cdots, N \quad (4\text{-}40)$$

存在且有限. 根据导数的定义可得

$$q_{ij} = p'_{ij}(0^+).$$

这里的 q_{ij} 称为马尔可夫过程的**速率函数**. 它刻画马尔可夫过程的转移概率函数在零时刻对时间的变化率.

矩阵

$$Q = \begin{pmatrix} q_{00} & q_{01} & q_{02} & \cdots & q_{0N} \\ q_{10} & q_{11} & q_{12} & \cdots & q_{1N} \\ \vdots & \vdots & \vdots & & \vdots \\ q_{N0} & q_{N1} & q_{N2} & \cdots & q_{NN} \end{pmatrix}$$

称为马尔可夫过程的**速率矩阵**，简称 Q 矩阵.

速率函数具有下列性质：

(1) $q_{ii} \leq 0, i = 0, 1, 2, \cdots, N$；

(2) $q_{ij} \geq 0, i \neq j, i, j = 1, 2, \cdots, N$；

(3) $\sum_{j=0}^{N} q_{ij} = 0, i = 0, 1, 2, \cdots, N$.

事实上，性质(1)、(2)，根据 q_{ij} 的定义容易得到，性质(3)的证明为

$$\sum_{j=0}^{N} q_{ij} = \sum_{j=0}^{N} \lim_{t \to 0^+} \frac{p_{ij}(t) - \delta_{ij}}{t} = \lim_{t \to 0^+} \frac{\sum_{j=0}^{N}(p_{ij}(t) - \delta_{ij})}{t} = 0.$$

下面介绍 $p_{ij}(t)$ 满足的微分方程组.

定理 18 设随机连续状态有限马尔可夫过程的转移概率函数为 $p_{ij}(t)$，速率函数为 q_{ij}，则有

$$\frac{\mathrm{d} p_{ij}(t)}{\mathrm{d} t} = \sum_{k=0}^{N} p_{ik}(t) q_{kj}, \quad i, j = 0, 1, 2, \cdots \quad (4\text{-}41)$$

和
$$\frac{\mathrm{d}p_{ij}(t)}{\mathrm{d}t} = \sum_{k=0}^{N} q_{ik} p_{kj}(t), i,j = 0,1,2,\cdots, \quad (4\text{-}42)$$

其中式(4-41)称为**柯尔莫哥洛夫向前方程**,式(4-42)称为**柯尔莫哥洛夫向后方程**.

证明 先推导式(4-41).利用式(4-36),

$$\frac{p_{ij}(t+\Delta t) - p_{ij}(t)}{\Delta t} = \frac{\sum_{k=0}^{N} p_{ik}(t) p_{kj}(\Delta t) - p_{ij}(t)}{\Delta t}$$

$$= \frac{\sum_{k=0}^{N} p_{ik}(t) p_{kj}(\Delta t) - \sum_{k=0}^{N} p_{ik}(t) \delta_{kj}}{\Delta t}$$

$$= \sum_{k=0}^{N} p_{ik}(t) \frac{p_{kj}(\Delta t) - \delta_{kj}}{\Delta t},$$

让 $\Delta t \to 0$,得

$$\frac{\mathrm{d}p_{ij}(t)}{\mathrm{d}t} = \sum_{k=0}^{N} p_{ik}(t) q_{kj}, i,j=1,2,\cdots,$$

这就是式(4-41).

再推导式(4-42).利用式(4-36),

$$\frac{p_{ij}(t+\Delta t) - p_{ij}(t)}{\Delta t} = \frac{\sum_{k=0}^{N} p_{ik}(\Delta t) p_{kj}(t) - p_{ij}(t)}{\Delta t}$$

$$= \frac{\sum_{k=0}^{N} p_{ik}(\Delta t) p_{kj}(t) - \sum_{k=0}^{N} \delta_{ik} p_{kj}(t)}{\Delta t}$$

$$= \sum_{k=0}^{N} \frac{p_{ik}(\Delta t) - \delta_{ik}}{\Delta t} p_{kj}(t),$$

让 $\Delta t \to 0$,得

$$\frac{\mathrm{d}p_{ij}(t)}{\mathrm{d}t} = \sum_{k=0}^{N} q_{ik} p_{kj}.$$

证毕.

柯尔莫哥洛夫向前和向后方程都是关于 $p_{ij}(t)$ 的线性微分方程组,各包含 $(N+1)^2$ 个方程.如果 q_{ij} 已知(通常可以根据过程的统计性质确定),附加上初始条件 $p_{ij}(0)=\delta_{ij}$,就可以解出 $p_{ij}(t)$,$i,j=0,1,2,\cdots,N$.

需要指出,对于状态无限(即具有无限多个状态)的马尔可夫过程,类似地进行上面的讨论,亦能够获得柯尔莫哥洛夫向前和向后方程.设状态空间为 $S=\{0,1,2,\cdots\}$,这时的柯尔莫哥洛夫向前和向后方程,只需把式(4-41)和式(4-42)中的 N 改为 ∞ 即可.

例 18 电话交换站在时间$[0,t]$内来到的呼唤数记为 $X(t)$. 假定:(1) 在时间$(a,a+t]$内来到的呼唤数 $X(a+t)-X(a)$ 的概率

分布与 a 无关,其中 $a \geq 0$;(2) 在互不相交的时间区间内来到的呼唤数是相互独立的;(3) 在间隔长为 Δt 的时间内来到多于 1 次呼唤的概率为 $o(\Delta t)$,这里 $o()$ 表示高阶无穷小. 显然,$X(0)=0$. 由第一节例 2 分析知 $X(t)$ 是马尔可夫过程. 求此过程的转移概率函数.

解 首先说明此马尔可夫过程是时齐的. 事实上,当 $j \geq i$,

$$P\{X(a+t)=j \mid X(a)=i\}$$
$$=\frac{P\{X(a)=i, X(a+t)=j\}}{P\{X(a)=i\}}$$
$$=\frac{P\{X(a)=i, X(a+t)-X(a)=j-i\}}{P\{X(a)=i\}}$$
$$\underset{\text{由假定(2)}}{=\!=\!=\!=}\frac{P\{X(a)=i\}P\{X(a+t)-X(a)=j-i\}}{P\{X(a)=i\}}$$
$$=P\{X(a+t)-X(a)=j-i\}.$$

由假定(1),转移概率函数与 a 无关.

再计算 q_{ij}.

$$p_{ij}(\Delta t)=P\{X(t+\Delta t)=j \mid X(t)=i\}$$
$$=P\{X(t+\Delta t)=j, X(t)=i \mid X(t)=i\}$$
$$=P\{\text{在}(t, t+\Delta t] \text{内来到} j-i \text{次呼唤} \mid X(t)=i\}$$
$$\underset{\text{由假定(2)}}{=\!=\!=\!=}P\{\text{在}(t, t+\Delta t] \text{内来到} j-i \text{次呼唤}\}$$
$$\underset{\text{由假定(1)}}{=\!=\!=\!=}\begin{cases}\lambda \Delta t+o(\Delta t), j=i+1, \\ 1-\lambda \Delta t+o(\Delta t), j=i, \\ o(\Delta t), j>i+1, \\ 0, j<i.\end{cases}$$

由式(4-40),

$$q_{ij}=\lim_{\Delta t \to 0}\frac{p_{ij}(\Delta t)-\delta_{ij}}{\Delta t}=\begin{cases}\lambda, j=i+1, \\ -\lambda, j=i, \\ 0, j<i \text{ 或 } j>i+1.\end{cases}$$

代入式(4-41),并取 $i=0$,得

$$\begin{cases}\dfrac{\mathrm{d}p_{ij}(t)}{\mathrm{d}t}=\lambda p_{0,j-1}(t)-\lambda p_{0j}(t), j=0,1,2,\cdots, \\ \dfrac{\mathrm{d}p_{00}(t)}{\mathrm{d}t}=-\lambda p_{00}(t).\end{cases} \quad (4\text{-}43)$$

此方程组满足初始条件 $p_{0j}(0)=\delta_{rj}$ 的解为

$$p_{0j}(t)=\frac{(\lambda t)^j}{j!}\mathrm{e}^{-\lambda t}, j=i, i+1,\cdots.$$

读者可用数学归纳法自行证明.

一般地,式(4-43)为

$$\begin{cases}\dfrac{\mathrm{d}p_{ij}(t)}{\mathrm{d}t}=\lambda p_{i,j-1}(t)-\lambda p_{ij}(t), j=i+1, i+2,\cdots, \\ \dfrac{\mathrm{d}p_{ii}(t)}{\mathrm{d}t}=-\lambda p_{ii}(t),\end{cases}$$

第四章 马尔可夫过程

此方程组满足初始条件 $p_{ij}(0)=\delta_{ij}$ 的解为

$$p_{ij}(t)=\frac{(\lambda t)^{j-i}}{(j-i)!}e^{-\lambda t}, j=i, i+1, \cdots.$$

计算结果表明在时间间隔 t 内来到的呼唤次数服从参数为 λt 的泊松分布. 此过程称为**泊松过程**. 这个例子亦给出了泊松过程的构造方法.

在讨论下面两个例子之前, 先介绍负指数分布的无记忆性. **无记忆性**的直观解释为: 假定某件产品的寿命 X 服从参数为 λ 的负指数分布, 用过一段时间 a 后, 它的剩余寿命仍然服从参数为 λ 的负指数分布, 而与已经使用过的时间 a 无关. 下面给出证明.

当 $x \geq 0$ 时, 负指数分布的分布函数为

$$F(x)=\int_0^x \lambda e^{-\lambda x} dx = 1-e^{-\lambda x},$$

所以

$$P\{X>x\}=e^{-\lambda x}.$$

当 $x>0, a>0$ 时, 剩余寿命 $X-a$ 的分布为

$$P\{X-a>x | x>a\} = \frac{P\{x>a, X>x+a\}}{P\{x>a\}}$$

$$= \frac{P\{X>x+a\}}{P\{x>a\}} = \frac{e^{-\lambda(a+x)}}{e^{-\lambda a}} = e^{-\lambda x},$$

故

$$P\{X-a \leq x | x>a\} = 1-e^{-\lambda x}.$$

此式表明剩余寿命仍然服从参数为 λ 的负指数分布.

例 19 考察一台机器的运转情况. 若机器正在运转, 则认为处于状态 1; 若机器正在修理, 则认为处于状态 0. 为这台机器配备一个修理工. 机器运转一段时间后遇到故障需要修理, 经过一段时间修理, 当机器修复后又进行运转. 假定机器从一次起动到需要修理的运转期是随机的, 服从参数为 μ 的负指数分布, 其概率密度为 $\mu e^{-\mu t}, t \geq 0$; 而修理工修理一次, 排除故障修复机器所需时间亦是随机的, 服从参数为 λ 的负指数分布, 其概率密度为 $\lambda e^{-\lambda t}, t \geq 0$. 假定机器各次运转期相互独立, 各次修复时间也相互独立, 且各次运转期和修复时间之间相互独立. 记 $X(t)$ 为在 t 时刻机器所处状态. 由于 t 时刻以后机器的状况, 仅与在 t 时刻的状态以及 t 时刻后剩余运转时间或剩余修复时间有关, 利用负指数分布的无记忆性, $X(t)$ 是马尔可夫过程. 试求此马尔可夫过程的转移概率函数.

解 为了列出柯尔莫哥洛夫方程, 先确定 q_{ij}. 当 Δt 很小时, 如果机器在 t 时刻处于修理状态, 而在 $t+\Delta t$ 时刻转变为运转状态, 那么只要求在 $(t, t+\Delta t)$ 时间内机器修复, 此时

$$p_{01}(\Delta t)=\int_0^{\Delta t} \lambda e^{-\lambda t} dt = 1-e^{-\lambda \Delta t} = \lambda \Delta t + o(\Delta t),$$

故有

$$q_{01}=\lim_{\Delta t \to 0}\frac{p_{01}(\Delta t)}{\Delta t}=\lambda.$$

同样可得
$$p_{10}(\Delta t)=\mu\Delta t+o(\Delta t),$$
故有
$$q_{10}=\mu.$$
利用速率函数的性质(3)可得
$$q_{00}=-\lambda, q_{11}=-\mu,$$
因而
$$Q=\begin{pmatrix}-\lambda & \lambda \\ \mu & -\mu\end{pmatrix}.$$
柯尔莫哥洛夫向前方程是
$$\begin{cases}p'_{i0}(t)=-\lambda p_{i0}(t)+\mu p_{i1}(t),\\ p'_{i1}(t)=\lambda p_{i0}(t)-\mu p_{i1}(t),\end{cases} i=0,1,$$
由于 $p_{i0}(t)+p_{i1}(t)=1$,因而 $p_{i1}(t)=1-p_{i0}(t)$,代入上面第一个方程得
$$p'_{i0}(t)+(\lambda+\mu)p_{i0}(t)=\mu,$$
容易解得
$$p_{i0}(t)=\frac{\mu}{\lambda+\mu}+Ce^{-(\lambda+\mu)t}.$$
利用初始条件 $p_{00}(0)=1$ 和 $p_{10}(0)=0$,可以确定常数 C. 因而得
$$p_{00}(t)=\frac{\mu+\lambda e^{-(\lambda+\mu)t}}{\lambda+\mu},$$
$$p_{10}(t)=\frac{\mu-\mu e^{-(\lambda+\mu)t}}{\lambda+\mu}.$$
再利用 $p_{i1}(t)=1-p_{i0}(t)$ 代入上面第二个柯尔莫哥洛夫方程,得
$$p_{01}(t)=\frac{\lambda-\lambda e^{-(\lambda+\mu)t}}{\lambda+\mu},$$
$$p_{11}(t)=\frac{\lambda+\mu e^{-(\lambda+\mu)t}}{\lambda+\mu}.$$

例20 考察一个服务窗口前顾客排队的情况. 假定排队场地有限,最多可容纳 N 个人. 设顾客的来到数是例 18 中的泊松过程. 如果顾客到来时见服务窗口有空,那么立即接受服务;如果见到服务窗口前有人,但不超过 $N-1$ 个,那么他排到队中等待,等到前面的顾客服务完毕,再接受服务;如果见到服务窗口前有 N 个人,那么他立刻离去,不再接受服务. 假定各个顾客接受服务的时间长度都服从参数为 μ 的负指数分布,且相互独立,又与顾客来到的情况独立. 记 t 时刻队长(排队的顾客数)为 $X(t)$. 它可能取的值为 0, 1, 2, $\cdots$, N. 由于 t 时刻以后队长的变化情况仅与在 t 时刻的队长有关,因此 $X(t)$ 是马尔可夫过程. 这是由 t 时刻以后顾客的来到情况与 t 以前无关,以及 t 时刻正在接受服务的顾客的剩余服务时间具有无记忆性所致.

为了列出柯尔莫哥洛夫方程,先确定 q_{ij}. 一个在 t 时刻正在接受服务的顾客,在 $(t,t+\Delta t)$ 时间内结束服务,亦即其剩余服务时间 Y 小于 Δt,其概率为

$$P\{Y<\Delta t\}=1-\mathrm{e}^{-\mu\Delta t}=\mu\Delta t+o(\Delta t).$$

如果在 t 时刻队长为 $i(i\leqslant N-1)$,而在 $(t,t+\Delta t)$ 中来到一个顾客,正在接受服务的顾客还未结束服务,那么在 $(t,t+\Delta t)$ 时刻有 $i+1$ 个顾客. 因而,概率

$$\begin{aligned}p_{i,i+1}(\Delta t)&=[\lambda\Delta t+o(\Delta t)][1-\mu\Delta t-o(\Delta t)]\\&=\lambda\Delta t+o(\Delta t),\end{aligned}$$

故

$$q_{i,i+1}=\lim_{\Delta t\to 0}\frac{p_{i,i+1}(\Delta t)}{\Delta t}=\lambda.$$

如果在 t 时刻队长为 $i(i\geqslant 1)$,而在 $(t,t+\Delta t)$ 中正在接受服务的顾客服务完毕,没有顾客来到,那么在 $(t,t+\Delta t)$ 时刻有 $i-1$ 个顾客. 因而,概率

$$\begin{aligned}p_{i,i-1}(\Delta t)&=[\mu\Delta t+o(\Delta t)][1-\lambda\Delta t-o(\Delta t)]\\&=\mu\Delta t+o(\Delta t),\end{aligned}$$

故

$$q_{i,i-1}=\lim_{\Delta t\to 0}\frac{p_{i,i-1}(\Delta t)}{\Delta t}=\mu.$$

如果在 t 时刻队长为 $i(1\leqslant i\leqslant N-1)$,而在 $(t,t+\Delta t)$ 中没有顾客来到,正在接受服务的顾客没有结束服务,那么在 $t+\Delta t$ 时刻有 i 个顾客. 因而,概率

$$\begin{aligned}p_{ii}(\Delta t)&=[1-\lambda\Delta t-o(\Delta t)][1-\mu\Delta t-o(\Delta t)]\\&=1-(\lambda+\mu)\Delta t+o(\Delta t),\end{aligned}$$

故

$$q_{ii}=\lim_{\Delta t\to 0}\frac{p_{ii}(\Delta t)-1}{\Delta t}=-(\lambda+\mu).$$

同理,因为

$$p_{NN}(\Delta t)=1-\mu\Delta t+o(\Delta t),$$
$$p_{00}(\Delta t)=1-\lambda\Delta t+o(\Delta t),$$

所以

$$q_{NN}=-\mu,\quad q_{00}=-\lambda.$$

综合上面计算结果,并利用速率矩阵的性质,可得

$$\boldsymbol{Q}=\begin{pmatrix}-\lambda & \lambda & 0 & \cdots & 0 & 0 & 0\\ \mu & -(\lambda+\mu) & \lambda & \cdots & 0 & 0 & 0\\ 0 & \mu & -(\lambda+\mu) & \cdots & 0 & 0 & 0\\ \vdots & \vdots & \vdots & & \vdots & \vdots & \vdots\\ 0 & 0 & 0 & \cdots & \mu & -(\lambda+\mu) & \lambda\\ 0 & 0 & 0 & \cdots & 0 & \mu & -\mu\end{pmatrix}.$$

因此，柯尔莫哥洛夫向前方程是

$$\begin{cases} p'_{i0}(t) = -\lambda p_{i0}(t) + \mu p_{i1}(t), \\ p'_{ij}(t) = -(\lambda+\mu) p_{ij}(t) + \lambda p_{i,j-1}(t) + \mu p_{i,j+1}(t), 1 \leq i \leq N-1, \\ p'_{iN}(t) = \lambda p_{i,N-1}(t) - \mu p_{i,N}(t), \end{cases}$$
(4-44)

求这个微分方程组的解比较复杂，这里不做介绍.

三、遍历性

马尔可夫过程的遍历性与马尔可夫链的遍历性相类似. 这里有时需要区分有限状态空间和无限状态空间. 设有限状态空间 $S=\{0,1,2,\cdots,N\}$，无限状态空间 $S=\{0,1,2,\cdots\}$.

定义 18 若马尔可夫过程转移概率的极限

$$\lim_{t \to \infty} p_{ij}(t) = p_j, i,j \in S$$

存在，且与 i 无关，则称此马尔可夫过程具有**遍历性**.

对状态有限的马尔可夫过程，显然有

$$p_j \geq 0 (j=0,1,2,\cdots,N), \sum_{j=0}^{N} p_j^{(0)} = 1,$$

通常称 $\{p_j, j=0,1,2,\cdots,N\}$ 为**转移概率函数的极限分布**.

对状态无限的马尔可夫过程，有

$$p_j \geq 0 (j=0,1,2,\cdots), \sum_{j=0}^{\infty} p_0^{(0)} \leq 1,$$

若 $\{p_j, j=0,1,2,\cdots\}$ 满足 $\sum_{j=0}^{\infty} p_j = 1$，则称它是转移概率函数的极限分布.

当马尔可夫过程具有遍历性时，考察绝对概率 $p_j(t \to \infty)$ 的极限. 在式(4-38)中，绝对概率的极限为

$$\lim_{t \to \infty} p_j(t) = \lim_{t \to \infty} \sum_i p_i^{(0)} p_{ij}(t) = \sum_i p_i^{(0)} \lim_{t \to \infty} p_{ij}(t)$$
$$= \sum_i p_i^{(0)} p_j = p_j,$$

结果表明此极限与转移概率函数的极限相同.

下面给出状态有限的马尔可夫过程具有遍历性的一个充分条件.

定理 19 对状态有限的马尔可夫过程，若存在 $t_0 > 0$，使

$$p_{ij}(t_0) > 0, i,j = 0,1,2,\cdots,N,$$

则此过程是遍历性的.

此定理的证明较长，因而省略.

例 21 讨论例 20 中马尔可夫过程的遍历性. 直观上看，从队长为 i 出发经过时间 t 后转变成队长为 j 总是可能的，即对所有的 $p_{ij}(t) > 0$. 利用定理 19，可知极限分布

$$\lim_{t \to \infty} p_{ij}(t) = p_j, j=0,1,2,\cdots,N$$

存在,下面求此极限分布.

在方程组式(4-44)两边让 $t\to\infty$,由于 $p_{ij}(t)$ 极限存在,可以证明 $\lim\limits_{t\to\infty}p'_{ij}(t)=0$,因而

$$\begin{cases} 0=-\lambda p_0+\mu p_1, \\ 0=-(\lambda+\mu)p_j+\lambda p_{j-1}+\mu p_{j+1}, 1\leqslant j\leqslant N-1, \\ 0=\lambda p_{N-1}-\mu p_N \end{cases}$$

令 $u_j=-\lambda p_{j-1}+\mu p_j, j=1,2,\cdots,N$,上式变为

$$\begin{cases} u_1=0, \\ u_j=u_{j+1}, 1\leqslant j\leqslant N-1, \\ u_N=0, \end{cases}$$

从而得

$$u_j=-\lambda p_{j-1}+\mu p_j=0,$$

即

$$p_j=\left(\frac{\lambda}{\mu}\right)p_{j-1}=\cdots=\left(\frac{\lambda}{\mu}\right)^j p_0, 1\leqslant j\leqslant N.$$

利用 $\sum\limits_{j=0}^{N}p_j=1$,即

$$\sum_{j=0}^{N}p_j=\frac{1-\left(\frac{\lambda}{\mu}\right)^{N+1}}{1-\frac{\lambda}{\mu}}p_0=1,$$

可得

$$p_0=\frac{1-\frac{\lambda}{\mu}}{1-\left(\frac{\lambda}{\mu}\right)^{N+1}},$$

因而

$$p_j=\frac{1-\frac{\lambda}{\mu}}{1-\left(\frac{\lambda}{\mu}\right)^{N+1}}\left(\frac{\lambda}{\mu}\right)^j, 0\leqslant j\leqslant N.$$

这就是要求的极限分布.

下面介绍生灭过程的定义.

四、生灭过程

定义 19 设 $\{X(t),t\geqslant 0\}$ 是状态离散参数连续的齐次马尔可夫过程,其状态空间 $S=\{0,1,2,\cdots\}$,若它的转移概率 $p_{ij}(t),t\geqslant 0$, $i,j\in S$ 满足:

(1) $p_{i,i+1}(h)=\lambda_i h+o(h),\lambda_i>0$;

(2) $p_{i,i-1}(h)=\mu_i h+o(h),\mu_i>0,\mu_0=0$;

(3) $p_{ii}(h)=1-(\lambda_i+\mu_i)h+o(h)$;

(4) $p_{ij}(h)=o(h),|i-j|\geqslant 2$,

则称该马尔可夫链 $\{X(t),t\geqslant 0\}$ 为**生灭过程**.

不难看出,生灭过程的所有状态都是互通的,生灭过程的名称是由上述诸式的如下概率解释得到的,即在间隔为 h 的一小段时间中,在忽略高阶无穷小以后,只有三种可能:

(1) 状态由 i 变到 $i+1$,也就是增加 1(若将 X_t 理解为 t 时刻某群体的大小,则在时间间隔 h 中生出一个个体),其概率为 $\lambda_i h$;

(2) 状态由 i 变到 $i-1$,也就是减少 1(表明死去一个个体),其概率为 $\mu_i h$;

(3) 状态由 i 变到 i,即状态不变(表明个体无增减),其概率为 $1-(\lambda_i-\mu_i)h$.

下面我们来讨论转移概率 $p_{ij}(t),t\geqslant 0,i,j\in S$ 的有关问题.

(1) $p_{ij}(t),t\geqslant 0,i,j\in S$ 的可微性. 因为

$$q_{ii}=\lim_{h\to 0^+}\frac{p_{ii}(h)-1}{h}=-(\lambda_i+\mu_i),$$

$$q_{ij}=\lim_{h\to 0^+}\frac{p_{ij}(h)}{h}=\begin{cases}\lambda_i,j=i+1,\\ \mu_i,j=i-1,\\ 0,|i-j|\geqslant 2,\end{cases}$$

所以密度矩阵为

$$Q=\begin{pmatrix}-\lambda_0 & \lambda_0 & 0 & 0 & \cdots\\ \mu_1 & -(\lambda_1+\mu_1) & \lambda_1 & 0 & \cdots\\ 0 & \mu_2 & -(\lambda_2+\mu_2) & \lambda_2 & \cdots\\ 0 & 0 & \mu_3 & -(\lambda_3+\mu_3) & \cdots\\ \vdots & \vdots & \vdots & \vdots & \end{pmatrix}.$$

(2) 柯尔莫哥洛夫方程. 由于生灭过程的状态空间未必有限,但可以证明 Q 是保守的,从而 $p_{ij}(t),t\geqslant 0,i,j\in S$,满足柯尔莫哥洛夫向后方程,即

$$p'_{ij}(t)=q_{ii}p_{ij}(t)+\sum_{k\neq i}q_{ik}p_{kj}(t)$$

$$=-(\lambda_i+\mu_i)p_{ij}(t)+\lambda_i p_{i+1,j}(t)+\mu_i p_{i-1,j}(t).$$

又因为当 $|i-j|\geqslant 2$ 时,有

$$\lim_{h\to 0^+}\frac{p_{ij}(h)}{h}=0,$$

所以 $\forall j\in S$,关于 i 一致成立

$$\lim_{h\to 0^+}\frac{p_{ij}(h)}{h}=q_{ij},$$

从而 $p_{ij}(t),t\geqslant 0,i,j\in S$,满足柯尔莫哥洛夫向前方程,即

$$p'_{ij}(t)=p_{ij}(t)q_{jj}+\sum_{k\neq j}p_{ik}(t)q_{kj}$$

$$=-p_{ij}(t)(\lambda_j+\mu_j)+p_{i,j-1}(t)\lambda_{j-1}+p_{i,j+1}(t)\mu_{j+1}.$$

(3) 福克尔—普朗克方程. 一般来说,要从柯尔莫哥洛夫向后、向前方程中解出 $p_{ij}(t)$ 是比较困难的,为此先写 $p_j(t)$ 所满足的福

第四章 马尔可夫过程

克尔—普朗克方程,然后再求平稳分布. 因此

$$p_j'(t) = p_j(t)q_{jj} + \sum_{k \neq j} p_k(t)q_{kj} = -p_j(t)(\lambda_j + \mu_j) + p_{j-1}(t)\lambda_{j-1} + p_{j+1}(t)\mu_{j+1}, \qquad (4\text{-}45)$$

其中 $j=0,1,2,\cdots$,并规定 $p_{-1}(t)=0$.

(4) 如果平稳分布 $\{\pi_j, j \in S\}$ 存在,求此平稳分布. 若生灭过程的初始分布 $\{p_i = P(X_0 = i), i \in S\}$ 为上述的平稳分布,则由平稳分布的定义知

$$p_j(t) = \sum_{i \in S} p_i p_{ij}(t) = \pi_j.$$

这就表明,对任何时刻 t,$\{p_{ij}(t), t \geq 0, j \in S\}$ 也是平稳分布,而且正好就是 $\{\pi_j, j \in S\}$,从而有 $p_j'(t)=0$,代入式(4-20)可得 π_i:

$$0 = -(\lambda_j + \mu_j)\pi_j + \lambda_{j-1}\pi_{j-1} + \mu_{j+1}\pi_{j+1}, j \in S.$$

当 $j=0$ 时,有 $-(\lambda_0+\mu_0)\pi_0+0+\mu_1\pi_1=0$,即

$$\pi_1 = \frac{\lambda_0}{\mu_1}\pi_0,$$

当 $j=1$ 时,有 $-(\lambda_1+\mu_1)\pi_1+\lambda_0\pi_0+\mu_2\pi_2=0$,即

$$\pi_2 = \frac{\lambda_0\lambda_1}{\mu_1\mu_2}\pi_0,$$

由数学归纳法可得

$$\pi_k = \frac{\lambda_0\lambda_1\lambda_2\cdots\lambda_{k-1}}{\mu_1\mu_2\cdots\mu_k}\pi_0.$$

又

$$1 = \sum_{k \in S}\pi_k = \pi_0 + \sum_{k=1}^{\infty}\frac{\lambda_0\lambda_1\lambda_2\cdots\lambda_{k-1}}{\mu_1\mu_2\cdots\mu_k}\pi_0,$$

所以

$$\pi_0 = \left(1 + \sum_{k=1}^{\infty}\frac{\lambda_0\lambda_1\lambda_2\cdots\lambda_{k-1}}{\mu_1\mu_2\cdots\mu_k}\right)^{-1}.$$

同理,可求得 $\pi_1,\pi_2,\pi_3,\cdots,\pi_k,\cdots$,从而求出生灭过程的平稳分布 $\{\pi_k, k \in S\}$. 显然仅需 π_0 存在,即级数

$$\sum_{k=1}^{\infty}\frac{\lambda_0\lambda_1\lambda_2\cdots\lambda_{k-1}}{\mu_1\mu_2\cdots\mu_k}$$

收敛,否则生灭过程不存在平稳分布.

在生灭过程的定义中,若 $\mu_i=0$,则称此生灭过程为纯生过程;若 $\lambda_i=0$,则称此生灭过程为纯灭过程.

例 22 设有 m 台机床,s 名维修工人 ($s \leq m$);机床或者工作,或者损坏等待修理;机床损坏后,如有维修工人闲着,则闲着的工人立即来维修,否则等着,直到有一个工人维修好手中的一台机床后,再来维修且先坏先修,如果假定:

(1) 在时刻 t,正在工作的一台机床在 $(t, t+\Delta t)$ 内损坏的概率为 $\lambda\Delta t + o(\Delta t)$;

(2) 在时刻 t,正在工作的一台机床在 $(t, t+\Delta t)$ 内被修好的概

率为 $\mu\Delta t+o(\Delta t)$;

(3) 各机床之间的状态(指工作或损坏)是相互独立的,若 X_t 表示在时刻 t 时损坏了的(包括正在维修和等待维修的,即不在工作的)机床个数,证明 $\{X_t,t\geqslant 0\}$ 是一个生灭过程,并求该过程的平稳分布.

证明 由题设不难说明 $\{X_t,t\geqslant 0\}$ 是一个状态离散参数连续的有限齐次马尔可夫链,且 $0\leqslant X_t\leqslant m$. 因为转移概率

$$p_{k,k+1}(\Delta t)=P\{X_{t+\Delta t}=k+1|X_t=k\}$$

表明在时刻 t 有 k 台机床损坏的条件下,在 $(t,t+\Delta t)$ 内又有一台损坏的概率. 也就是说,在 $X_t=k$ 条件下,正在工作的 $m-k$ 台机床在 $(t,t+\Delta t)$ 内恰有一台损坏的概率,因此

$$p_{k,k+1}(\Delta t)=C_{m-k}^1[1-(\lambda\Delta t+o(\Delta t))]^{m-k-1}(\lambda\Delta t+o(\Delta t))$$
$$=(m-k)\lambda\Delta t+o(\Delta t),k=1,2,\cdots,m-1.$$

类似地,

$$p_{k,k-1}(\Delta t)=P\{X_{t+\Delta t}=k-1|X_t=k\}$$

表明在 $X_t=k$ 条件下,在 $(t,t+\Delta t)$ 内恰有一台机床被修好的概率.

当 $1\leqslant k\leqslant s$ 时,有

$$p_{k,k-1}(\Delta t)=C_k^1[\mu\Delta t+o(\Delta t)][1-(\mu\Delta t+o(\Delta t))]^{k-1}$$
$$=k\mu\Delta t+o(\Delta t),0\leqslant k\leqslant s;$$

当 $s\leqslant k\leqslant m$ 时,有

$$p_{k,k-1}(\Delta t)=C_s^1[\mu\Delta t+o(\Delta t)][1-(\mu\Delta t+o(\Delta t))]^{s-1}$$
$$=s\mu\Delta t+o(\Delta t),s\leqslant k\leqslant m;$$

当 $j-k\geqslant 2$ 时,有

$$p_{kj}(\Delta t)=P\{X_{t+\Delta t}=j|X_t=k\}$$
$$=C_{m-k}^{j-k}(\lambda\Delta t+o(\Delta t))^{j-k}[1-(\lambda\Delta t+o(\Delta t))]^{m-j}$$
$$=o(\Delta t);$$

当 $k-j\geqslant 2$ 时,有

$$p_{kj}(\Delta t)=\begin{cases}C_k^{k-j}(\mu\Delta t+o(\Delta t))^{k-j}[1-(\mu\Delta t+o(\Delta t))]^j,1\leqslant k\leqslant s,\\ C_s^{k-j}(\mu\Delta t+o(\Delta t))^{k-j}[1-(\mu\Delta t+o(\Delta t))]^{s-(k-j)},s<k\leqslant m\end{cases}$$
$$=o(\Delta t).$$

因此

$$p_{kj}(\Delta t)=o(\Delta t),|k-j|\geqslant 2.$$

再由

$$1=\sum_{j\in S}p_{kj}(\Delta t)=p_{kk}(\Delta t)+p_{k,k-1}(\Delta t)+p_{k,k+1}(\Delta t)+\sum_{|k-j|\geqslant 2}p_{kj}(\Delta t)$$

得

$$p_{kk}(\Delta t)=\begin{cases}1-[(m-k)\lambda+k\mu]\Delta t+o(\Delta t),1\leqslant k\leqslant s,\\ 1-[(m-k)\lambda+s\mu]\Delta t+o(\Delta t),s<k\leqslant m,\end{cases}$$

可得 $\{X_t,t\geqslant 0\}$ 是一个生灭过程.

下面来求该过程的平稳分布,由生灭过程的定义,相应地,有

$$\lambda_k = (m-k)\lambda, k=0,1,2,\cdots,m-1,$$
$$\mu_k = \begin{cases} k\mu, 1\leqslant k\leqslant s, \\ s\mu, s<k\leqslant m. \end{cases}$$

当 $k\leqslant s$ 时，有
$$\pi_k = \frac{\lambda_0\lambda_1\lambda_2\cdots\lambda_{k-1}}{\mu_1\mu_2\cdots\mu_k}\pi_0$$
$$= \frac{m(m-1)(m-2)\cdots(m-k+1)\lambda^k}{k!\mu^k}\pi_0$$
$$= C_m^k\left(\frac{\lambda}{\mu}\right)^k\pi_0,$$

当 $s<k\leqslant m$ 时，有
$$\pi_k = \frac{\lambda_0\lambda_1\lambda_2\cdots\lambda_{s-1}\lambda_s\cdots\lambda_{k-1}}{\mu_1\mu_2\cdots\mu_s\mu_{s+1}\cdots\mu_k}\pi_0$$
$$= \frac{m(m-1)(m-2)\cdots(m-s+1)}{s!}\left(\frac{\lambda}{\mu}\right)^s\frac{(m-s)\cdots(m-k+1)}{s^{k-s}}\left(\frac{\lambda}{\mu}\right)^{k-s}\pi_0$$
$$= C_m^k\frac{(s+1)(s+2)\cdots k}{s^{k-s}}\left(\frac{\lambda}{\mu}\right)^k\pi_0,$$

而
$$\pi_0 = \left(1+\sum_{k=1}^m\frac{\lambda_0\lambda_1\lambda_2\cdots\lambda_{k-1}}{\mu_1\mu_2\cdots\mu_k}\right)^{-1}$$
$$= \left[1+\sum_{k=1}^s C_m^k\left(\frac{\lambda}{\mu}\right)^k+\sum_{k=s+1}^m C_m^k\frac{(s+1)(s+2)\cdots k}{s^{k-s}}\left(\frac{\lambda}{\mu}\right)^k\right]^{-1},$$

所以，在给定了 m,λ,μ 之后，对于不同的 s 就可以利用上述公式求平稳分布 $\{\pi_k, k\in S\}$.

五、泊松过程

泊松过程是一类重要的计数过程，先给出计数过程的定义．

定义 20 随机过程 $\{N(t), t\geqslant 0\}$ 称为计数过程，如果 $N(t)$ 表示从 0 到 t 时刻某一特定事件 A 发生的次数，它具备以下两个特点：

(1) $N(t)\geqslant 0$ 且取值为整数；

(2) $s<t$ 时，$N(s)\leqslant N(t)$ 且 $N(t)-N(s)$ 表示 $(s,t]$ 时间内事件 A 发生的次数．

计数过程在实际中有着广泛的应用，只要我们对所观察的事件出现的次数感兴趣，就可以使用计数过程来描述．比如，考虑一段时间内到某商店购物的顾客数或某超市中等待结账的顾客数，经过公路上的某一路口的汽车数，某地区一段时间内某年龄段的死亡人数、新出生人数，保险公司接到的索赔次数等，都可以用计数过程来作为模型加以研究．

泊松过程是具有独立增量和平稳增量的计数过程，它的定义如下：

定义 21 随机过程 $\{N(t), t\geqslant 0\}$ 称为泊松过程，其满足：

(1) $N(0)=0$;
(2) 过程有独立增量;
(3) 对任意的 $s,t \geqslant 0$,
$$P\{N(t+s)-N(s)=n\}=e^{-\lambda t}\frac{(\lambda t)^n}{n!}, n=0,1,2,\cdots.$$

从上述定义中的条件(3)易见 $N(t+s)-N(s)$ 的分布不依赖于 s,所以条件(3)蕴含了过程的平稳增量性. 另外,由泊松分布的性质知道, $E[N(t)]=\lambda t$,于是可认为 λ 是单位时间内发生事件的平均次数. 一般称 λ 是泊松过程的强度或速率,在一些著作中它还被称为"发生率"(这取决于我们在定义泊松过程时称事件为"发生"或"来到"的不同,实际上这是没有实质区别的). 下面我们来看两个更具体的例子.

例 23 (泊松过程在排队论中的应用)在随机服务系统中排队现象的研究中,经常用到泊松过程模型,例如,到达电话总机的呼叫数目,到达某服务设施(商场、车站、购票处等)的顾客数,都可以用泊松过程来描述. 以某火车站售票处为例,设从早上 8:00 开始,此售票处连续售票,乘客以 10 人/h 的平均速率到达,则从 9:00 到 10:00 这一个小时内最多有 5 名乘客来此购票的概率是多少? 从 10:00 到 11:00 没有人来此购票的概率是多少?

解 用泊松过程来描述. 设 8:00 为 0 时刻,则 9:00 为 1 时刻,参数 $\lambda=10$. 由前面知

$$P\{N(2)-N(1)\leqslant 5\}=\sum_{n=0}^{5}e^{-10\times 1}\frac{(10\times 1)^n}{n!},$$

$$P\{N(3)-N(2)=0\}=e^{-10}\frac{(10)^0}{0!}=e^{-10}.$$

例 24 (事故的发生次数及保险公司接到的索赔数)若以 $N(t)$ 表示某公路交叉口、矿山工厂等场所在 $(0,t]$ 时间内发生不幸事故的数目,则泊松过程就是 $\{N(t),t\geqslant 0\}$ 的一种很好的近似. 另外,保险公司接到的赔偿请求次数(设一次事故就导致一次索赔),向"3·15"台的投诉(设商品出现质量问题为事故)等都是可以应用泊松过程模型. 我们考虑一种最简单的情况,设保险公司每次的赔付都是 1,每月平均接到 4 次索赔要求,则一年中它要付出的金额平均为多少?

解 设一年开始为时刻 0,1 月末为时刻 1,2 月末为时刻 2,…,则年末为时刻 12.

$$P\{N(12)-N(0)=n\}=\frac{(4\times 12)^n}{n!}e^{-4\times 12},$$

均值

$$E[N(12)-N(0)]=4\times 12=48.$$

为什么实际中有那么多现象可以用泊松过程来反映呢? 其根据是稀有事件原理. 我们在概率论学习中知道,伯努利试验中,每次

试验成功率很小而试验次数很多时,二项分布会逼近泊松分布.这一想法很自然地推广到随机过程.比如上面提到的事故发生次数的例子,在很短的时间内发生事故的概率很小,但如果考虑很多个这样的很短时间的连接,事故的发生将会有一个大致稳定的概率.这很类似于伯努利试验以及二项分布逼近泊松分布时的假定.下面我们把这些性质具体写出来.

设 $\{N(t), t \geq 0\}$ 是一个计数过程,它满足

(1) $N(0)=0$;

(2) 过程有平稳独立增量;

(3) 存在 $\lambda > 0$,当 $h \to 0$ 时,
$$P\{N(t+h)-N(t)=1\}=\lambda h+o(h);$$

(4) 当 $h \to 0$ 时,
$$P\{N(t+h)-N(t) \geq 2\}=o(h).$$

可以证明这 4 个条件与定义 20 是等价的,但在证明之前先来粗略地说明一下.

首先我们把 $[0,t]$ 划分为 n 个相等的时间区间,则由条件(4)可知,当 $n \to \infty$ 时,在每个小区间内事件发生 2 次或 2 次以上的概率趋于 0,因此事件发生 1 次的概率 $p \approx \lambda \dfrac{t}{n}$(显然 p 会很小),事件不发生的概率 $1-p \approx 1-\lambda \dfrac{t}{n}$,这恰好是一次伯努利试验.其中事件发生一次即为试验成功,不发生即为失败.再由条件(2)给出的平稳独立增量性,$N(t)$ 就相当于 n 次独立伯努利试验中试验成功的总次数,由泊松分布是二项分布的逼近可知 $N(t)$ 将服从参数为 λt 的泊松分布.

下面我们将给出严格的数学证明.

定理 20 满足上述条件的(1)~(4)的计数过程 $\{N(t), t \geq 0\}$ 是泊松过程,反过来,泊松过程一定满足这 4 个条件.

证明 设计数过程 $\{N(t), t \geq 0\}$ 满足 4 个条件,证明他是泊松过程.可以看到,其实只需证明 $N(t)$ 将服从参数为 λt 的泊松分布即可.

记
$$P_n(t)=P\{N(t)=n\}, n=0,1,2\cdots,$$
$$P(h)=P\{N(h) \geq 1\}=P_1(h)+P_2(h)+\cdots=1-P_0(h),$$

则
$$\begin{aligned}
P_0(t+h) &= P\{N(t+h)=0\} \\
&= P\{N(t+h)-N(t)=0, N(t)=0\} \\
&= P\{N(t)=0\}P\{N(t+h)-N(t)=0\} \quad (\text{独立增量性}) \\
&= P_0(t)P_0(h) \\
&= P_0(t)(1-\lambda h+o(h)), (\text{条件}(3)、(4))
\end{aligned}$$

因此
$$\frac{P_0(t+h)-P_0(t)}{h}=-\lambda P_0(t)+\frac{o(h)}{h}.$$

令 $h\to 0$ 得
$$P_0'(t)=-\lambda P_0(t),$$

解此微分方程,得
$$P_0(t)=K\mathrm{e}^{-\lambda t},$$

其中 K 为常数. 由 $P_0(0)=P\{N(0)=0\}=1$ 得 $K=1$,故
$$P_0(t)=\mathrm{e}^{-\lambda t}.$$

同理,当 $n\geqslant 1$ 时,有
$$\begin{aligned}P_n(t+h)&=P\{N(t+h)=n\}\\&=P\{N(t)=n,N(t+h)-N(t)=0\}+P\{N(t)=n-1,\\&\quad N(t+h)-N(t)=1\}+P\{N(t+h)=n,N(t+h)-N(t)\geqslant 2\}\\&=P_n(t)P_0(h)+P_{n-1}(t)P_1(h)+o(h)\\&=(1-\lambda h)P_n(t)+\lambda h P_{n-1}(t)+o(h),\end{aligned}$$

于是
$$\frac{P_n(t+h)-P_n(t)}{h}=-\lambda P_n(t)+\lambda P_{n-1}(t)+o(h).$$

令 $h\to 0$ 得
$$P_n'(t)=-\lambda P_n(t)+\lambda P_{n-1}(t),$$

利用归纳法解上面的方程得
$$P_n(t)=\mathrm{e}^{-\lambda t}\frac{(\lambda t)^n}{n!}=P\{N(t)=n\}.$$

反过来,证明泊松过程满足这 4 个条件,只需验证条件(3)、(4)成立. 由定义 20 中的条件(3)可得
$$\begin{aligned}P\{N(t+h)-N(t)=1\}&=P\{N(h)-N(0)=1\}\\&=\mathrm{e}^{-\lambda h}\frac{\lambda h}{1!}=\lambda h\sum_{n=0}^{\infty}\frac{(-\lambda h)^n}{n!}\\&=\lambda h[1-\lambda h+o(h)]\\&=\lambda h+o(h),\end{aligned}$$
$$\begin{aligned}P\{N(t+h)-N(t)\geqslant 2\}&=P\{N(h)-N(0)\geqslant 2\}\\&=\sum_{n=2}^{\infty}\mathrm{e}^{-\lambda h}\frac{(-\lambda h)^n}{n!}\\&=o(h).\end{aligned}$$

条件的(1)~(4)一般也作为泊松过程的定义,与定义 20 相比,它更容易应用到实际问题中,作为判定某一现象能否用泊松过程来刻画的依据. 而我们很难验证定义 20 中的条件(3)这一泊松分布的条件(有时可以通过记录不同时刻下的 $N(t)$,来与很多不同参数的泊松分布比较,但这是很麻烦的事),但定义 20 在理论研究中是常用的.

例 25 事件 A 的发生形成强度为 λ 的泊松过程 $\{N(t),t\geqslant$

0}. 若每次事件发生时的概率 p 能够被记录下来,并以 $M(t)$ 表示到 t 时刻被记录下来的事件总数,则 $\{M(t),t\geqslant 0\}$ 是强度为 λp 的泊松过程.

事实上,由于每次事件发生时,对它的记录和不记录都与其他的事件能否被记录独立,且事件发生服从泊松分布,所以 $M(t)$ 也是具有平稳独立增量的,故只需验证 $M(t)$ 服从均值为 λpt 的泊松分布,即对 $t>0$,有

$$P\{M(t)=m\}=\frac{(\lambda pt)^m}{m!}e^{-\lambda pt}.$$

由于

$$\begin{aligned}P\{M(t)=m\}&=\sum_{n=0}^{\infty}P\{M(t)=m\mid N(t)=m+n\}P\{N(t)=m+n\}\\&=\sum_{n=0}^{\infty}C_{m+n}^m p^m(1-p)^n \frac{(\lambda t)^{m+n}}{(m+n)!}e^{-\lambda t}\\&=e^{-\lambda t}\sum_{n=0}^{\infty}\frac{(\lambda pt)^m[\lambda(1-p)t]^n}{m!n!}\\&=e^{-\lambda t}\frac{(\lambda pt)^m}{m!}\sum_{n=0}^{\infty}\frac{[\lambda(1-p)t]^n}{n!}\\&=e^{-\lambda t}\frac{(\lambda pt)^m}{m!}e^{\lambda(1-p)t}\\&=e^{-\lambda pt}\frac{(\lambda pt)^m}{m!},\end{aligned}$$

结论得证.

习题四

1. 将一颗骰子扔很多次. 记 X_n 为扔第 n 次正面出现的点数,问 $\{X(n),n=1,2,\cdots\}$ 是马尔可夫链么? 如果是,试写出一步转移概率矩阵. 又记 Y_n 为前 n 次正面出现点数的总和,问 $\{Y(n),n=1,2,\cdots\}$ 是马尔可夫链吗? 如果是,试写出一步转移概率.

2. 作一列独立的伯努利试验,其中每一次出现"成功"的概率为 $p(0<p<1)$,出现"失败"的概率为 $q,q=1-p$. 如果第 n 次试验出现"失败"认为 $X(n)$ 取数值为零;如果第 n 次试验出现"成功",且连接着前面 k 次试验都出现"成功",而第 $n-k$ 次试验出现"失败",认为 $X(n)$ 取数值 k. 问 $\{X(n),n=1,2,\cdots\}$ 是马尔可夫链吗? 试写出其一步转移概率.

3. 在一个罐子中放有 50 个红球和 50 个蓝球. 每随机地取出一个球后,再放一个新球进去,新球为红球和蓝球的概率各为 $\frac{1}{2}$,第 n 次取出一个球后,又放一个新球进去,留下的红球数记为 $X(n)$. 问 $\{X(n),n=0,1,2,\cdots\}$ 是马尔可夫链吗? 试写出一步转移概率矩

阵(当 $n \geq 50$).

4. 随机地扔两枚分币,每枚分币的面有"国徽"和"分值"之分. $X(n)$ 表示两枚分币扔 n 次后正面出现"国徽"的总个数,试问 $X(n)$ 是否是马尔可夫链? 写出一步转移概率.

5. 扔一颗骰子,如果前 n 次出现点数的最大值为 j,就说 $X(n)$ 的值等于 j. 试问 $\{X(n), n=1,2,\cdots\}$ 是不是马尔可夫链,并写出一步转移概率矩阵.

6. 假定随机变量 X_0 的概率分布为 $P\{X_0=1\}=p, P\{X_0=-1\}=1-p, 0<p<1$. 对 $n=0,1,2,\cdots$,定义
$$X(2n) = \begin{cases} X_0, & \text{当 } n \text{ 为偶数}, \\ -X_0, & \text{当 } n \text{ 为奇数}, \end{cases}$$
$$X(2n+1) = 0.$$

画出 $\{X(n), n=0,1,2,\cdots\}$ 的所有样本函数,并说明 $\{X(n), n=0,1,2,\cdots\}$ 不具有马尔可夫性(即无后效性).

7. 将适当的数字填在下面空白处,使矩阵

$$\boldsymbol{P} = \begin{bmatrix} 0 & \frac{1}{3} & \frac{1}{3} & \frac{1}{3} \\ \frac{1}{10} & & \frac{1}{10} & \frac{1}{10} \\ & & & 1 \\ \frac{1}{4} & 0 & 0 & \end{bmatrix}$$

是一步转移概率矩阵.

8. 设马尔可夫链的一步转移概率矩阵为

$$\boldsymbol{P} = \begin{bmatrix} \frac{1}{2} & \frac{1}{3} & \frac{1}{6} \\ \frac{1}{3} & \frac{1}{3} & \frac{1}{3} \\ \frac{1}{3} & \frac{1}{2} & \frac{1}{6} \end{bmatrix},$$

试求二步转移概率矩阵.

9. 设马尔可夫链的一步转移概率矩阵为 $\boldsymbol{P} = \begin{pmatrix} p & q \\ q & p \end{pmatrix}$,其中 $p>0, q>0, q+p=1$. 试求二步转移概率矩阵和三步转移概率矩阵,并用数学归纳法证明一般 n 步转移概率矩阵为
$$\boldsymbol{P} = \frac{1}{2} \begin{bmatrix} 1+(p-q)^n & 1-(p-q)^n \\ 1-(p-q)^n & 1+(p-q)^n \end{bmatrix}.$$

10. 设马尔可夫链具有状态空间 $S=\{1,2,3\}$,初始概率分布和一步转移概率矩阵如下:

$$p_1^{(0)}=\frac{1}{4}, p_2^{(0)}=\frac{1}{2}, p_3^{(0)}=\frac{1}{4}, \boldsymbol{P}=\begin{pmatrix} \frac{1}{4} & \frac{3}{4} & 0 \\ \frac{1}{3} & \frac{1}{3} & \frac{1}{3} \\ 0 & \frac{1}{4} & \frac{3}{4} \end{pmatrix}.$$

(1) 计算 $P\{X(0)=1, X(1)=2, X(2)=2\}$;
(2) 试证 $P\{X(1)=2, X(2)=2 \mid X(0)=1\} = p_{12}p_{22}$;
(3) 计算 $p_{12}(2)$.

11. 设马尔可夫链具有状态空间 $E=\{1,2\}$, 初始概率分布为 $p_1^{(0)}=a, p_2^{(0)}=b, a>0, b>0, a+b=1$ 和一步转移概率矩阵为

$$\boldsymbol{P}=\begin{pmatrix} \frac{2}{3} & \frac{1}{3} \\ \frac{1}{2} & \frac{1}{2} \end{pmatrix}.$$

(1) 计算 $P\{X(0)=1, X(1)=2, X(2)=2\}$;
(2) 计算 $P\{X(n)=1, X(n+1)=2, X(n+2)=1\}, n=1,2,3$;
(3) 计算 $P\{X(n)=1, X(n+2)=2\}, n=1,2,3$;
(4) 计算 $P\{X(n+2)=2\}, n=1,2,3$;
(5) 在(1)到(4)中哪些依赖于 n,哪些不依赖于 n?

12. 在上题中,初始分布取为 $p_1^{(0)}=\frac{3}{5}, p_2^{(0)}=\frac{2}{5}$,试对 $n=1,2,3$ 计算其绝对概率分布 $p_1^{(n)}, p_2^{(n)}$.

13. 设马尔可夫链的一步转移概率矩阵为

$$\boldsymbol{P}=\begin{pmatrix} 1 & 0 & 0 & 0 & 0 \\ 0 & 1 & 0 & 0 & 0 \\ p & 0 & q & r & 0 \\ p & 0 & 0 & q & r \\ p & r & 0 & 0 & q \end{pmatrix},$$

其中 $p>0, q>0, r>0$, 且 $p+q+r=1$, 初始概率分布为
$p_1^{(0)}=0, p_2^{(0)}=0, p_3^{(0)}=1, p_4^{(0)}=0, p_5^{(0)}=0.$
试对 $n=1,2,3$ 计算其绝对概率分布 $p_1^{(n)}, p_2^{(n)}, p_3^{(n)}, p_4^{(n)}, p_5^{(n)}$.

14. 在第 8 题的马尔可夫链中,转移概率的极限 $\lim\limits_{n\to\infty} p_{ij}(n)$ 是否存在,此链是否遍历? 并求极限分布.

15. 在第 10 题的马尔可夫链中,转移概率的极限 $\lim\limits_{n\to\infty} p_{ij}(n)$ 是否存在,此链是否遍历? 并求极限分布.

16. 在第 9 题的马尔可夫链中,取初始概率分布 $p_1^{(0)}=\alpha, p_2^{(0)}=\beta$,其中 $\alpha+\beta=1, \alpha\geq 0, \beta\geq 0$.

(1) 利用第 9 题的结果计算转移概率的极限 $\lim\limits_{n\to\infty} p_{ij}(n)$;
(2) 利用遍历性定理求转移概率的极限 $\lim\limits_{n\to\infty} p_{ij}(n)$;
(3) 计算第 n 时刻的绝对概率分布 $p_1^{(n)}, p_2^{(n)}$;

(4) 求绝对概率的极限分布 $\lim\limits_{n\to\infty} p_j^{(n)}$.

17. 在直线上的一维随机游动,一步向右和向左的概率分别为 p 和 q,且 $q=1-p, 0<p<1$. 在 $x=0$ 和 $x=a$ 处放置完全反射壁. 记 $X(n)$ 为第 n 步质点所处位置,它可能取值为 $0,1,2,\cdots,a$. 试写出此马尔可夫链的一步转移概率,并求它的平稳分布.

18. 假定某商店有一部电话. 如果在时刻电话正被使用,那么记为 $X(t)=1$,否则记为 $X(t)=0$. 假定 $\{X(t), t\geqslant 0\}$ 具有转移概率矩阵 $\boldsymbol{P}(t)=\begin{pmatrix} \dfrac{1+7\mathrm{e}^{-8t}}{8} & \dfrac{7-7\mathrm{e}^{-8t}}{8} \\ \dfrac{1-\mathrm{e}^{-8t}}{8} & \dfrac{7+\mathrm{e}^{-8t}}{8} \end{pmatrix}$,又假定初始分布为 $p_0^{(0)}=\dfrac{1}{10}$, $p_1^{(0)}=\dfrac{9}{10}$.

(1) 计算矩阵 $\boldsymbol{P}(0)$;
(2) 验证 $\boldsymbol{P}(t)$ 的每一行元素之和等于 1;
(3) 计算概率:
$$P\{X(0,2)=0\}, P\{X(0,2)=0 | X(0)=0\},$$
$$P\{X(0,1)=0, X(0,6)=1, X(1,1)=1 | X(0)=0\},$$
$$P\{X(1,1)=0, X(0,6)=1, X(0,1)=0\};$$
(4) 计算 t 时刻的绝对概率分布;
(5) 计算 $\boldsymbol{P}'(t)$,从而得到速率矩阵 $\boldsymbol{Q}$;
(6) 验算矩阵 $\boldsymbol{Q}$ 的每一行元素之和等于 0.

19. 填写下列速率矩阵 $\boldsymbol{Q}$ 的空白元素.
$$\boldsymbol{Q}=\begin{pmatrix} -5 & & 3 \\ & -6 & 6 \\ & & 0 \end{pmatrix}.$$

20. 已知随机游动的质点构成一个马尔可夫链,其状态空间为 $S=\{1,2,3,4,5\}$,一步转移概率矩阵为
$$\boldsymbol{P}=\begin{pmatrix} 1 & 0 & 0 & 0 & 0 \\ \dfrac{1}{6} & \dfrac{1}{2} & \dfrac{1}{3} & 0 & 0 \\ 0 & \dfrac{1}{6} & \dfrac{1}{2} & \dfrac{1}{3} & 0 \\ 0 & 0 & \dfrac{1}{6} & \dfrac{1}{2} & \dfrac{1}{3} \\ 0 & 0 & 0 & 0 & 1 \end{pmatrix}.$$

试求质点从状态 2 出发,分别被状态 1、状态 5 吸收的概率.

21. 设时齐马尔可夫链 $\{X(n), n=0,1,2,\cdots\}$ 的状态空间为 $S=\{1,2,3,4\}$,状态转移概率矩阵为

$$P = \begin{pmatrix} \frac{1}{2} & \frac{1}{2} & 0 & 0 \\ 1 & 0 & 0 & 0 \\ 0 & \frac{1}{3} & \frac{2}{3} & 0 \\ \frac{1}{2} & 0 & \frac{1}{2} & 0 \end{pmatrix}.$$

(1) 画出状态转移概率图；

(2) 讨论各状态性质；

(3) 分解状态空间.

22. 设时齐马尔可夫链$\{X(n), n=0,1,2,\cdots\}$的状态空间为$S=\{1,2,3,4,5\}$，状态转移概率矩阵为

$$P = \begin{pmatrix} \frac{1}{2} & 0 & 0 & \frac{1}{2} & 0 \\ \frac{1}{2} & 0 & \frac{1}{2} & 0 & 0 \\ 0 & 0 & 1 & 0 & 0 \\ 1 & 0 & 0 & 0 & 0 \\ 0 & 1 & 0 & 0 & 0 \end{pmatrix}.$$

(1) 画出状态转移概率图；

(2) 讨论各状态性质；

(3) 分解状态空间.

第五章 平稳过程

平稳过程是在自然科学和工程技术中经常遇到的一类随机过程. 例如:通信中的高斯白噪声、随机相位正弦波、随机电报信号、随机二元波、飞机受空气湍流产生的波动、船舶受海浪冲击产生的波动、棉纱截面积的随机大小等都是平稳随机过程的典型实例.

平稳过程是与马尔可夫过程不同的随机过程,它随时间变化的情况不仅与当时所处的状况有关,而且还与过去的情况有不可忽视的联系. 粗略地讲,平稳随机过程就是它的统计特性不随时间的推移而改变(即与时间的起点无关)的随机过程.

第一节 平稳过程的基本概念

一、定义

定义1 设$\{X(t), t \in T\}$是一个随机过程,若对任意的$t_1, t_2, \cdots, t_n \in T$及任意的$\tau, t_1+\tau, t_2+\tau, \cdots, t_n+\tau \in T$,$n$维随机变量$(X(t_1), X(t_2), \cdots, X(t_n))$与$n$维随机变量$(X(t_1+\tau), X(t_2+\tau), \cdots, X(t_n+\tau))$有相同的$n$维联合分布函数,即

$$F_n(t_1, t_2, \cdots, t_n; x_1, x_2, \cdots, x_n) = F_n(t_1+\tau, t_2+\tau, \cdots, t_n+\tau; x_1, x_2, \cdots, x_n), \tag{5-1}$$

则称随机过程$\{X(t), t \in T\}$为**严平稳过程**(亦可称为**强平稳过程**或**狭义平稳过程**).

式(5-1)等价于它们的特征函数满足

$$\varphi_n(t_1, t_2, \cdots, t_n; u_1, u_2, \cdots, u_n) = \varphi_n(t_1+\tau, t_2+\tau, \cdots, t_n+\tau; u_1, u_2, \cdots, u_n). \tag{5-2}$$

如果随机过程$\{X(t), t \in T\}$是连续型随机过程,式(5-1)等价于概率密度函数满足

$$f_n(t_1, t_2, \cdots, t_n; x_1, x_2, \cdots, x_n) = f_n(t_1+\tau, t_2+\tau, \cdots, t_n+\tau; x_1, x_2, \cdots, x_n).$$

定义2 若随机过程$\{X(t), t \in T\}$是二阶矩过程$E[X^2(t)] < +\infty$,且满足

(1) 均值 $EX(t) = m$(常数);

(2) 自相关函数 $R(t,t+\tau)=E[(X(t)X(t+\tau))]=R(\tau)$,
则称随机过程 $\{X(t),t\in T\}$ 为**宽平稳过程**(亦可称为**弱平稳过程**或**广义平稳过程**). 称 $R(\tau)$ 为**宽平稳过程**的**自相关函数**.

宽平稳过程, 今后不再特别声明, 简称为**平稳过程**. 平稳过程的自相关函数也可改写为
$$R(s,t)=E[X(s)X(t)]=R(t-s)=R(\tau),\tau=t-s,$$
自协方差函数则为
$$C(t,t+\tau)=R(t,t+\tau)-m^2=R(\tau)-m^2=C(\tau),$$
$$C(s,t)=R(s,t)-m^2=R(t-s)-m^2=R(\tau)-m^2=C(\tau).$$

定义 3 若随机序列 $\{X(n),n=0,1,2,\cdots\}$ 满足 $E[X^2(n)]<+\infty$, 且

(1) $EX(n)=$ 常数;

(2) $R(m,n)=E[X(n)X(m)]=R(n-m)=R(\tau),\tau=n-m$,

则称 $\{X(n),n=0,1,2,\cdots\}$ 为**宽平稳序列**, 简称**平稳序列**.

下面我们先来介绍一下严平稳过程与宽平稳过程的关系.

一般来说, 严平稳过程不一定是宽平稳过程. 这是因为严平稳过程只涉及有限维分布, 而不要求一、二阶矩存在, 但对二阶矩过程来说, 严平稳过程一定是宽平稳过程. 反之, 宽平稳过程只要求数学期望与 t 无关, 不能推导出一维分布函数 $F(t+\tau,x_1)$ 与 t 无关; 又相关函数 $R(t,t+\tau)$ 与 t 无关, 不能推导出二维概率分布函数 $F(t,t+\tau;x_1,x_2)$ 与 t 无关, 所以宽平稳过程不一定是严平稳过程.

例 1 设 $\{X(n),n=1,2,\cdots\}$ 是相互独立且同分布的随机变量序列, $X(n)$ 的概率密度为 $f(x)=\dfrac{1}{\pi(1+x^2)},-\infty<x<+\infty,n=0,1,2,\cdots$, 显然 $\{X(n),n=0,1,2,\cdots\}$ 是严平稳过程, 但它的一阶矩 $EX(n)$ 就不存在, 因而不是宽平稳过程.

例 2 设 $X(t)=\sin\omega t$, 其中 ω 是在 $[0,2\pi]$ 上均匀分布的随机变量, 证明:

(1) $\{X(n),n=0,1,2,\cdots\}$ 是宽平稳过程, 但不是严平稳过程;

(2) $\{X(t),t\in T\}$ 既不是宽平稳过程, 也不是严平稳过程.

证明 (1)
$$X(n)=\sin n\omega,n=1,2,\cdots,$$
$$EX(n)=\int_0^{2\pi}\sin n\omega\,\frac{1}{2\pi}\mathrm{d}\omega=0,$$
$$R(m,n)=E[X(m)X(n)]=\int_0^{2\pi}\sin m\omega\sin n\omega\left(\frac{1}{2\pi}\right)^2\mathrm{d}\omega$$
$$=\int_0^{2\pi}[\cos(n-m)\omega-\cos(n+m)\omega]\mathrm{d}\omega$$
$$=\frac{1}{2}\delta_{mn}=\begin{cases}\dfrac{1}{2},m=n,\\0,m\neq n\end{cases}$$

$$=R(n-m)=R(\tau)(\tau=n-m),$$
$$E[X^2(n)]=\frac{1}{2}<+\infty,$$

故$\{X(n), n=0,1,2,\cdots\}$是宽平稳过程.

要证$\{X(t), t\in T\}$不是严平稳过程,只要证$F(t_1,t_2;x_1,x_2)\neq F(t_1+\tau,t_2+\tau;x_1,x_2)$. 为此取$t_1=1, t_2=3, \tau=1, x_1=x_2=\frac{1}{2}, \omega\sim U[0,2\pi]$,不难计算

$$F(t_1+\tau,t_2+\tau;x_1,x_2)=F\left(2,4;\frac{1}{2},\frac{1}{2}\right)$$
$$=P\left\{\sin 2\omega\leqslant\frac{1}{2}, \sin 4\omega\leqslant\frac{1}{2}\right\}=\frac{11}{24},$$
$$F(t_1,t_2;x_1,x_2)=F\left(1,3;\frac{1}{2},\frac{1}{2}\right)=P\left\{\sin\omega\leqslant\frac{1}{2}, \sin 3\omega\leqslant\frac{1}{2}\right\}=\frac{4}{9}.$$

故$\{X(n), n=0,1,2,\cdots\}$不是严平稳过程.

(2) $X(t)=\sin\omega t, \omega\sim[0,2\pi]$均匀分布

$$m(t)=E[\sin\omega t]=\int_0^{2\pi}\sin\omega t\,\frac{1}{2\pi}\mathrm{d}\omega=\frac{1-\cos 2\pi t}{2\pi t},$$
$$R(s,t)=E[X(s)X(t)]=\int_0^{2\pi}\sin\omega s\sin\omega t\,\frac{1}{2\pi}\mathrm{d}\omega$$
$$=\frac{1}{4\pi}\int_0^{2\pi}[\cos\omega(t-s)-\cos\omega(t+s)]\mathrm{d}\omega$$
$$=\frac{1}{4\pi}\left[\frac{\sin 2\pi(t-s)}{t-s}-\frac{\sin 2\pi(t+s)}{t+s}\right].$$

由此可见,$\{X(t), t\in T\}$既不是严平稳过程,也不是宽平稳过程.

定理 1 严平稳过程$\{X(t), t\in T\}$是宽平稳过程的充要条件是二阶矩存在$E[X^2(t)]<+\infty$.

证明 必要性. 显然成立. 因为宽平稳过程必是二阶矩过程: $E[X^2(t)]<+\infty$.

充分性. 如果严平稳过程$E[X^2(t)]<+\infty$,则对任意$t\in T$, $X(t)$的一、二维分布函数不是t的函数.

$$F(t,x)=P\{X(t)<x\}=P\{X(t+\tau)<x\}=P\{X(0)<x\}=F(0,x),$$

故

$$E[X(t)]=E[X(t+\tau)]=\int_{-\infty}^{+\infty}x\mathrm{d}F(0,x)=m(\text{常数}),$$
$$R(t,t+\tau)=E[(X(t)X(t+\tau)]$$
$$=\int_{-\infty}^{+\infty}\int_{-\infty}^{+\infty}xy\mathrm{d}F(t,t+\tau;x,y)$$
$$=\int_{-\infty}^{+\infty}\int_{-\infty}^{+\infty}xy\mathrm{d}F(0,\tau;x,y)=R(\tau),$$

故$\{X(t), t\in T\}$为宽平稳过程.

定理 2 正态过程是严平稳过程的充要条件是它为宽平稳过

程,即对正态过程来说严平稳与宽平稳等价.

证明 必要性. 设$\{X(t),t\in T\}$为正态严平稳过程,因为正态过程二阶矩存在,由定理 1 知它为宽平稳过程.

充分性. 设$\{X(t),t\in T\}$为正态宽平稳过程. 要证$\{X(t),t\in T\}$为严平稳过程,只要证明 n 维正态随机向量$(X(t_1),X(t_2),\cdots,X(t_n))$与$(X(t_1+\tau),X(t_2+\tau),\cdots,X(t_n+\tau))$有相同的 n 维正态分布,为此只要证明它们的均值和协方差阵相等. 事实上,由$\{X(t),t\in T\}$为宽平稳过程,

$$m_i = E[X(t_i)] = E[X(t_i+\tau)] = \tilde{m}_i = m(常数)(i=1,2,\cdots,n),$$
$$C_X(t_i,t_j) = E[X(t_i)X(t_j)] - m^2 = E[X(t_i+\tau)X(t_j+\tau)] - \tilde{m}^2 = \tilde{C}_X{t_i+\tau,t_j+\tau}(i,j=1,2,\cdots,n),$$

从而$(X(t_1),X(t_2),\cdots,X(t_n))'$与$(X(t_1+\tau),X(t_2+\tau),\cdots,X(t_n+\tau))'$有相同的 n 维正态分布. 故$\{X(t),t\in T\}$是正态严平稳过程.

定义 4 设$\{Z(t),t\in T\}$为复随机过程,若二阶矩存在, $E|Z(t)|^2 < +\infty$,且

(1) $E[Z(t)] = m$(复常数);

(2) $E[Z(t)\overline{Z(t+\tau)}] = R(t,t+\tau) = R(\tau)$,

则称$\{Z(t),t\in T\}$为**复平稳过程**. $R(\tau)$称为自相关函数,$C(\tau) = R(\tau) - |m|^2$为其自协方差函数.

定义 5 设随机过程$\{X(t),t\in T\}$和$\{Y(t),t\in T\}$都是平稳过程,若其互相关函数满足

$$R_{XY}(t,t+\tau) = E[X(t)Y(t+\tau)] = R_{XY}(\tau),$$

则称$\{X(t),t\in T\}$和$\{Y(t),t\in T\}$为**联合平稳过程**.

定义 6 若$\{X(t),t\in T\}$是平稳过程,且满足$X(t+L) = X(t)$,常数$L > 0$,则称$\{X(t),t\in T\}$为**周期平稳过程**. L 称为周期平稳过程的周期.

定义 7 设有随机过程$\{X(t),t\in T\}$,对任意常数$h \in T$, $t+h \in T$, $Y(t) = X(t+h) - X(t),t \in T$,如果$\{Y(t),t\in T\}$是平稳过程,则称$\{X(t),t\in T\}$为**平稳增量过程**.

二、平稳过程举例

例 3 白噪声问题

1. 离散参数白噪声序列$\{X(n),n=0,\pm 1,\pm 2,\cdots\}$.

均值 $E[X(n)] = 0$,

相关函数 $R(\tau) = R[X(m)X(n)] = \sigma^2 \delta_{mn} = \begin{cases} \sigma^2, m=n, \\ 0, m \neq n, \end{cases}$

$\tau = n - m$.

若白噪声序列$\{X(n),n=0,\pm 1,\pm 2,\cdots\}$, $X(n) \sim N(0,\sigma^2)$, $n = 0,\pm 1,\pm 2,\cdots$,则称该序列为高斯白噪声序列,它是相互独立的

正态平稳序列.

2. 连续参数白噪声 $\{X(t), t \in T\}$ 是平稳过程.

均值 $E[X(t)] = 0$,

相关函数 $R(t, t+\tau) = E[X(t)X(t+\tau)] = R(\tau) = \sigma^2 \delta(\tau)$
$= \begin{cases} \infty, \tau = 0, \\ 0, \tau \neq 0. \end{cases}$

例 4 若 $\{A_n, n=1,2,\cdots\}$ 和 $\{B_n, n=1,2,\cdots\}$ 是互不相关的白噪声序列,

$$E(A_n) = E(B_n) = 0, \sum_{n=1}^{\infty} \sigma_n^2 < +\infty,$$

$$E[A_n A_m] = E[B_m B_n] = \sigma_m \sigma_n \delta_{mn} = \begin{cases} \sigma_n^2, m = n, \\ 0, m \neq n, \end{cases}$$

令 $X(t) = \sum_{n=1}^{\infty}(A_n \cos\omega_n t + B_n \sin\omega_n t), \omega_n$ 为常数,则 $\{X(t), t \in T\}$ 为平稳过程. 事实上,

$$E[X(t)] = \sum_{n=1}^{\infty}[E(A_n)\cos\omega_n t + E(B_n)\sin\omega_n t] = 0,$$

$R(t, t+\tau) = E[X(t)X(t+\tau)]$

$= \sum_{n=1}^{\infty} E(A_n^2)\cos\omega_n t \cos\omega_n(t+\tau) + \sum_{n=1}^{\infty}\sum_{m=1}^{\infty} E(A_m B_n)[\cos\omega_m t \sin\omega_n(t+\tau) +$

$\sin\omega_n t \cos\omega_m(t+\tau)] + \sum_{n=1}^{\infty} E(B_n^2)\sin\omega_n t \sin\omega_n(t+\tau)$

$= \sum_{n=1}^{\infty} \sigma_n^2 \cos\omega_n \tau = R(\tau),$

$$E[X^2(t)] = \sum_{n=1}^{\infty} \sigma_n^2 < +\infty,$$

故 $\{X(t), t \in T\}$ 为平稳过程. 在具有随机振幅的随机振动中,若不同频率的振幅互不相关,则它的有限、无限叠加都是平稳过程.

例 5 设 $\{X(n), n=0, \pm 1, \pm 2, \cdots\}$ 是不相关的白噪声序列 $E\{X(n)\} = 0, D\{X(n)\} = \sigma^2$.

(1) 作和式 $Y(n) = \sum_{k=0}^{N} a_k X(n-k), n=0, \pm 1, \pm 2, \cdots$,其中 N 是自然数,$a_0, a_1, \cdots, a_N$ 是常数. 我们称 $\{Y(n), n=0, \pm 1, \pm 2, \cdots\}$ 是**离散白噪声 $X(n)$ 的滑动和**.

$$E[Y(n)] = \sum_{k=0}^{N} a_k E[X(n-k)] = 0,$$

$R_Y(n, n+m) = E[Y(n)Y(n+m)]$

$= \sum_{k=0}^{N}\sum_{j=0}^{N} a_k a_j E[X(n-k)X(n+m-j)]$

$= \sum_{\substack{k=0 \\ 0 \leq m+k \leq N}}^{N} a_k a_{m+k} \sigma^2,$

$$E[Y^2(n)] = \sum_{k=0}^{N} a_k^2 \sigma^2 < +\infty,$$

故 $\{Y(n), n=0, \pm 1, \pm 2, \cdots\}$ 为平稳序列.

(2) 离散白噪声的无限滑动和

$$Z(n) = \sum_{k=-\infty}^{+\infty} a_k X(n-k), n=0, \pm 1, \pm 2, \cdots, \sum_{k=-\infty}^{+\infty} a_k^2 < +\infty,$$

$$E[Z(n)] = \sum_{k=-\infty}^{+\infty} a_k E[X(n-k)] = 0,$$

$$\begin{aligned}
R(n, m+n) &= E[Z(n)Z(n+m)] \\
&= \sum_{k=-\infty}^{+\infty} \sum_{j=-\infty}^{\infty} a_k a_j E[X(n-k)X(n+m-j)] \\
&= \sum_{k=-\infty}^{+\infty} \sum_{j=-\infty}^{+\infty} a_k a_j R_X(m-j+k) \\
&= \sum_{k=-\infty}^{+\infty} a_k a_{m+k} \sigma^2 = R(m),
\end{aligned}$$

$$E[Z^2(n)] = \sum_{k=-\infty}^{+\infty} a_k^2 \sigma^2 < +\infty,$$

故 $\{Z(n), n=0, \pm 1, \pm 2, \cdots\}$ 是平稳序列.

例6 复平稳过程

设 $\{Z(n), n=0, \pm 1, \pm 2, \cdots\}$ 为复随机序列,

$$E[Z_n] = 0, E[Z_n \overline{Z_m}] = \sigma_m \sigma_n \delta_{mn} = \begin{cases} \sigma_n^2, m=n \\ 0, m \neq n \end{cases}, \sum_{n=-\infty}^{+\infty} \sigma_n^2 < +\infty.$$

记 $X(t) = \sum_{n=-\infty}^{+\infty} Z_n e^{i\omega_n t}, i = \sqrt{-1}, \omega_n$ 为常数,

$$E[X(t)] = \sum_{n=-\infty}^{+\infty} E[Z_n] e^{i\omega_n t} = 0,$$

$$E[X(t)X(t+\tau)] = \sum_{m=-\infty}^{+\infty} \sum_{n=-\infty}^{+\infty} E[Z_n \overline{Z_m}] e^{i(\omega_n - \omega_m)t - i\omega_m \tau} = \sum_{n=-\infty}^{+\infty} \sigma_n^2 e^{-i\omega_n \tau} = R(\tau),$$

$$E|X(t)|^2 = \sum_{n=-\infty}^{+\infty} \sigma_n^2 < +\infty,$$

故 $\{X(t), -\infty < t < +\infty\}$ 为复平稳过程.

例7 随机相位正弦波 $X(t) = a\cos(\omega t + \theta)$,其中,$a, \omega$ 为常数,而 θ 服从在 $[0, 2\pi]$ 上的均匀分布.

$$m(t) = \int_0^{2\pi} a\cos(\omega t + \theta) \frac{1}{2\pi} d\theta = 0,$$

$$\begin{aligned}
R(t, t+\tau) &= E[X(t)X(t+\tau)] \\
&= \int_0^{2\pi} a\cos(\omega t + \theta) a\cos[\omega(t+\tau) + \theta] \frac{1}{2\pi} d\theta \\
&= \frac{a^2}{2\pi} \cdot \frac{1}{2} \int_0^{2\pi} \{\cos\omega\tau + \cos[\omega(2t+\tau) + 2\theta]\} d\theta = \frac{a^2}{2} \cos\omega\tau,
\end{aligned}$$

$$E[X^2(t)] = \frac{a^2}{2} < +\infty,$$

故 $\{X(t), t \in T\}$ 为平稳过程.

例8 设随机过程

$$X(t) = A\cos\omega t + B\sin\omega t, -\infty < t < +\infty,$$

其中,ω 是常数,A,B 是相互独立的随机变量,且

$$E(A) = E(B) = 0, D(A) = D(B) = \sigma^2 > 0,$$
$$E[X(t)] = E(A)\cos\omega t + E(B)\sin\omega t = 0,$$
$$\begin{aligned}R(t, t+\tau) &= E[X(t)X(t+\tau)] \\ &= E\{[A\cos\omega t + B\sin\omega t][A\cos\omega(t+\tau) + B\sin\omega(t+\tau)]\} \\ &= E(A^2)[\cos\omega t \cos\omega(t+\tau)] + E(B^2)[\sin\omega t \sin\omega(t+\tau)] + \\ &\quad E(AB)[\cos\omega t \sin\omega(t+\tau) + \sin\omega t \cos\omega(t+\tau)] \\ &= \sigma^2[\cos\omega t \cos\omega(t+\tau) + \sin\omega t \sin\omega(t+\tau)] = \sigma^2 \cos\omega\tau,\end{aligned}$$
$$E[X^2(t)] = \sigma^2 < +\infty,$$

故 $\{X(t), t \in T\}$ 为平稳过程.

例9 随机电报信号 $\{X(t), -\infty < t < +\infty\}$ 是只取 $+I$ 或 $-I$ 的变化的电流信号,

$$P\{X(t) = +I\} = P\{X(t) = -I\} = \frac{1}{2},$$

而正负号的变化是随机的,在 $[t, t+\tau)$ 内变号的次数 $\{N(t), t \geq 0\}$ 是参数为 $\lambda\tau$ 的泊松过程. 随机电报信号 $\{X(t), -\infty < t < +\infty\}$ 的数学模型为

$$X(t) = A(-1)^{N(t)}, t \geq 0,$$

均值

$$EX(t) = I \cdot \frac{1}{2} + (-I) \cdot \frac{1}{2} = 0,$$

相关函数

当 $\tau > 0$ 时,
$$\begin{aligned}R(t, t+\tau) &= E[X(t)X(t+\tau)] \\ &= I^2 P\{X(t)X(t+\tau) = I^2\} + (-I^2)P\{X(t)X(t+\tau) = -I^2\},\end{aligned}$$

$X(t)X(t+\tau) = I^2$ 表明 $X(t)$ 与 $X(t+\tau)$ 同号,要求在区间 $[t, t+\tau)$ 内变号次数为偶数,其概率为

$$P\{X(t)X(t+\tau) = I^2\} = \sum_{k=0}^{\infty} P\{N(t+\tau) - N(t) = 2k\}$$
$$= \sum_{k=0}^{\infty} \frac{(\lambda\tau)^{2k}}{(2k)!} e^{-\lambda\tau};$$

$X(t)X(t+\tau) = -I^2$ 表明 $X(t)$ 与 $X(t+\tau)$ 异号,要求在区间 $[t, t+\tau)$ 内变号次数为奇数,其概率为

$$P\{X(t)X(t+\tau) = -I^2\} = \sum_{k=0}^{\infty} P\{N(t+\tau) - N(t) = 2k+1\}$$

$$= \sum_{k=0}^{\infty} \frac{(\lambda\tau)^{2k+1}}{(2k+1)!} e^{-\lambda\tau}.$$

从而

$$R(t,t+\tau) = I^2 \sum_{k=0}^{\infty} \frac{(\lambda\tau)^{2k}}{(2k)!} e^{-\lambda\tau} - I^2 \sum_{k=0}^{\infty} \frac{(\lambda\tau)^{2k+1}}{(2k+1)!} e^{-\lambda\tau}$$

$$= I^2 e^{-\lambda\tau} \sum_{k=0}^{\infty} \frac{(-\lambda\tau)^k}{k!}$$

$$= I^2 e^{-2\lambda\tau} \ (\tau > 0).$$

一般地，

$$R(\tau) = I^2 e^{-2\lambda|\tau|}.$$

例 10 半随机二元过程 $\{X(t), -\infty < t < +\infty\}$ 在每个长度为 T 的区间 $[(n-1)T, nT], n=0, \pm 1, \pm 2, \cdots$ 内取值 $+1$ 或 -1，且

$$P\{X(t)=1\} = P\{X(t)=-1\} = \frac{1}{2}, (n-1)T < t < nT,$$

且在不同区间的取值是独立的.

$$E[X(t)] = (+1)P\{X(t)=+1\} + (-1)P\{X(t)=-1\}$$
$$= (+1) \cdot \frac{1}{2} + (-1) \cdot \frac{1}{2} = 0,$$
$$E[X^2(t)] = (+1)^2 \cdot \frac{1}{2} + (-1)^2 \cdot \frac{1}{2} = 1,$$
$$R(s,t) = E[X(s)X(t)] = (+1)(+1)P\{X(s)=1, X(t)=1\} +$$
$$(+1)(-1)P\{X(s)=1, X(t)=-1\} +$$
$$(-1)(+1)P\{X(s)=-1, X(t)=+1\} +$$
$$(-1)(-1)P\{X(s)=-1, X(t)=-1\}.$$

(1) 当 s, t 在同一时间区间 $((n-1)T, nT)$ 时，$n = 0, \pm 1, \pm 2, \cdots$,

$$P\{X(s)=1, X(t)=1\} = P\{X(t)=1\} = \frac{1}{2},$$
$$P\{X(s)=-1, X(t)=-1\} = P\{X(t)=-1\} = \frac{1}{2},$$
$$P\{X(s)=-1, X(t)=1\} = P\{X(s)=1, X(t)=-1\} = 0,$$
$$R(s,t) = 1, (n-1)T < s, t < nT.$$

(2) 当 s, t 不在同一时间区间时，$X(s)$ 与 $X(t)$ 取值是独立的.

$$P\{X(s)=1, X(t)=1\} = P\{X(s)=1\}P\{X(t)=1\} = \frac{1}{2} \cdot \frac{1}{2} = \frac{1}{4},$$
$$P\{X(s)=1, X(t)=-1\} = P\{X(s)=1\}P\{X(t)=-1\} = \frac{1}{2} \cdot \frac{1}{2} = \frac{1}{4},$$
$$P\{X(s)=-1, X(t)=1\} = P\{X(s)=-1\}P\{X(t)=1\} = \frac{1}{2} \cdot \frac{1}{2} = \frac{1}{4},$$
$$P\{X(s)=-1, X(t)=-1\} = P\{X(s)=-1\}P\{X(t)=-1\} =$$
$$\frac{1}{2} \cdot \frac{1}{2} = \frac{1}{4},$$

$$R(s,t)=\frac{1}{4}-\frac{1}{4}-\frac{1}{4}+\frac{1}{4}=0,$$

故

$$R(s,t)=\begin{cases}1, & (n-1)T\leqslant s,t<nT, n=0,\pm 1,\pm 2,\cdots,\\ 0, & \text{其他}.\end{cases}$$

例 11 泊松过程不是平稳过程,但却是平稳增量过程. 设 $\{N(t),t\geqslant 0\}$ 是参数(平均率)为 λt 的泊松过程. 设 $X(t)=N(t+h)-N(t),t\geqslant 0,h>0$ 为常数. 证明 $\{X(t),t\geqslant 0\}$ 是平稳过程.

证明 $E[N(t)]=\lambda t, C(s,t)=\lambda \min(s,t),$

$$R(s,t)=\lambda\min(s,t)+\lambda^2 st,$$

故泊松过程 $\{N(t),t\geqslant 0\}$ 不是平稳过程.

泊松增量过程

$$X(t)=N(t+h)-N(t), t\geqslant 0, h>0,$$

均值 $E[X(t)]=E[N(t+h)-N(t)]=E[N(h)]=\lambda h$ 为常数,

相关函数

$$R_X(t,t+\tau)=E[X(t)X(t+\tau)]$$
$$=E[N(t+h)-N(t)][N(t+\tau+h)-N(t+\tau)].$$

不失一般性,设 $\tau>0$,当 $\tau\geqslant h>0$ 时,

$$R_X(t,t+\tau)=E[N(t+h)-N(t)]E[X(t+\tau+h)-N(t+\tau)]$$
$$=E[N(h)]\cdot E[N(h)]=\lambda^2 h^2;$$

当 $0\leqslant\tau\leqslant h$ 时,

$$R_X(t,t+\tau)=E\{[N(t+h)-N(t+\tau)+N(t+\tau)-N(t)][N(t+\tau)\\ +h)-N(t+h)+N(t+h)-N(t+\tau)]\}$$
$$=E[N(t+h)-N(t+\tau)]E[N(t+\tau+h)-N(t+h)]+\\ E[N(t+h)-N(t+\tau)]^2+E[N(t+\tau)-N(t)]E[N\\ (t+\tau+h)-N(t+h)]+E[N(t+\tau)-N(t)]E[N\\ (t+h)-N(t+\tau)]$$
$$=E[N(h-\tau)]E[N(\tau)]+E[N(h-\tau)]^2+E[N(\tau)]E\\ [N(\tau)]+E[N(\tau)]E[N(h-\tau)]$$
$$=\lambda(h-\tau)\lambda\tau+\lambda(h-\tau)+\lambda^2(h-\tau)^2+\lambda^2\tau^2+\lambda\tau\cdot\lambda(h-\tau)$$
$$=\lambda^2 h^2+\lambda(h-\tau).$$

一般地,

$$R_X(\tau)=\begin{cases}h^2\lambda^2, & |\tau|\geqslant h,\\ \lambda^2 h^2+\lambda(h-|\tau|), & |\tau|<h.\end{cases}$$

故泊松过程不是平稳过程,但却是平稳增量过程,而且是平稳独立增量过程.

例 12 维纳过程 $\{W(t),t\geqslant 0\}$ 不是平稳过程,但却是平稳增量过程. 设 $\{W(t),t\geqslant 0\}$ 是参数为 σ^2 的维纳过程, $X(t)=W(t+h)-W(t),t\geqslant 0$,常数 $h>0$,证明: $\{X(t),t\geqslant 0\}$ 是平稳过程.

证明 $E[W(t)]=0, C(s,t)=\sigma^2\min(s,t),$

$$R(s,t)=\sigma^2\min(s,t),$$

故维纳过程 $\{W(t),t\geqslant 0\}$ 不是平稳过程.

维纳过程的增量过程 $\{X(t),t\geqslant 0\}$

$$X(t)=W(t+h)-W(t), t\geqslant 0, h>0,$$

均值　　$E[X(t)]=E[W(t+h)-W(t)]=E[W(h)]=0,$

相关函数

$$\begin{aligned}R_X(t,t+\tau)&=E[X(t)X(t+\tau)]\\&=E[W(t+h)-W(t)][W(t+\tau+h)-W(t+\tau)],\end{aligned}$$

不妨设 $\tau>0$, 当 $\tau\geqslant h>0$ 时,

$$\begin{aligned}R_X(t,t+\tau)&=E\{[W(t+h)-W(t)][W(t+\tau+h)-W(t+\tau)]\}\\&=E[W(h)]E[W(h)]=0;\end{aligned}$$

当 $0<\tau\leqslant h$ 时,

$$\begin{aligned}R_X(t,t+\tau)&=E[W(t+h)W(t+\tau+h)]-E[W(t)W(t+\tau+h)]-\\&\quad E[W(t+h)W(t+\tau)]+E[W(t)W(t+\tau)]\\&=R(t+h,t+\tau+h)-R(t,t+\tau+h)-R(t+h,t+\tau)+\\&\quad R(t,t+\tau)\\&=\sigma^2(t+h)-\sigma^2 t-\sigma^2(t+\tau)+\sigma^2 t=\sigma^2(h-\tau).\end{aligned}$$

一般地,

$$R_X(t,t+\tau)=\begin{cases}\sigma^2(h-|\tau|),&|\tau|<h,\\0,&\text{其他},\end{cases}$$

$$E[X^2(t)]=\sigma^2 h<+\infty,$$

故维纳过程 $\{W(t),t\geqslant 0\}$ 不是平稳过程,但却是平稳增量过程,而且是平稳独立增量过程.

第二节　平稳过程的相关函数

一、平稳过程(自)相关函数的性质

若无特别声明,往后我们讨论的平稳过程一律是宽(弱、广义)平稳过程.

设 $\{X(t),t\geqslant 0\}$ 为平稳过程,其(自)相关函数 $R(\tau)$ 具有如下性质:

性质 1　$R(0)\geqslant 0.$

性质 2　$|R(\tau)|\leqslant R(0).$

证明　由施瓦茨不等式,有

$$\begin{aligned}|R(\tau)|&=|E[X(t)X(t+\tau)]|\leqslant\sqrt{E[X^2(t)]}\sqrt{E[X^2(t+\tau)]}\\&=\sqrt{R(0)}\sqrt{R(0)}=R(0).\end{aligned}$$

同理可证 $|C(\tau)|\leqslant C(0).$

性质 3　实平稳过程的相关函数是偶函数,即 $R(-\tau)=R(\tau).$

证明

$$R(-\tau)=E[X(t)X(t-\tau)]=E[X(t-\tau)X(t)]=R(\tau).$$

性质 4 $R(\tau)$是非负定的,即对任意实数 $\tau_1,\cdots,\tau_n$ 和 $x_1,x_2,\cdots,x_n$ 都有
$$\sum_{i=1}^{N}\sum_{j=1}^{N}R(\tau_i-\tau_j)x_ix_j\geqslant 0.$$

证明
$$\begin{aligned}\sum_{i=1}^{N}\sum_{j=1}^{N}R(\tau_i-\tau_j)x_ix_j&=\sum_{i=1}^{N}\sum_{j=1}^{N}E[X(\tau_i)X(\tau_j)]x_ix_j\\&=E\Big[\sum_{i=1}^{N}\sum_{j=1}^{N}X(\tau_i)X(\tau_j)x_ix_j\Big]\\&=E\Big[\sum_{i=1}^{N}X(\tau_i)x_i\Big]^2\geqslant 0.\end{aligned}$$

性质 5 $R(\tau)$在$(-\infty,+\infty)$内连续的充要条件是$R(\tau)$在$\tau=0$点连续.

证明 **必要性**. 显然成立.

充分性. 设 $R(\tau)$ 在 $\tau=0$ 点连续,则
$$\lim_{\Delta\tau\to 0}R(\Delta\tau)=R(0),$$

$$\begin{aligned}&|R(\tau+\Delta\tau)-R(\tau)|^2\\&=|E[X(\tau+\Delta\tau+t)X(t)]-E[X(t+\Delta\tau)X(t+\tau+\Delta\tau)]|^2\\&=|E[X(t+\Delta\tau+\tau)][X(t)-X(t+\Delta\tau)]|^2\\&\leqslant E|X(\tau+\Delta\tau+t)|^2 E[X(t)-X(t+\Delta\tau)]^2\\&=R(0)[R(0)-2R(\Delta\tau)+R(0)]\\&=2R(0)[R(0)-R(\Delta\tau)].\end{aligned}$$
故
$$\lim_{\Delta\tau\to 0}R(\tau+\Delta\tau)=R(\tau),$$
即 $R(\tau)$ 在 $(-\infty,+\infty)$ 内连续.

性质 6 若 $X(t)$ 是周期为 L 的周期平稳过程,则 $R(\tau)$ 也是周期为 L 的周期函数.

证明 设 $\{X(t),t\in T\}$ 是周期为 L 的周期平稳过程. $X(t+L)=X(t)$,L 为周期.
$$R(\tau+L)=E[X(t)X(t+\tau+L)]=E[X(t)X(t+\tau)]=R(\tau).$$
若平稳过程 $\{X(t),t\in T\}$ 含有一个周期分量,
$$X(t)=Y(t)+Z(t),Y(t+L)=Y(t),$$
则它的相关函数也包含同样周期的周期分量.

性质 7 设 $\{X(t),t\in T\}$ 是不含周期分量的平稳过程,且 $X(t)$ 与 $X(t+\tau)$,当 $\tau\to\infty$ 时相互独立,则
$$\lim_{|\tau|\to\infty}R_X(\tau)=m_X^2, D(t)=R(0)-R(\infty).$$

证明
$$\begin{aligned}\lim_{|\tau|\to\infty}R_X(\tau)&=\lim_{|\tau|\to\infty}E[X(t)X(t+\tau)]\\&=\lim_{|\tau|\to\infty}E[X(t)]E[X(t+\tau)]=m_X^2.\end{aligned}$$

记 $\lim\limits_{|\tau|\to\infty} R_X(\tau) = R_X(\infty)$，则
$$D(t) = EX^2(t) - [EX(t)]^2 = R_X(0) - m_X^2 = R_X(0) - R_X(\infty).$$

例 13 设平稳过程 $\{X(t), t \in T\}$ 的自相关函数为 $R_X(t) = 25 + \dfrac{4}{1+6\tau^2}$.

均值
$$m_X^2 = R_x(\infty) = 25, m_X = \pm 5;$$

方差
$$\sigma_X^2 = R_X(0) - R_X(\infty) = 29 - 25 = 4.$$

二、平稳过程的互相关函数性质

设平稳过程 $\{X(t), t \in T\}$ 和 $\{Y(t), t \in T\}$ 为联合平稳的随机过程，其互相关函数和互协方差函数
$$R_{XY}(\tau) = E[X(t)Y(t+\tau)], C_{XY}(\tau) = R_{XY}(\tau) - m_X m_Y.$$

性质 1 $R_{XY}(\tau) = R_{YX}(-\tau)$.

性质 2 $R_{XY}(\tau) \leqslant \sqrt{R_X(0)}\sqrt{R_Y(0)}, C_{XY}(\tau) \leqslant \sqrt{C_X(0)}\sqrt{C_Y(0)}$.

性质 3 $Z(t) = X(t) + Y(t)$，其中 $\{X(t), t \in T\}$ 和 $\{Y(t), t \in T\}$ 为联合平稳过程，则 $\{Z(t), t \in T\}$ 也是平稳过程，且
$$R_Z(\tau) = R_X(\tau) + R_Y(\tau) + R_{XY}(\tau) + R_{YX}(\tau).$$
若 $X(t)$ 与 $Y(t)$ 正交，对任意 $-\infty < s < t < +\infty, E[X(s)Y(t)] = 0$，从而 $R_{XY}(\tau) = R_{YX}(\tau) = 0$，则 $R_Z(\tau) = R_X(\tau) + R_Y(\tau)$.

三、复平稳过程的自相关函数

设 $\{Z(t), t \in T\}$ 为复平稳过程.

均值
$$m_Z(t) = m (\text{复常数});$$

自相关函数
$$R_Z(\tau) = E[Z(t)\overline{Z(t+\tau)}];$$

自协方差函数
$$C_Z(\tau) = E[Z(t) - m_Z][\overline{Z(t+\tau) - m_Z}] = R_Z(\tau) - |m_Z|^2.$$

性质 1 $R_Z(0) = E|Z(t)|^2 \geqslant 0$.

性质 2 $R_Z(-\tau) = \overline{R_Z(\tau)}$.

性质 3 $|R_Z(\tau)| \leqslant R_Z(0), |C_Z(\tau)| \leqslant C_Z(0)$.

性质 4 $R_Z(\tau)$ 非负定.

四、平稳过程的一些简单性质

由于平稳过程是二阶矩过程，所以第三章中有关二阶矩过程均方微积分的性质和结论对于平稳过程同样成立.

下面我们将二阶矩过程的一些结论转述到平稳过程中来.

性质 1 平稳过程 $\{X(t), t \in T\}$ 均方连续的充要条件是其自相

关函数 $R(\tau)$ 在 $\tau=0$ 点连续. 此时, $R(\tau)$ 在 T 上连续.

性质 2 平稳过程 $\{X(t), t \in T\}$ 均方可导的充要条件是 $R(\tau)$ 在 $\tau=0$ 处的二阶导数 $R''(0)$ 存在. 此时 $R''(\tau)$ 处处存在.

性质 3 若 $\{X(t), t \in T\}$ 是均方可导的平稳过程,则其导过程 $\{X'(t), t \in T\}$ 也是平稳过程, 且其均值 $m_{X'}(t)=0$, 自相关函数 $R_{X'}(\tau)=-R_X''(\tau)$, 互相关函数 $R_{XX'}(\tau)=R_X'(\tau), R_{X'X}(\tau)=-R_X'(\tau)$.

证明 设 $\{X(t), t \in T\}$ 为均方可导的平稳过程, 由第三章均方可导的性质知

$$m_{X'}(t)=E[X'(t)]=\frac{\mathrm{d}}{\mathrm{d}t}E[X(t)]=\frac{\mathrm{d}}{\mathrm{d}t}(m)=0,$$

$$R_{XX'}(s,t)=E[X(s)X'(t)]=\frac{\partial}{\partial t}R_X(s,t)=\frac{\partial}{\partial t}R_X(t-s)=R_X'(\tau),$$

$$R_{X'X}(s,t)=E[X'(s)X(t)]=\frac{\partial}{\partial s}R_X(s,t)=\frac{\partial}{\partial s}R_X(t-s)=-R_X'(\tau),$$

$$R_{X'X'}(s,t)=E[X'(s)X'(t)]=\frac{\partial^2}{\partial t \partial s}R_X(s,t)=\frac{\partial^2}{\partial t \partial s}R_X(t-s)$$

$$=\frac{\partial}{\partial s}R_X'(t-s)=-R_X''(\tau),$$

可见 $\{X'(t), t \in T\}$ 是平稳过程.

$$m_{X'}=0, R_{X'}(\tau)=-R_X'(\tau).$$

推论 1 $D[X'(t)]=E[X'(t)]^2=-R_X''(0).$

推论 2 $R_{XX'}(0)=0, R_{X'X}(0)=0.$

证明 $R_{XX'}(s,t)=R_X'(\tau), R_{XX'}(0)=R_X'(0),$

$$R_{X'X}(s,t)=-R_X'(\tau), R_{X'X}(0)=-R_X'(0).$$

实平稳过程的自相关函数 $R_X(\tau)$ 为偶函数, 从而 $R_X'(0)=0$, 故 $R_{XX'}(0)=0, R_{X'X}(0)=0$.

性质 4 设平稳过程 $\{X(t), t \in T\}$ 均方连续, 则 $\int_a^b X(t)\mathrm{d}t$ 存在, 且

(1) $E\left(\int_a^b X(t)\mathrm{d}t\right)=m_X(b-a);$

(2) $E\left[\int_a^b X(t)\mathrm{d}t\right]^2=\int_a^b \int_a^b R(t-s)\mathrm{d}s\mathrm{d}t=2\int_0^{b-a}[(b-a)-|\tau|]R(\tau)\mathrm{d}\tau.$

证明 由于 $\{X(t), t \in T\}$ 为平稳过程, 即

$$E[X(t)]=m_X(\text{常数}),$$

$$R_X(s,t)=E[X(s)X(t)]=R_X(t-s)=R_X(\tau).$$

(1) $E\left[\int_a^b X(t)\mathrm{d}t\right]=\int_a^b EX(t)\mathrm{d}t=\int_a^b m_X \mathrm{d}t=m_X(b-a);$

(2) $E\left[\int_a^b X(t)\mathrm{d}t\right]^2=E\int_a^b\int_a^b X(s)X(t)\mathrm{d}s\mathrm{d}t$

$$=\int_a^b\int_a^b E[X(s)X(t)]\mathrm{d}s\mathrm{d}t=\int_a^b\int_a^b R(s,t)\mathrm{d}s\mathrm{d}t$$

$$= \int_a^b \int_a^b R(t-s)\mathrm{d}s\mathrm{d}t;$$

作变换 $\begin{cases} \tau_1 = s, s = \tau_1, \\ \tau_2 = t-s, t = \tau_1 + \tau_2, \end{cases} |J| = \begin{vmatrix} 1 & 1 \\ 0 & 1 \end{vmatrix} = 1,$

$$E\left[\int_a^b X(t)\mathrm{d}t\right]^2 = \int_a^b \int_a^b R(t-s)\mathrm{d}s\mathrm{d}t = \iint_G R(\tau_2)\mathrm{d}\tau_1 \tau_2$$

$$= \int_{a-b}^0 R(\tau_2)\mathrm{d}\tau_2 \int_{a-\tau_2}^b \mathrm{d}\tau_1 + \int_0^{b-a} R(\tau_2)\mathrm{d}\tau_2 \int_a^{b-\tau_2} \mathrm{d}\tau_1$$

$$= \int_{a-b}^0 [(b-a) + \tau_2] R(\tau_2)\mathrm{d}\tau_2 +$$

$$\int_0^{b-a} [(b-a) - \tau_2] R(\tau_2)\mathrm{d}\tau_2$$

$$= \int_{-(b-a)}^{b-a} [(b-a) - |\tau_2|] R(\tau_2)\mathrm{d}\tau_2$$

$$= 2\int_0^{b-a} [(b-a) - |\tau|] R(\tau)\mathrm{d}\tau.$$

例14 考察随机相位正弦波

$$X(t) = a\cos(\omega t + \Theta) \quad (-\infty < t < +\infty)$$

的均方连续、均方可积、均方可导性,其中 a, ω 为常数,Θ 在 $[0, 2\pi]$ 上均匀分布.

解 $m_X(t) = 0, R_X(\tau) = \dfrac{a^2}{2}\cos\omega\tau,$

$$R_X'(\tau) = -\frac{\omega}{2}a^2\sin\omega\tau, R_X''(\tau) = -\frac{\omega^2}{2}a^2\cos\omega\tau.$$

$R_X(\tau)$ 在 $\tau = 0$ 处连续,故 $\{X(t), t \in T\}$ 均方连续,从而均方可积. $R_X''(0) = -\dfrac{\omega^2 a^2}{2}$ 存在,故 $\{X(t), t \in T\}$ 均方可导. 其导过程 $\{X'(t), -\infty < t < +\infty\}$ 也是平稳过程,其均值 $m_{X'} = 0$,自相关函数 $R_{X'}(\tau) = -R_X''(\tau) = \dfrac{\omega^2 a^2}{2}\cos\omega\tau.$

例15 考察随机电报信号

$$X(t) = A(-1)^{N(t)},$$

其中 A 的分布律:$P\{A = -I\} = P\{A = I\} = \dfrac{1}{2}$. $\{N(t), t \geq 0\}$ 是参数(平均律)为 λ 的泊松过程. 讨论其均方连续、均方可积、均方可导性.

解 我们知道 $m_X = 0, R_X(\tau) = I^2 e^{-2\lambda|\tau|}$. $R_X(\tau)$ 在 $\tau = 0$ 处连续,故 $\{X(t), t \geq 0\}$ 均方连续、均方可积. $R_X'(+0) = -2\lambda I^2, R_X'(-0) = 2\lambda I^2$. 故 $R_X'(0)$ 不存在,$R_X''(0)$ 也不存在,故随机电报信号均方不可导.

例16 给定随机电报信号 $\{X(t), t \geq 0\}$,其均值 $m_X = 0$,自相关函数 $R_X(\tau) = e^{-|\tau|}$.
设

$$Y = \int_0^1 X(t)\mathrm{d}t,$$

求 $E(Y)$、$E(Y^2)$ 和 $D(Y)$.

解
$$E(Y) = \int_0^1 E[X(t)]dt = 0,$$
$$E(Y^2) = \int_0^1\int_0^1 R_X(t-s)dsdt = 2\int_0^1 [1-|\tau|]R_X(\tau)d\tau$$
$$= 2\int_0^1 (1-\tau)e^{-\tau}d\tau = 2e^{-1},$$
$$D(Y) = 2e^{-1}.$$

第三节 平稳过程的均方遍历性

在实际问题中,确定随机过程的统计特征(均值函数、相关函数)很重要,而确定随机过程的统计特征,一般来说需要知道过程的有限维分布,但是要办到这一点,在实际问题中是不容易的. 即使用类似于处理随机变量的办法,通过统计实验的方法,由所取得的数据,求出这些统计特征和估计值. 由于所需试验的工作量很大,特别是破坏性试验,使得这种做法实际上难以办到.

根据平稳过程的统计特征与计时起点无关的这个特点,我们提出这样一个问题:能否从一次试验所获得的一个样本函数来确定平稳过程的统计特征呢？回答是肯定的,即对于平稳过程,只要满足一定的条件,它的统计平均(均值、相关函数等)就可以用一个样本函数在整个时间轴上的平均来代替.

遍历性(也称**各态历经性**)定理就是研究时间平均代替统计平均所应具备的条件. 如果一个随机过程具备了这些条件,就说这个随机过程具备遍历性.

由上所述,如果一个随机过程具备遍历性,就可以认为这个随机过程的各样本函数都经历了相同的各种可能状态,因此只要研究它的一个样本函数就可得到随机过程的全部信息. 这说明遍历性在平稳过程的理论研究和实际应用中都占有重要地位.

在叙述遍历性之前,先介绍随机过程 $\{X(t), -\infty < t < +\infty\}$ 沿时间轴上的两个时间平均的概念.

定义 8 设随机过程 $\{X(t), -\infty < t < +\infty\}$,

(1) 若下列均方极限存在
$$\langle X(t) \rangle = \underset{T\to\infty}{\text{l.i.m.}} \frac{1}{2T}\int_{-T}^{T} X(t)dt,$$
则称 $\langle X(t) \rangle$ 为随机过程 $\{X(t), -\infty < t < +\infty\}$ 的**时间均值**.

(2) 若下列均方极限存在
$$\langle X(t)X(t+\tau) \rangle = \underset{T\to\infty}{\text{l.i.m.}} \frac{1}{2T}\int_{-T}^{T} X(t)X(t+\tau)dt,$$
则称 $\langle X(t)X(t+\tau) \rangle$ 为随机过程 $\{X(t), -\infty < t < +\infty\}$ 的**时间相关函数**.

定义 9 设 $\{X(t), -\infty < t < +\infty\}$ 是平稳过程,

(1) 若
$$P\{\langle X(t)\rangle = m_X\} = 1,$$
即 $\langle X(t)\rangle = m_X$ 以概率 1 成立,则称平稳过程 $\{X(t), -\infty < t < +\infty\}$ 的**均值具有均方遍历性**.

(2) 若
$$P\{\langle X(t)X(t+\tau)\rangle = R_X(\tau)\} = 1,$$
即 $\langle X(t)X(t+\tau)\rangle = R_X(\tau)$ 以概率 1 成立,则称 $\{X(t), -\infty < t < +\infty\}$ 的**自相关函数具有均方遍历性**.

(3) 若平稳过程 $\{X(t), -\infty < t < +\infty\}$ 的均值和自相关函数都具有均方遍历性,则称平稳过程 $\{X(t), -\infty < t < +\infty\}$ 具有**均方遍历性(各态历经性)**. 换句话说,随机过程 $\{X(t), -\infty < t < +\infty\}$ 是**均方遍历的平稳过程**.

下面我们举一个具有均方遍历性的平稳过程的例子.

例 17 研究随机相位正弦波
$$X(t) = a\cos(\omega t + \Theta)$$
的遍历性。其中, a 和 ω 为常数, Θ 在 $[0, 2\pi]$ 上均匀分布.

解 $m_X = 0, R_X(\tau) = \dfrac{a^2}{2}\cos\omega\tau,$

时间平均
$$\langle X(t)\rangle = \underset{T\to\infty}{\text{l.i.m}} \frac{1}{2T}\int_{-T}^{T} X(t)\,dt = \underset{T\to\infty}{\text{l.i.m}} \frac{1}{2T}\int_{-T}^{T} a\cos(\omega t + \Theta)\,dt$$
$$= \underset{T\to\infty}{\text{l.i.m}} \frac{a\cos\Theta\sin\omega T}{\omega T} = 0,$$
$$\langle X(t)X(t+\tau)\rangle = \underset{T\to\infty}{\text{l.i.m}} \frac{1}{2T}\int_{-T}^{T} X(t)X(t+\tau)\,dt$$
$$= \underset{T\to\infty}{\text{l.i.m}} \frac{1}{2T}\int_{-T}^{T} a\cos(\omega t + \Theta)a\cos[\omega(t+\tau) + \Theta]\,dt$$
$$= \underset{T\to\infty}{\text{l.i.m}} \frac{1}{2T}\cdot\frac{a^2}{2}\int_{-T}^{T}[\cos(2\omega t + \omega\tau + 2\Theta) + \cos\omega\tau]\,dt$$
$$= \frac{a^2}{2}\cos\omega\tau.$$
由此可知
$$\langle X(t)\rangle = m_X = 0, \langle X(t)X(t+\tau)\rangle = R_X(\tau) = \frac{a^2}{2}\cos\omega\tau,$$
随机相位正弦波是均方遍历的平稳过程.

例 18 研究随机过程
$$X(t) = Y, -\infty < T < +\infty$$
的遍历性. 其中 Y 为随机变量,且 $D(Y) \neq 0, D(Y) < +\infty$.

解 因为 Y 为随机变量,且存在有限的二阶矩,所以
$$E[X(t)] = E(Y) = 常数,$$
$$E[X(t)X(t+\tau)] = E(Y^2) = D(Y) + [E(Y)]^2 = R(\tau) < +\infty,$$

由此可知,$\{X(t),-\infty<t<+\infty\}$ 为平稳过程.
但是,
$$\langle X(t)\rangle = \underset{T\to\infty}{\text{l.i.m}} \frac{1}{2T}\int_{-T}^{T} Y \mathrm{d}t = Y,$$
$$\langle X(t)X(t+\tau)\rangle = \underset{T\to\infty}{\text{l.i.m}} \frac{1}{2T}\int_{-T}^{T} Y\cdot Y \mathrm{d}y = Y^2,$$
由于 $D(Y)\neq 0$,从而
$$P\{Y=E(Y)\}=1, P\{E(Y^2)=Y^2\}=1$$
不成立. 故 $\{X(t),-\infty<t<+\infty\}$ 不具有均方遍历性.

由此例可知:具有均方遍历性的随机过程一定是平稳过程,但是平稳过程不一定具有均方遍历性.

一个平稳过程应该满足什么条件才是遍历的平稳过程呢?我们由下列几个定理给出答案.

定理3 平稳过程 $\{X(t),-\infty<t<+\infty\}$ 的均值具有均方遍历性的**充要条件**是

$$\lim_{T\to\infty} \frac{1}{T}\int_0^{2T} \left(1-\frac{\tau}{2T}\right)[R_X(\tau)-m_X^2]\mathrm{d}\tau = 0.$$

证明 由定义,平稳过程 $\{X(t),-\infty<t<+\infty\}$ 的均值具有遍历性的充要条件是
$$P\{\langle X(t)\rangle = E[X(t)]\} = 1,$$
而由概率论知识,对于随机变量 X 而言,
$$P\{X=E(X)\}=1 \Leftrightarrow D(X)=0.$$
由此,要证明我们的定理,只需证明:
$$E\langle X(t)\rangle = E[X(t)] = m_X, D\langle X(t)\rangle = 0.$$

$$E\langle X(t)\rangle = E\left[\underset{T\to\infty}{\text{l.i.m}} \frac{1}{2T}\int_{-T}^{T} X(t)\mathrm{d}t\right] = \lim_{T\to\infty} \frac{1}{2T}\int_{-T}^{T} E[X(t)]\mathrm{d}t$$
$$= m_X = E[X(t)],$$

$$E(\langle X(t)\rangle)^2 = E\left[\underset{T\to\infty}{\text{l.i.m}} \frac{1}{2T}\int_{-T}^{T} X(t)\mathrm{d}t\right]^2$$
$$= \lim_{T\to\infty} \frac{1}{4T^2} E\left[\int_{-T}^{T} X(t)\mathrm{d}t\right]^2$$
$$= \lim_{T\to\infty} \frac{1}{4T^2}\cdot 2\int_0^{2T}(2T-\tau)R_X(\tau)\mathrm{d}\tau,$$

$$D\langle X(t)\rangle = E[\langle X(t)\rangle]^2 - [E\langle X(t)\rangle]^2$$
$$= \lim_{T\to\infty} \frac{1}{2T^2}\int_0^{2T}(2T-\tau)R_X(\tau)\mathrm{d}\tau - m_X^2$$
$$= \lim_{T\to\infty} \frac{1}{T}\int_0^{2T}\left(1-\frac{\tau}{2T}\right)[R_X(\tau)-m_X^2]\mathrm{d}\tau = 0.$$

故平稳过程 $\{X(t),-\infty<t<+\infty\}$ 关于均值具有均方遍历性的充要条件是
$$\lim_{T\to\infty} \frac{1}{T}\int_0^{2T}\left(1-\frac{\tau}{2T}\right)[R_X(\tau)-m_X^2]\mathrm{d}\tau = 0.$$

即
$$\lim_{T\to\infty}\frac{1}{T}\int_0^{2T}\Big(1-\frac{\tau}{2T}\Big)C_X(\tau)\mathrm{d}\tau=0.$$

推论 1 若平稳过程 $\{X(t),-\infty<t<+\infty\}$ 满足条件
$$\lim_{\tau\to\infty}R_X(\tau)=m_X^2,$$
即
$$\lim_{\tau\to\infty}C_X(\tau)=0,$$
则 $\{X(t),-\infty<t<+\infty\}$ 关于均值具有均方遍历性.

证明 任给 $\varepsilon>0$,存在正数 T_1,当 $\tau>T_1$ 时,有
$$|R_X(\tau)-m_X^2|<\varepsilon,$$
$$\Big|\frac{1}{T}\int_0^{2T}\Big(1-\frac{\tau}{2T}\Big)[R_X(\tau)-m_X^2]\mathrm{d}\tau\Big|$$
$$\leqslant\frac{1}{T}\int_0^{2T}\Big(1-\frac{\tau}{2T}\Big)|R_X(\tau)-m_X^2|\mathrm{d}\tau$$
$$=\frac{1}{T}\int_0^{T_1}|C_X(\tau)|\mathrm{d}\tau+\frac{1}{T}\int_{T_1}^{2T}\Big(1-\frac{\tau}{2T}\Big)|R_X(\tau)-m_X^2|\mathrm{d}\tau$$
$$\leqslant\frac{T_1}{T}C_X(0)+\frac{2T-T_1}{T}\varepsilon\leqslant\frac{T_1}{T}C_X(0)+2\varepsilon.$$

取 $T>\frac{T_1}{C_X(0)\varepsilon}$,就有 $\Big|\frac{1}{T}\int_0^{2T}\Big(1-\frac{\tau}{2T}\Big)[R_X(\tau)-m_X^2]\mathrm{d}\tau\Big|<3\varepsilon$,证得
$$\lim_{T\to\infty}\frac{1}{T}\int_{-T}^{T}\Big(1-\frac{\tau}{2T}\Big)[R_X(\tau)-m_X^2]\mathrm{d}\tau=0.$$

例 19 应用上述结论,讨论随机相位正弦波 $\{X(t),-\infty<t<+\infty\}$ 均值的均方遍历性. 其中
$$X(t)=a\cos(\omega t+\Theta),-\infty<t<+\infty,$$
a,ω 为常数,Θ 在 $[0,2\pi]$ 上均匀分布.

解 $E[X(t)]=0,R_X(\tau)=\frac{a^2}{2}\cos\omega\tau$,

$$\lim_{T\to\infty}\frac{1}{T}\int_0^{2T}\Big(1-\frac{\tau}{2T}\Big)[R_X(\tau)-m_X^2]\mathrm{d}\tau$$
$$=\lim_{T\to\infty}\frac{1}{T}\int_0^{2T}\Big(1-\frac{\tau}{2T}\Big)\frac{a^2}{2}\cos\omega\tau\mathrm{d}\tau$$
$$=\lim_{T\to\infty}\frac{a^2}{2T}\Big[\frac{1}{\omega}\Big(1-\frac{\tau}{2T}\Big)\sin\omega\tau-\frac{1}{2\omega^2 T}\cos\omega\tau\Big]_0^{2T}$$
$$=\lim_{T\to\infty}\frac{a^2}{4\omega^2 T^2}(1-\cos2\omega T)=0.$$

故随机相位正弦波关于均值具有均方遍历性.

例 20 讨论随机电报信号的均值的均方遍历性.

解 随机电报信号 $\{X(t),t\in\mathbf{R}\}$,

均值 $\quad E[X(t)]=0,$

相关函数 $\quad R_X(\tau)=I^2\mathrm{e}^{2\lambda|\tau|},$

$$\lim_{T\to\infty}\frac{1}{T}\int_0^{2T}\Big(1-\frac{\tau}{2T}\Big)[R_X(\tau)-m_X^2]\mathrm{d}\tau$$

$$= \lim_{T \to \infty} \frac{1}{T} \int_0^{2T} \left(1 - \frac{\tau}{2T}\right) I^2 e^{-2\lambda\tau} d\tau$$

$$= \lim_{T \to \infty} \frac{I^2}{T} \left\{ -\frac{1}{2\lambda} \left[\left(1 - \frac{\tau}{2T}\right) e^{-2\lambda\tau} + \frac{1}{2T(-2\lambda)} e^{-2\lambda\tau} \right]_0^{2T} \right\}$$

$$= \lim_{T \to \infty} \frac{-I^2}{2\lambda T} \left[1 + \frac{1 - e^{-4\lambda T}}{4\lambda T} \right] = 0.$$

故随机电报信号关于均值具有均方遍历性.

定理 4 自相关函数的均方遍历性定理:若平稳过程$\{X(t), t \in \mathbf{R}\}$的四阶矩存在,则其自相关函数具有均方遍历性的充要条件是

$$\lim_{T \to \infty} \frac{1}{T} \int_0^{2T} \left(1 - \frac{u}{2T}\right) [B(u) - R^2(\tau)] du = 0,$$

其中

$$B(u) = E[X(t)X(t+\tau)X(t+u)X(t+\tau+u)].$$

证明 由自相关函数均方遍历性定义和概率论知道,$\langle X(t), t \in \mathbf{R}\rangle$的自相关函数具有均方遍历性的充要条件是

$$P\{\langle X(t)X(t+\tau)\rangle = R(\tau)\} = 1,$$

$$D\langle X(t)X(t+\tau)\rangle = 0, E\langle X(t)X(t+\tau)\rangle = R(\tau).$$

为此我们作如下计算,注意到$X(t)$的平稳性:

$$E\langle X(t)X(t+\tau)\rangle = E\left[\lim_{T \to \infty} \frac{1}{2T} \int_{-T}^{T} X(t)X(t+\tau) dt \right]$$

$$= \lim_{T \to \infty} \frac{1}{2T} \int_{-T}^{T} E[X(t)X(t+\tau)] dt = R(\tau),$$

$$E\langle X(t)X(t+\tau)\rangle^2 = \lim_{T \to \infty} \frac{1}{4T^2} \int_{-T}^{T} \int_{-T}^{T} E[X(s)X(s+\tau)X(t)X(t+\tau)] ds dt,$$

作变换

$$\begin{cases} u = s, \\ v = t - s, \end{cases} \begin{cases} s = u, \\ t = u + v. \end{cases}$$

$$|J| = \frac{\partial(s,t)}{\partial(u,v)} = \begin{vmatrix} 1 & 0 \\ 1 & 1 \end{vmatrix} = 1.$$

正方形 $D: \begin{cases} -T < s < T, \\ -T < t < T, \end{cases}$

平行四边形 $G: \begin{cases} -T < u < T, \\ -T < u+v < T. \end{cases}$

$$\int_{-T}^{T} \int_{-T}^{T} E[X(s)X(s+\tau)X(t)X(t+\tau)] ds dt$$

$$= \iint_G B(v) du dv = 2 \iint_{G_1} B(v) du dv$$

$$= 2 \int_0^{2T} B(v) dv \int_{-T}^{T-v} du = 2 \int_0^{2T} (2T - v) B(v) dv$$

$$= 4T \int_0^{2T} \left(1 - \frac{v}{2T}\right) B(v) dv.$$

$$E\langle X(t)X(t+\tau)\rangle^2 = \lim_{T \to \infty} \frac{1}{T} \int_0^{2T} \left(1 - \frac{v}{2T}\right) B(v) dv,$$

$$D\langle X(t)X(t+\tau)\rangle = E\langle X(t)X(t+\tau)\rangle^2 - [E\langle X(t)X(t+\tau)\rangle]^2$$
$$= \lim_{T\to\infty}\frac{1}{T}\int_0^{2T}\Big(1-\frac{v}{2T}\Big)B(v)\mathrm{d}v - R^2(\tau)$$
$$= \lim_{T\to\infty}\frac{1}{T}\int_0^{2T}\Big(1-\frac{v}{2T}\Big)[B(v)-R^2(\tau)]\mathrm{d}v.$$

故证得平稳过程$\langle X(t), t\in\mathbf{R}\rangle$的自相关函数具有均方遍历性的充要条件是
$$\lim_{T\to\infty}\frac{1}{T}\int_0^{2T}\Big(1-\frac{v}{2T}\Big)[B(u)-R^2(\tau)]\mathrm{d}u = 0.$$

在实际应用中,通常只考虑定义在$0\leqslant t<+\infty$上的平稳过程$\langle X(t), 0\leqslant t<+\infty\rangle$. 这时上面的定理所用的时间平均都以$0\leqslant t<+\infty$上的时间平均来代替,即
$$\langle X(t)\rangle = \mathop{\mathrm{l.i.m}}_{T\to\infty}\frac{1}{T}\int_0^T X(t)\mathrm{d}t,$$
$$\langle X(t)X(t+\tau)\rangle = \mathop{\mathrm{l.i.m}}_{T\to\infty}\frac{1}{T}\int_0^T X(t)X(t+\tau)\mathrm{d}t,$$

相应的均方遍历性定理应表示为下述形式:

定理 3′ 平稳过程$\langle X(t), 0\leqslant t<+\infty\rangle$的均值具有均方遍历性的充要条件是
$$\lim_{T\to\infty}\frac{1}{T}\int_0^T\Big(1-\frac{\tau}{T}\Big)[R_X(\tau)-m_X^2]\mathrm{d}\tau = 0.$$

定理 4′ 平稳过程$\langle X(t), 0\leqslant t<+\infty\rangle$的自相关函数具有均方遍历性的充要条件是
$$\lim_{T\to\infty}\frac{1}{T}\int_0^T\Big(1-\frac{u}{T}\Big)[B(u)-R_X(\tau)]\mathrm{d}u = 0.$$

下面我们给出具有均方遍历性的平稳过程如何利用一个样本函数来估计均值和相关函数的近似估计式:
$$m_X = E[X(t)] = \langle X(t)\rangle = \mathop{\mathrm{l.i.m}}_{T\to\infty}\frac{1}{T}\int_0^T X(t)\mathrm{d}t \approx \frac{1}{T}\int_0^T X(t)\mathrm{d}t,$$
$$R_X(\tau) = E[X(t)X(t+\tau)] = \mathop{\mathrm{l.i.m}}_{T\to\infty}\frac{1}{T}\int_0^T X(t)X(t+\tau)\mathrm{d}\tau$$
$$\approx \frac{1}{T-\tau}\int_0^{T-\tau} X(t)X(t-\tau)\mathrm{d}\tau.$$

通常采用数字方法,具体做法如下:

把$[0,T]$等分成N个长$\Delta t=\frac{T}{N}$的小区间,然后在时刻$t_k=\Big(k-\frac{1}{2}\Delta t\Big)(k=1,2,\cdots,N)$对$X(t)$取样,得到样本函数的$N$个值$X_k=X(t_k), k=1,2,\cdots,N$. 于是得到遍历的平稳过程的均值和自相关函数的近似估计公式
$$m_X \approx \frac{1}{T}\sum_{k=1}^N X_k\Delta t = \frac{1}{N}\sum_{k=1}^N X_k,$$
$$R_X(\tau) \approx \frac{1}{T-r}\sum_{k=1}^{N-r} X_k X_{k+r}\Delta t = \frac{1}{N-r}\sum_{k=1}^{N-r} X_k X_{k+r},$$

其中 $\tau_r = r\Delta t, r = 0, 1, 2, \cdots, m, m < N$. 由相关函数的估计式, 算出相关函数的一系列近似值, 从而可以用描点作图的方法, 作出相关函数的近似图形.

第四节 平稳过程的谱密度

我们知道, 具有互不相关随机振幅的正弦波的叠加构成的随机过程是平稳过程, 这样的平稳过程的相关函数也是由一些相同频率的正弦波叠加表示的. 那么我们会问: 任何一个平稳过程能否也可以表示为许多正弦波的叠加呢? 我们知道, 在无线电技术和其他应用问题中, 特别是在通信技术中, 经常用傅氏变换来研究信号的频率特性. 这样, 我们就可以从"时域"或从"频域"两个角度对信号进行分析研究, 从而使很多问题的解决变得简单明确. 我们希望对随机过程也能进行类似的处理, 这就是本节所要讨论的内容.

无线电技术中随机信号就是随机过程. 利用傅氏变换研究信号的频率特性, 从而引进功率、能量、功率谱密度等概念. 自然, 对于随机过程, 也可以引进类似的概念.

一、平稳过程相关函数的谱分解

定理 5 (维纳—辛钦(Wiener-Khintchine)定理)

设 $\{X(t), -\infty < t < \infty\}$ 为均方连续的平稳过程, 相关函数为 $R(\tau)$, 则必存在一个有界、非降、右连续的函数 $F(\omega)$, 使得 $R(\tau) = \frac{1}{2\pi}\int_{-\infty}^{+\infty} e^{i\tau\omega} dF(\omega)$, 且不计常数之差, $F(\omega)$ 是唯一的.

函数 $F(\omega)$ 称为平稳过程 $\{X(t), -\infty < t < \infty\}$ 的谱函数. 上式称为相关函数的谱分解式.

当 $\int_{-\infty}^{+\infty} |F(\omega)| d\omega < \infty$ 时, 必存在 $S(\omega) = \frac{dF(\omega)}{d\omega}$, 称为平稳过程 $\{X(t), -\infty < t < \infty\}$ 的谱密度. 此时 $R(\tau) = \frac{1}{2\pi}\int_{-\infty}^{+\infty} S(\omega) e^{i\omega\tau} d\omega$.

当 $\int_{-\infty}^{+\infty} |R(\tau)| d\tau$ 存在时, 必存在连续谱密度 $S(\omega)$, 且有 $S(\omega) = \int_{-\infty}^{+\infty} R(\tau) e^{-i\omega\tau} d\tau$.

由此可知, 平稳过程 $\{X(t), -\infty < t < \infty\}$ 的谱密度 $S(\omega)$ 和相关函数 $R(\tau)$ 构成一对傅氏变换, 它们相互唯一地确定

$$R(\tau) = \frac{1}{2\pi}\int_{-\infty}^{+\infty} S(\omega) e^{i\omega\tau} d\omega \text{ 和 } S(\omega) = \int_{-\infty}^{+\infty} R(\tau) e^{-i\omega\tau} d\tau.$$

上面的公式称为维纳—辛钦公式. 这个公式分别从时域和频域两个角度描述了平稳过程的统计规律之间的联系, 是工程技术中进行频谱分析的重要工具.

对于平稳序列 $\{X(n), n = 0, \pm 1, \pm 2, \cdots\}$,当 $\sum_{n=-\infty}^{\infty}|R(n)|<+\infty$ 时,有

$$S(\omega) = \sum_{n=-\infty}^{\infty} R(n)\mathrm{e}^{-\mathrm{i}n\omega}; R(n) = \frac{1}{2\pi}\int_{-\pi}^{\pi} S(\omega)\mathrm{e}^{-\mathrm{i}n\omega}\mathrm{d}\omega.$$

二、平稳过程谱密度的性质和计算

性质 1　(1) 平稳过程 $\{X(t), -\infty<t<\infty\}$ 的谱密度 $S(\omega)$ 是实的非负函数;

(2) 实平稳过程的谱密度是实的、非负的偶函数.

证明　性质中的两条可同时证明. 由 $S(\omega) = \int_{-\infty}^{+\infty} R(\tau)\mathrm{e}^{-\mathrm{i}\omega\tau}\mathrm{d}\tau$ 和 $R(\tau)$ 是偶函数,得

$$S(\omega) = \int_{-\infty}^{+\infty} R(\tau)\mathrm{e}^{-\mathrm{i}\omega\tau}\mathrm{d}\tau = \int_{-\infty}^{+\infty} R(\tau)\cos\omega\tau\mathrm{d}\tau - \mathrm{i}\int_{-\infty}^{+\infty} R(\tau)\sin\omega\tau\mathrm{d}\tau$$
$$= 2\int_{0}^{+\infty} R(\tau)\cos\omega\tau\mathrm{d}\tau,$$

故 $S(\omega)$ 是实的偶函数. 又 $F'(\omega) = S(\omega)$,而 $F(\omega)$ 是非降的,故 $S(\omega)$ 非负.

我们知道平稳过程 $\{X(t), -\infty<t<\infty\}$ 的谱密度 $S(\omega)$ 和相关函数 $R(\tau)$ 是一对傅氏变换. 由傅氏变换的性质,我们给出平稳过程 $\{X(t), -\infty<t<\infty\}$ 的谱密度和相关函数的如下性质及关系.

(1) 线性性质: $\mathcal{F}\{c_1R_1(\tau)+c_2R_2(\tau)\}=c_1\mathcal{F}\{R_1(\tau)\}+c_2\mathcal{F}\{R_2(\tau)\}$,
$\mathcal{F}^{-1}\{c_1S_1(\omega)+c_2S_2(\omega)\}=c_1\mathcal{F}^{-1}\{S_1(\omega)\}+c_2\mathcal{F}^{-1}\{S_2(\omega)\}$.

(2) 相似性质:如果 $\mathcal{F}\{R(\tau)\}=S(\omega), a\neq 0$,则

$$\mathcal{F}\{R(a\tau)\}=\frac{1}{|a|}S\left(\frac{\omega}{a}\right).$$

(3) 时间和频率的位移性质:如果 $\mathcal{F}\{R(\tau)\}=S(\omega)$,则

$\mathcal{F}\{R(\tau\pm\tau_0)\}=\mathrm{e}^{\pm\mathrm{i}\omega\tau_0}S(\omega), \mathcal{F}\{R(\tau)\mathrm{e}^{\pm\mathrm{i}\omega_0\tau}\}=S(\omega\mp\omega_0)$.

(4) 对称性:如果 $\mathcal{F}\{R(\tau)\}=S(\omega)$,则

$$\mathcal{F}\{S(\tau)\}=2\pi R(-\omega).$$

(5) 微分性质:如果平稳过程 $\{X(t), -\infty<t<\infty\}$ 均方可导,则导过程 $\{X'(t), -\infty<t<\infty\}$ 的相关函数和谱密度分别为

$$R_{X'}(\tau) = -R_X''(\tau), S_{X'}(\omega) = \omega^2 S_X(\omega).$$

(6) 卷积性质:设 $\mathcal{F}\{R_1(\tau)\}=S_1(\omega)$ 和 $\mathcal{F}\{R_2(\tau)\}=S_2(\omega)$,则
$\mathcal{F}\{R_1(\tau)*R_2(\tau)\}=S_1(\omega)S_2(\omega), \mathcal{F}^{-1}\{S_1(\omega)S_2(\omega)\}=R_1(\tau)*R_2(\tau)$,
其中卷积

$$R_1(\tau)*R_2(\tau) = \int_{-\infty}^{+\infty} R_1(u)R_2(\tau-u)\mathrm{d}u.$$

在实际问题中,我们常常遇到一些平稳过程,他们的相关函数或谱密度含有 δ 函数,我们给出 δ 函数的定义和一个性质.

定义 10 若 $\delta(x-x_0)$ 满足

$$\delta(x-x_0) = \begin{cases} +\infty, & x=x_0 \\ 0, & x \neq x_0 \end{cases} \text{ 和 } \int_{-\infty}^{+\infty} \delta(x-x_0)\mathrm{d}x = 1,$$

则称 $\delta(x-x_0)$ 是在 $x=x_0$ 的 **δ 函数**.

性质 2 对于任意连续函数 $f(x)$,有

$$\int_{-\infty}^{+\infty} f(x)\delta(x-x_0)\mathrm{d}x = f(x_0).$$

下面我们给出一个常用的随机过程相关函数和谱密度对照表:

表 5-1 常用的相关函数 $R_X(\tau)$ 与谱函数 $S_X(\omega)$ 的变换

$R_X(\tau)$		$S_X(\omega)$	
图	$R_X(\tau) = \begin{cases} 1-\frac{\|\tau\|}{T}, & \|\tau\|<T \\ 0, & \|\tau\|\geqslant T \end{cases}$	图	$S_X(\omega) = \frac{4\sin^2\frac{\omega T}{2}}{T\omega^2}$
图	$R_X(\tau) = e^{-\alpha\|\tau\|}\cos\omega\tau$	图	$S_X(\omega) = \frac{\alpha}{\alpha^2+(\omega-\omega_0)^2} + \frac{\alpha}{\alpha^2+(\omega+\omega_0)^2}$
图	$R_X(\tau) = \frac{\sin\omega_0\tau}{\pi\tau}$	图	$S_X(\omega) = \begin{cases} 1, & \|\omega\|<\omega_0 \\ 0, & \|\omega\|\geqslant\omega_0 \end{cases}$
图	$R_X(\tau) = e^{-\alpha\|\tau\|}$	图	$S_X(\omega) = \frac{2\alpha}{\alpha^2+\omega^2}$
图	$R_X(\tau) = e^{-\frac{\tau^2}{2\sigma^2}}$	图	$S_X(\omega) = \sqrt{2\pi}\sigma \, e^{-\frac{(\sigma\omega)^2}{2}}$
图	$R_X(\tau) = 1, -\infty<\tau<\infty$	图	$S_X(\omega) = 2\pi\delta(\omega)$
图	$R_X(\tau) = \delta(\tau)$	图	$S_X(\omega) = 1, -\infty<\omega<\infty$
图	$R_X(\tau) = \cos\omega_0\tau$	图	$S_X(\omega) = \pi[\delta(\omega-\omega_0)+\delta(\omega+\omega_0)]$

三、举例

例 21 离散白噪声 $\{X(n), n=0, \pm 1, \pm 2, \cdots\}$，其中 $X(n)$ 是两两不相关的随机变量
$$E[X(n)]=0, D[X(n)]=\sigma^2.$$
相关函数
$$R(m)=R[X(n)X(n+m)]=\begin{cases}\sigma^2, m=0,\\ 0, m\neq 0,\end{cases}$$
谱密度
$$S(\omega)=\sum_{m=-\infty}^{\infty}R(m)e^{-i\omega m}=\sigma^2(-\pi\leqslant\omega\leqslant\pi).$$

例 22 连续参数白噪声 $\{X(t), -\infty<t<\infty\}$，均值 $E[X(t)]=0$，相关函数 $R(\tau)=\sigma^2\delta(\tau)$.
则其谱密度
$$S(\omega)=\int_{-\infty}^{+\infty}R(\tau)e^{-i\tau\omega}d\tau=\sigma^2\int_{-\infty}^{+\infty}\delta(\tau)e^{-i\tau\omega}d\tau=\sigma^2,$$
因此连续白噪声的谱密度为常数.

例 23 若平稳过程 $\{X(t), -\infty<t<\infty\}$ 的谱密度 $S(\omega)=2\pi\delta(\omega)$，则其相关函数
$$R(\tau)=\frac{1}{2\pi}\int_{-\infty}^{+\infty}2\pi\delta(\omega)e^{i\omega\tau}d\omega=1.$$

例 24 随机电报信号 $\{X(t), -\infty<t<\infty\}$，均值 $E[X(t)]=0$，相关函数 $R(\tau)=I^2 e^{-2\lambda|\tau|}$，其谱密度
$$S(\omega)=I^2\int_{-\infty}^{+\infty}e^{-2\lambda|\tau|}e^{-i\tau\omega}d\tau=I^2\int_{-\infty}^{+\infty}e^{-2\lambda|\tau|-i\tau\omega}d\tau$$
$$=I^2\left[\int_{-\infty}^{0}e^{(2\lambda-i\omega)\tau}d\tau+\int_{0}^{+\infty}e^{-(2\lambda+i\omega)\tau}d\tau\right]=\frac{4\lambda I^2}{\omega^2+4\lambda^2}.$$

例 25 随机相位正弦波 $X(t)=\alpha\cos(\beta t+\Theta), -\infty<t<\infty$，$\alpha,\beta$ 为常数，Θ 在 $[0,2\pi]$ 上服从均匀分布，其均值 $E[X(t)]=0$，相关函数 $R(\tau)=\frac{\alpha^2}{2}\cos\beta\tau$，则谱密度
$$S(\omega)=\mathcal{F}\{R(\tau)\}=\frac{\alpha^2}{2}\mathcal{F}\{\cos\beta\tau\}=\frac{\alpha^2}{4}\mathcal{F}\{e^{i\tau\beta}+e^{-i\tau\beta}\}$$
$$=\frac{\alpha^2}{2}\pi[\delta(\omega-\beta)+\delta(\omega+\beta)].$$

例 26 已知零平均值平稳过程 $\{X(t), -\infty<t<\infty\}$ 的谱密度
$$S(\omega)=\frac{\omega^2+4}{\omega^4+10\omega^2+9}.$$
求它的相关函数 $R(\tau)$、方差 $DX(t)$.

解 利用留数计算:
$$R(\tau)=\frac{1}{2\pi}\int_{-\infty}^{+\infty}S(\omega)e^{i\omega\tau}d\omega=\frac{1}{2\pi}\int_{-\infty}^{+\infty}\frac{\omega^2+4}{\omega^4+10\omega^2+9}e^{i\omega\tau}d\omega$$

$$= \frac{1}{2\pi} \cdot 2\pi i \left\{ \text{Res}\left[\frac{(z^2+4)e^{iz\tau}}{(z^2+a)(z^2+1)}, i\right] + \text{Res}\left[\frac{(z^2+4)e^{iz\tau}}{(z^2+a)(z^2+1)}, 3i\right] \right\}$$

$$= i\left(\frac{3}{16i}e^{-\tau} + \frac{5}{48i}e^{-3\tau}\right) = \frac{1}{48}[9e^{-\tau} + 5e^{-3\tau}].$$

$R(\tau)$ 为偶函数，一般 $R(\tau) = \frac{1}{48}[9e^{-|\tau|} + 5e^{-3|\tau|}]$.

因均值 $EX(t)=0$，从而方差 $DX(t)=R(0)=\frac{7}{24}$.

也可以利用傅氏逆变换性质计算

$$\mathcal{F}^{-1}\left\{\frac{2\alpha}{\omega^2+\alpha^2}\right\} = e^{-\alpha|\tau|}.$$

$$R(\tau) = \mathcal{F}^{-1}\{S(\omega)\} = \mathcal{F}^{-1}\left\{\frac{\omega^2+4}{(\omega^2+9)(\omega^2+1)}\right\}$$

$$= \mathcal{F}^{-1}\left\{\frac{3}{8}\frac{1}{\omega^2+1} + \frac{5}{8}\frac{1}{\omega^2+9}\right\}$$

$$= \frac{3}{16}\mathcal{F}^{-1}\left\{\frac{2}{\omega^2+1}\right\} + \frac{5}{48}\mathcal{F}^{-1}\left\{\frac{6}{\omega^2+9}\right\} = \frac{3}{16}e^{-|\tau|} + \frac{5}{48}e^{-3|\tau|}.$$

例 27 低通白噪声的谱密度

$$S(\omega) = \begin{cases} S_0, & |\omega| < \omega_0, \\ 0, & |\omega| \geq \omega_0, \end{cases}$$

其相关函数

$$R(\tau) = \mathcal{F}^{-1}\{S(\omega)\} = R(\tau) = \frac{1}{2\pi}\int_{-\infty}^{+\infty} S(\omega)e^{i\omega\tau}d\omega$$

$$= \frac{1}{2\pi}\int_{-\omega_0}^{\omega_0} S_0 e^{i\omega\tau}d\omega = \frac{S_0}{\pi\tau}\sin\omega_0\tau.$$

例 28 已知 $\{X(t)\}$ 和 $\{Y(t)\}$ 为联合平稳过程,

$$S(\omega) = \begin{cases} 1+i\omega, & |\omega| < 1, \\ 0, & \text{其他}, \end{cases}$$

求 $R_{XY}(\tau)$.

解 $R_{XY}(\tau) = \frac{1}{2\pi}\int_{-\infty}^{+\infty} S_{XY}(\omega)e^{i\omega\tau}d\omega = \frac{1}{2\pi}\int_{-1}^{1}(1+i\omega)e^{i\omega\tau}d\omega$

$$= \frac{1}{2\pi}\left(\int_{-1}^{1} i\omega e^{i\omega\tau}d\omega + \int_{-1}^{1} e^{i\omega\tau}d\omega\right)$$

$$= \frac{\sin\tau}{\pi\tau} + \frac{1}{\pi\tau}\left(\cos\tau - \frac{\sin\tau}{\tau}\right) = \frac{\sin\tau + \cos\tau}{\pi\tau} - \frac{\sin\tau}{\pi\tau^2}.$$

四、互谱密度及其性质

设 $\{X(t), -\infty < t < +\infty\}$ 和 $\{Y(t), -\infty < t < +\infty\}$ 是联合平稳的两个平稳过程，互相关函数

$$R_{XY}(\tau) = E[X(t)\overline{Y(t+\tau)}].$$

当 $\int_{-\infty}^{\infty}|R_{XY}(\tau)|d\tau < +\infty$ 时，则有 $S_{XY}(\omega) = \mathcal{F}\{R_{XY}(\tau)\} = \int_{-\infty}^{\infty} R_{XY}e^{-i\omega\tau}d\tau$，称为平稳过程 $\{X(t), -\infty < t < +\infty\}$ 和 $\{Y(t),$

$-\infty < t < +\infty\}$ 的互谱密度,且有

$$R_{XY}(\tau) = \mathcal{F}^{-1}\{S_{XY}(\omega)\} = \frac{1}{2\pi}\int_{-\infty}^{+\infty} S_{XY}(\omega) e^{i\omega\tau} d\omega.$$

而 $R_{YX}(\tau) = E[Y(t)\overline{X(t+\tau)}]$,当 $\int_{-\infty}^{\infty} |R_{YX}| d\tau < +\infty$ 时,

$$S_{YX}(\omega) = \int_{-\infty}^{+\infty} R_{YX}(\tau) e^{-i\omega\tau} d\tau = \mathcal{F}\{R_{YX}(\tau)\},$$

$$R_{YX}(\tau) = \frac{1}{2\pi}\int_{-\infty}^{+\infty} S_{YX}(\omega) e^{-i\omega\tau} d\omega = \mathcal{F}^{-1}\{S_{YX}(\omega)\}.$$

互谱密度性质:

性质 1 $S_{XY}(\omega) = \overline{S_{YX}(\omega)}$.

证明 注意到 $R_{XY}(\tau) = \overline{R_{YX}(-\tau)}$,

$$S_{XY}(\omega) = \int_{-\infty}^{+\infty} R_{XY}(\tau) e^{-i\omega\tau} d\tau = \int_{-\infty}^{+\infty} \overline{R_{YX}(-\tau)} e^{-i\omega\tau} d\tau$$
$$= \overline{\int_{-\infty}^{+\infty} R_{YX}(-\tau) e^{i\omega\tau} d\tau} = \overline{\int_{-\infty}^{+\infty} R_{YX}(u) e^{-i\omega u} du} = \overline{S_{YX}(\omega)}.$$

性质 2 $\text{Re}[S_{XY}(\omega)]$ 是 ω 的偶函数;$\text{Im}[S_{XY}(\omega)]$ 是 ω 的奇函数.

证明

$$S_{XY}(\omega) = \int_{-\infty}^{+\infty} R_{XY}(\tau) e^{-i\omega\tau} d\tau$$
$$= \int_{-\infty}^{+\infty} R_{XY}(\tau) \cos\omega\tau d\tau - i\int_{-\infty}^{+\infty} R_{XY}(\tau) \sin\omega\tau d\tau.$$

$$\text{Re}[S_{XY}(\omega)] = \int_{-\infty}^{+\infty} R_{XY}(\tau)\cos\omega\tau d\tau \text{(显然为偶函数)},$$

$$\text{Im}[S_{XY}(\omega)] = \int_{-\infty}^{+\infty} R_{XY}(\tau)\sin\omega\tau d\tau \text{(显然为奇函数)}.$$

性质 3 $|S_{XY}(\omega)| \leqslant \sqrt{S_X(\omega)}\sqrt{S_Y(\omega)}$.

证明 类似自谱密度

$$S_{XY}(\omega) = \lim_{T\to\infty}\frac{1}{2T} E[F_X(-\omega,T) F_Y(\omega,T)],$$

$$|S_{XY}(\omega)| = \lim_{T\to\infty}\frac{1}{2T}|E[F_X(-\omega,T) F_Y(\omega,T)]|$$
$$\leqslant \lim_{T\to\infty}\frac{1}{2T}\sqrt{E[|F_X(-\omega,T)|^2]}\sqrt{E[|F_Y(\omega,T)|^2]}$$
$$= \sqrt{\lim_{T\to\infty}\frac{1}{2T}E[|F_X(\omega,T)|^2]}\sqrt{\lim_{T\to\infty}\frac{1}{2T}E[|F_Y(\omega,T)|^2]}$$
$$= \sqrt{S_X(\omega)}\sqrt{S_Y(\omega)}.$$

第五节　平稳过程的谱分解

上节我们介绍了平稳过程相关函数的谱分解,本节将介绍平稳过程本身的谱分解.本节中我们将不失一般地假设平稳过程

$\{X(t), -\infty < t < +\infty\}$ 的均值 $E[X(t)] = m_X = 0$. 否则 $m_X \neq 0$, 令 $Y(t) = X(t) - m_X$, 则随机过程 $\{Y(t), -\infty < t < +\infty\}$ 是均值 $m_Y = E[Y(t)] = 0$ 的平稳过程.

我们先介绍正交增量过程的概念.

定义 11 若复随机过程 $\{Z(t), t \in T\}$ 对 T 满足条件 $t_1 < t_2 < t_3 < t_4$ 的任意 t_1, t_2, t_3, t_4, 有

$$E[Z(t_2) - Z(t_1)]\overline{[Z(t_4) - Z(t_3)]} = 0,$$

则称 $\{Z(t), t \in T\}$ 是正交增量过程.

设正交增量过程 $\{Z(t), a \leq t \leq b\}$, $Z(a) = 0$, 对 $s < t$, 有

$$R_z(s,t) = E[Z(s)\overline{Z(t)}] = E[Z(s)\overline{Z(s) + Z(t) - Z(s)}]$$
$$= E[Z(s)\overline{Z(s)}] + E[Z(s)\overline{Z(t) - Z(s)}] = E[|Z(s)|^2].$$

定理 6 (平稳过程谱分解定理) 设 $\{X(t), -\infty < t < \infty\}$ 是均方连续的平稳过程, 均值 $E[X(t)] = 0$, 谱函数为 $F(\omega)$, 则

$$X(t) = \int_{-\infty}^{+\infty} e^{i\omega t} dZ(\omega) \quad (-\infty < t < \infty),$$

其中 $Z(\omega) = \underset{x \to \infty}{\text{l.i.m}} \dfrac{1}{2\pi} \int_{-T}^{T} \dfrac{e^{-it\omega} - 1}{-it} X(t) dt \quad (-\infty < t < \infty)$,

且具有如下性质:

(1) $E[Z(a)] = 0$;

(2) 对于不重叠的区间 $(\omega_1, \omega_2]$, $(\omega_3, \omega_4]$, 有

$$E\{[Z(\omega_2) - Z(\omega_1)]\overline{[Z(\omega_4) - Z(\omega_3)]}\} = 0;$$

(3) $E|Z(\omega_2) - Z(\omega_1)|^2 = \dfrac{1}{2\pi}[F(\omega_2) - F(\omega_1)], \omega_2 > \omega_1$.

$X(t) = \int_{-\infty}^{+\infty} e^{i\omega t} dZ(\omega)$ 称为 $\{X(t), -\infty < t < \infty\}$ 的**谱分解式**. $Z(\omega)$ 称为 $\{X(t), -\infty < t < \infty\}$ 的**随机谱函数**. $\{Z(\omega), -\infty < t < \infty\}$ 是**正交增量过程**.

定理 7 (平稳序列谱分解定理) 设 $\{X(n), n = 0, \pm 1, \pm 2, \cdots\}$ 是平稳序列, 且数学期望 $E[X(t)] = 0$, 谱函数为 $F(\omega)$ ($-\pi \leq \omega \leq \pi$), 则

$$X(n) = \int_{-\pi}^{+\pi} e^{i\omega n} dZ(\omega) \quad (n = 0, \pm 1, \pm 2, \cdots),$$

其中

$$Z(\omega) = \frac{1}{2\pi}\left\{\omega X(0) - \sum_{n \neq 0} \frac{e^{-in\omega}}{in} X(n)\right\}, \quad \{-\pi \leq t \leq \pi\},$$

且具有如下性质:

(1) $E[Z(\omega)] = 0$;

(2) 对于不重叠的区间 $(\omega_1, \omega_2]$, $(\omega_3, \omega_4]$ 有

$$E\{[Z(\omega_2) - Z(\omega_1)]\overline{[Z(\omega_4) - Z(\omega_3)]}\} = 0;$$

(3) $E|Z(\omega_2) - Z(\omega_1)|^2 = \dfrac{1}{2\pi}[F(\omega_2) - F(\omega_1)], \omega_2 > \omega_1$.

第五章 平稳过程

$$X(n) = \int_{-\infty}^{+\infty} e^{i\omega\tau} dZ(\omega) \quad (n=0, \pm 1, \pm 2, \cdots)$$

称为平稳序列 $\{X(n), n=0, \pm 1, \pm 2, \cdots\}$ 的**谱分解式**. $Z(\omega)$ 称为 $X(n)$ 的**随机谱函数**. $\{Z(\omega), -\pi < \omega < \pi\}$ 是 $[-\pi, \pi]$ 上的正交增量过程.

对实平稳过程 $\{X(t), -\infty < t < +\infty\}$ 的谱分解式,可用实随机积分表示:

$$\begin{aligned} X(t) &= \int_{-\infty}^{+\infty} e^{i\omega\tau} dZ(\omega) \\ &= \int_{-\infty}^{+\infty} (\cos t\omega + i\sin t\omega) d[\text{Re}Z(\omega) + i\text{Im}Z(\omega)] \\ &= \int_{-\infty}^{+\infty} \cos\omega t\, d[\text{Re}Z(\omega)] - \int_{-\infty}^{+\infty} \sin\omega t\, d[\text{Im}Z(\omega)]. \end{aligned}$$

记 $Z_1(\omega) = 2\text{Re}Z(\omega)$, $Z_2(\omega) = -2\text{Im}Z(\omega)$. 我们有如下定理.

定理 8 (实平稳过程谱分解定理) 设 $\{X(t), -\infty < t < +\infty\}$ 是均方连续的实平稳过程, 均值 $E[X(t)]=0$, 谱函数为 $F(\omega)$, 则

$$X(n) = \int_0^{+\infty} \cos\omega t\, dZ_1(\omega) + \int_0^{+\infty} \sin\omega t\, dZ_2(\omega),$$

其中,

$$Z_1(\omega) = \underset{T\to\infty}{\text{l.i.m}} \frac{1}{T} \int_{-T}^{T} \frac{\sin\omega t}{t} X(t) dt,$$

$$Z_2(\omega) = \underset{T\to\infty}{\text{l.i.m}} \frac{1}{T} \int_{-T}^{T} \frac{1-\cos\omega t}{t} X(t) dt,$$

且具有如下性质:

(1) $E[Z_1(\omega)] = E[Z_2(\omega)] = 0$;

(2) 当 $i \neq j$ 或 $i = j$, 对于不相重叠的区间 $(\omega_1, \omega_2], (\omega_3, \omega_4]$, 有
$E\{[Z_i(\omega_2) - Z_i(\omega_1)][Z_j(\omega_4) - Z_j(\omega_3)]\} = 0, i,j = 1,2$;

(3) $E[Z_1(\omega_2) - Z_1(\omega_1)]^2 = E[Z_2(\omega_2) - Z_2(\omega_1)]^2$
$$= \frac{1}{\pi}[F(\omega_2) - F(\omega_1)], \omega_2 > \omega_1.$$

$X(t) = \int_{-\infty}^{+\infty} \cos\omega t\, dZ_1(\omega) + \int_0^{+\infty} \sin\omega t\, dZ_2(\omega)$ 称为实平稳过程 $\{X(t), -\infty < t < +\infty\}$ 的**谱分解式**. $Z_1(\omega), Z_2(\omega)$ 称为 $\{X(t), -\infty < t < +\infty\}$ 的**随机谱函数**.

定理 9 (实平稳序列谱分解定理)

设 $\{X(n), n=0, \pm 1, \pm 2, \cdots\}$ 是实平稳序列,且均值 $E[X(t)]=0$, 谱函数为 $F(\omega)$ $(-\pi \leq \omega \leq \pi)$, 则

$$X(n) = \int_0^{\pi} \cos\omega n\, dZ_1(\omega) + \int_0^{\pi} \sin\omega n\, dZ_2(\omega) \quad (n = 0, \pm 1, \pm 2, \cdots),$$

其中 $Z_1(\omega) = \frac{1}{\pi}\left\{\omega X(0) + \sum_{n=0} \frac{\sin n\omega}{n} X(n)\right\} (-\pi \leq \omega \leq \pi)$, $Z_2(\omega) = -\frac{1}{\pi} \sum_{n=0} \frac{\cos n\omega}{n} X(n)$

且具有如下性质:

(1) $E[Z_1(\omega)] = E[Z_2(\omega)] = 0$;

(2) 当 $i \neq j$ 或 $i = j$, 对于不相重叠的区间 $(\omega_1, \omega_2]$, $(\omega_3, \omega_4]$, 有
$$E\{[Z_i(\omega_2) - Z_i(\omega_1)]\overline{[Z_j(\omega_4) - Z_j(\omega_3)]}\} = 0, i, j = 1, 2;$$

(3) $E[Z_1(\omega_2) - Z_1(\omega_1)]^2 = E[Z_2(\omega_2) - Z_2(\omega_1)]^2$
$$= \frac{1}{\pi}[F(\omega_2) - F(\omega_1)], \omega_2 > \omega_1.$$

$$X(n) = \int_0^\pi \cos\omega n \, dZ_1(\omega) + \int_0^\pi \sin\omega n \, dZ_2(\omega)$$

称为实平稳序列 $\{X(n), n = 0, \pm 1, \pm 2, \cdots\}$ 的**谱分解式**. $Z_1(\omega), Z_2(\omega)$ 称为**随机谱函数**.

习题五

1. 设有随机过程 $\{X(t) = \sin\xi t, -\infty < t < +\infty\}$, 其中 $\xi \sim U(0, 2\pi)$, 试证：

   (1) $\{X(n), n = 0, 1, 2, \cdots\}$ 是平稳随机序列；

   (2) $\{X(n), n = 0, 1, 2, \cdots\}$ 不是严平稳随机序列；

   (3) $\{X(t), t \geq 0\}$ 不是平稳随机过程.

2. 设随机过程 $\{X(t) = \xi\cos(\beta t + \eta), -\infty < t < +\infty\}$, 其中 $\xi \sim N(0, 1)$, $\eta \sim U(0, 2\pi)$, ξ 与 η 相互独立, β 为正常数. 试证随机过程 $\{X(t), -\infty < t < +\infty\}$ 为平稳过程, 且均值具有均方遍历性.

3. 设随机过程 $\{X(t) = \xi\cos(\beta t + \eta), -\infty < t < +\infty\}$, 其中 $\xi \sim U(-3, 3)$, $\eta \sim U(0, 2\pi)$, ξ 与 η 相互独立, β 为正常数. 试证随机过程 $\{X(t), -\infty < t < +\infty\}$ 为平稳过程, 且均值具有均方遍历性.

4. 设随机过程 $\{X(t) = A\cos(wt + \phi), -\infty < t < +\infty\}$, 其中 A, w, ϕ 是相互独立的随机变量, $E(A) = 2, D(A) = 4, w \sim U(-5, 5), \phi \sim U(-\pi, \pi)$, 试讨论随机过程 $\{X(t), -\infty < t < +\infty\}$ 是否具有平稳性和各态遍历性.

5. 设随机过程 $\{X(t) = \xi\cos\beta t + \eta\sin\beta t, -\infty < t < +\infty\}$, 其中 ξ 与 η 相互独立, 都服从 $N(0, \sigma^2)$, 试证随机过程 $\{X(t), -\infty < t < +\infty\}$ 为严平稳正态过程.

6. 设随机过程 $\{X(t) = \xi\cos(w_0 t + \eta), -\infty < t < +\infty\}$, 其中 w_0 为正常数, ξ 与 η 相互独立且 $\eta \sim U(0, 2\pi)$, ξ 服从瑞利(Rayleigh)分布, 其概率密度为
$$f_\xi(x) = \begin{cases} \dfrac{x}{\sigma^2} e^{-\frac{x^2}{2\sigma^2}}, & x \geq 0, \\ 0, & x < 0, \end{cases}$$

试证随机过程 $\{X(t), -\infty < t < +\infty\}$ 为平稳过程.

7. 设随机过程 $\{X(t) = a\cos(\xi t + \eta), -\infty < t < +\infty\}$, 其中 a 为常数, ξ 与 η 相互独立且 $\eta \sim U(0, 2\pi)$, ξ 服从柯西分布, 其概率密度为

$$f_\xi(x)=\frac{1}{\pi(1+x^2)}, -\infty<x<+\infty,$$

试证随机过程$\{X(t), -\infty<t<+\infty\}$为平稳过程.

8. 设随机过程$\{X(t)=A\cos(wt+\eta), -\infty<t<+\infty\}$,其中$A,w,\eta$是相互独立的随机变量,$A$的均值为2,方差为4,$E(A^4)=8$,且$w\sim U(-5,5)$,$\eta\sim U(-\pi,\pi)$. 令$Z(t)=X(t)X(t+u)$,这里$u>0$为常数. 试讨论$\{Z(t), -\infty<t<+\infty\}$的平稳性及均值的均方遍历性.

9. 已知平稳过程$\{X(t), -\infty<t<+\infty\}$的自相关函数$R_X(\tau)$和自谱密度$S_X(\omega)$,设$Y(t)=X(t+a)-X(t), -\infty<t<+\infty$,其中$a$为常数,求证$\{Y(t), -\infty<t<+\infty\}$也是平稳过程,并求其相关函数$R_Y(\tau)$和自谱密度$S_Y(\omega)$.

10. 设$\{W(t),t\geq 0\}$是参数为σ^2的维纳过程. 令
$$X(t)=W(t+a)-W(t), a>0.$$
求证$\{X(t),t\geq 0\}$是平稳过程,并求其自相关函数$R_X(\tau)$和自谱密度$S_X(\omega)$.

11. 设$\{N(t),t\geq 0\}$是参数为λ的泊松过程. 令
$$X(t)=N(t+1)-N(t),$$
求证$\{N(t),t\geq 0\}$是平稳过程.

12. 已知复随机过程$\{Z(t)=e^{i(w_0 t+\xi)}, -\infty<t<+\infty\}$,$\xi$为$(0,2\pi)$上的均匀分布,$w_0$为正常数. 求$Z(t)$的自相关函数,并讨论其平稳性.

13. 有一随机游动过程$\{Y_n, n\geq 1\}$,其中$Y_n=\sum_{k=1}^n X_k$,X_k相互独立同分布,$P\{X_k=1\}=p, P\{X_k=-1\}=q=1-p$,试讨论$\{Y_n, n\geq 1\}$的平稳性.

14. 设随机过程$\{X(t), -\infty<t<+\infty\}$和$\{Y(t), -\infty<t<+\infty\}$,满足
$$X(t)=A\cos wt+B\sin wt,$$
$$Y(t)=-A\sin wt+B\cos wt,$$
其中A,B是均值为0,方差为σ^2的互不相关的实随机变量,w为任意实数,试证$\{X(t), -\infty<t<+\infty\}$和$\{Y(t), -\infty<t<+\infty\}$为联合平稳过程.

15. 设$\{Y(t), -\infty<t<+\infty\}$是实正交增量过程,$E(Y(t))=0$,且$E\{[Y(t)-Y(s)]^2\}=|t-s|(-\infty<s,t<+\infty)$. 令$X(t)=Y(t)-Y(t-1), t\in(-\infty,+\infty)$,证明$\{X(t), -\infty<t<+\infty\}$是平稳过程,求其自相关函数和对应的谱密度函数.

16. 已知零均值的平稳过程$\{X(t), -\infty<t<+\infty\}$的谱密度为
$$S(\omega)=\frac{\omega^2+33}{\omega^4+10\omega^2+9},$$
求相关函数$R(\tau)$和方差$D(t)$.

17. 已知零均值的平稳过程 $\{X(t),-\infty<t<+\infty\}$ 的谱密度为
$$S(\omega)=\frac{1}{(1+\omega^2)^2},$$
求相关函数 $R(\tau)$.

18. 已知零均值的平稳过程 $\{X(t),-\infty<t<+\infty\}$ 的谱密度为
$$S(\omega)=\begin{cases}1-|\omega|, & |\omega|\leqslant 1,\\ 0, & \text{其他},\end{cases}$$
求相关函数 $R(\tau)$.

19. 设有平稳过程 $\{X(t),-\infty<t<+\infty\}$ 和 $\{Y(t),-\infty<t<+\infty\}$, $m_X=0,m_Y=0$,
$R_X(\tau)=2\mathrm{e}^{-2|\tau|}\cos\beta\tau,R_Y(\tau)=9+\mathrm{e}^{-2\tau^2}$, $X(t)$、$Y(t)$ 和 ξ 互相独立. 令
$$Z(t)=\xi X(t)Y(t),$$
求 $Z(t)$ 的数学期望、方差和自相关函数.

第六章
鞅

鞅(martingale)是一类特殊的随机过程,起源于对公平赌博过程的数学描述,它是关于金融资产价格的最古老的模型. P. 莱维早在 1935 年就发表了一些孕育着鞅论的工作. 1939 年,莱维首次采用了鞅这个名称. 但对鞅系统地进行研究并使它成为随机过程的一个重要分支的,则应归功于 J. L. 杜布.

现今,鞅理论已成为随机过程及其他数学分支的有力工具,而且在最优控制、金融、保险和医学等方面也得到了广泛的应用. 鞅的定义是从条件数学期望出发的,所以可先回顾第一章第四节条件数学期望的相关内容. 本章将介绍鞅的一些基本理论,并以介绍离散时间鞅为主,引入停时,给出停时定理和鞅收敛定理及其应用.

第一节 鞅的基本概念

定义 1 若 $\forall n \geq 0$,有

(1) $E(|X_n|) < \infty$;

(2) $E(X_{n+1} | X_0, X_1, \cdots, X_n) = X_n$,则称随机过程 $\{X_n, n \geq 0\}$ 是**鞅**.

由定义可知,如果第 n 次赌博后资金为 X_n,那么第 $n+1$ 次赌博后的平均资金恰好等于 X_n,即每次赌博输赢机会是均等的,并且赌博策略依赖于前面的赌博结果,则鞅描述的是公平赌博. 因此,任何赌博者都不可能通过改变赌博策略将公平的赌博变成有利于自己的赌博.

在某些情况下,$\{X_n, n \geq 0\}$ 不能直接观察,而只能观察另一过程 $\{Y_n, n \geq 0\}$,因此将鞅的定义做如下推广:

定义 2 设有两个随机过程 $\{X_n, n \geq 0\}$ 和 $\{Y_n, n \geq 0\}$,若 $\forall n \geq 0$,有

(1) $E(|X_n|) < \infty$;

(2) $E(X_{n+1} | Y_0, Y_1, \cdots, Y_n) = X_n$,则称随机过程 $\{X_n, n \geq 0\}$ 关于 $\{Y_n, n \geq 0\}$ 是**鞅**.

若 $\forall n \geq 0$,有

(1) X_n 是 $Y_0, Y_1, \cdots, Y_n$ 的函数;

(2) $E(X_n^-) < \infty$,其中 $X_n^- = \max\{0, -X_n\}$;

(3) $E(X_{n+1}|Y_0,Y_1,\cdots,Y_n) \leqslant X_n$, 则称随机过程 $\{X_n,n\geqslant 0\}$ 是关于 $\{Y_n,n\geqslant 0\}$ 的**上鞅**.

若 $\forall n\geqslant 0$, 有

(1) X_n 是 $Y_0,Y_1,\cdots,Y_n$ 的函数;

(2) $E(X_n^+) < \infty$, 其中 $X_n^+ = \max\{0,X_n\}$;

(3) $E(X_{n+1}|Y_0,Y_1,\cdots,Y_n) \geqslant X_n$, 则称随机过程 $\{X_n,n\geqslant 0\}$ 是关于 $\{Y_n,n\geqslant 0\}$ 的**下鞅**.

上鞅和下鞅分别描述了"不利"赌博和"有利"赌博.

基本性质 1　设随机过程 $\{X_n,n\geqslant 0\}$ 关于 $\{Y_n,n\geqslant 0\}$ 是鞅, 则有

(1) $E(X_n|Y_0,Y_1,\cdots,Y_n) = X_n$;

(2) $E(X_n) = E(X_k) = E(X_0), 0 \leqslant k \leqslant n$;

(3) $E(X_{n+k}|Y_0,Y_1,\cdots,Y_n) = X_n, \forall k \geqslant 0$;

(4) 如果 $g(Y_0,Y_1,\cdots,Y_n)$ 是关于 $Y_0,Y_1,\cdots,Y_n$ 的有界函数, 那么
$E[g(Y_0,Y_1,\cdots,Y_n)X_{n+k}|Y_0,Y_1,\cdots,Y_n] = g(Y_0,Y_1,\cdots,Y_n) \cdot X_n, \forall k \geqslant 0$;

(5) 如果 $\{X_n,n\geqslant 0\}, \{Z_n,n\geqslant 0\}$ 关于 $\{Y_n,n\geqslant 0\}$ 是鞅, 那么 $\{X_n \pm Z_n,n\geqslant 0\}$ 关于 $\{Y_n,n\geqslant 0\}$ 是鞅;

(6) 如果 $\{X_n,n\geqslant 0\}, \{Z_n,n\geqslant 0\}$ 关于 $\{Y_n,n\geqslant 0\}$ 是鞅, 且 X_n 与 Z_n 相互独立, 那么 $\{X_nZ_n,n\geqslant 0\}$ 关于 $\{Y_n,n\geqslant 0\}$ 是鞅.

基本性质 2　设随机过程 $\{X_n,n\geqslant 0\}$ 关于 $\{Y_n,n\geqslant 0\}$ 是上鞅, 则有

(1) $E(X_n) \leqslant E(X_k) \leqslant E(X_0), 0 \leqslant k \leqslant n$;

(2) $E(X_{n+k}|Y_0,Y_1,\cdots,Y_n) \leqslant X_n, \forall k \geqslant 0$;

(3) 如果 $g(Y_0,Y_1,\cdots,Y_n)$ 是关于 $Y_0,Y_1,\cdots,Y_n$ 的非负函数, 那么
$E[g(Y_0,Y_1,\cdots,Y_n)X_{n+k}|Y_0,Y_1,\cdots,Y_n] \leqslant g(Y_0,Y_1,\cdots,Y_n) \cdot X_n, \forall k \geqslant 0$;

(4) 如果 $\{X_n,n\geqslant 0\}, \{Z_n,n\geqslant 0\}$ 关于 $\{Y_n,n\geqslant 0\}$ 是上(下)鞅, 那么 $\{X_n \pm Z_n,n\geqslant 0\}$ 关于 $\{Y_n,n\geqslant 0\}$ 是上(下)鞅;

(5) 如果 $\{X_n,n\geqslant 0\}, \{Z_n,n\geqslant 0\}$ 关于 $\{Y_n,n\geqslant 0\}$ 是上鞅, 且 $X_n \geqslant 0, Z_n \geqslant 0, X_n$ 与 Z_n 相互独立, 那么 $\{X_nZ_n,n\geqslant 0\}$ 关于 $\{Y_n,n\geqslant 0\}$ 是上鞅.

下面介绍一些鞅的典型例子.

例 1　考虑一个公平博弈问题, 设 $X_1,X_2,\cdots$ 独立同分布, 分布函数为

$$P\{X_i=1\} = P\{X_i=-1\} = \frac{1}{2}.$$

于是可以将 $X_i(i=1,2,\cdots)$ 看作一个抛硬币游戏的结果: 如果出现正面就赢 1 元, 出现反面则输 1 元. 假设我们按以下的规则来

赌博:每次抛硬币之前的赌注都比上一次翻一倍,直到赢了赌博即停止.令 W_n 表示第 n 次赌博后所输(或赢)的总金额,则 $W_0=0$,由于无论何时只要赢了就停止赌博,所以 W_n 从赢了之后起就不再变化,于是有 $P\{W_{n+1}=1|W_n=1\}=1$.

假设前 n 次抛硬币都出现了反面,按照规则,我们已经输了 $1+2+4+\cdots+2^{n-1}=2^n-1$(元),即 $W_n=-(2^n-1)$.假如下一次硬币出现的是正面,按规则 $W_{n+1}=2^n-(2^n-1)=1$,由公平的前提知道:

$$P\{W_{n+1}=1|W_n=-(2^n-1)\}=\frac{1}{2},$$

$$P\{W_{n+1}=2^n-2^n+1|W_n=-(2^n-1)\}=\frac{1}{2},$$

易证 $E(W_{n+1}|X_1,X_2,\cdots,X_n)=W_n$,从而 $\{W_n,n\geqslant 0\}$ 是一个关于 $\{X_n,n\geqslant 0\}$ 的鞅.

例2 设 $X_1,X_2,\cdots$ 仍如例1的假定,而每次赌博所下赌注将与前面的结果有关,记 B_n 为第 n 次所下的赌注,则 B_n 是 X_1,$X_2,\cdots,X_{n-1}$ 的函数.仍然令 W_n 同例1的定义,$W_0=0$,则有

$$W_n=\sum_{j=1}^n B_j X_j.$$

假设 $E(|B_n|)<\infty$(这保证了每次的赌本都有一定的节制),那么 $\{W_n,n\geqslant 0\}$ 是一个关于 $\{X_n,n\geqslant 0\}$ 的鞅.

事实上,注意到 $E(|W_n|)<\infty$(这可由 $E(|B_n|)<\infty$ 得到),并且

$$E(W_{n+1}|X_1,X_2,\cdots,X_n)=E\Big(\sum_{j=1}^{n+1}B_jX_j|X_1,X_2,\cdots,X_n\Big)$$

$$=E\Big(\sum_{j=1}^n B_jX_j|X_1,X_2,\cdots,X_n\Big)+E(B_{n+1}X_{n+1}|X_1,X_2,\cdots,X_n)$$

$$=\sum_{j=1}^n B_jX_j+B_{n+1}E(X_{n+1}|X_1,X_2,\cdots,X_n)=W_n+B_{n+1}E(X_{n+1})$$

$$=W_n.$$

例3 (波利亚(Polya)坛子抽样模型)考虑一个装有红、黄两色球的坛子.假设最初坛子中装有红、黄两色球各一个,每次都按如下规则有放回地随机抽取:如果拿出的是红色的球,则放回的同时再加入一个同色的球;如果拿出的是黄色的球也采取同样做法.以 X_n 表示第 n 次抽取后坛子中的红球数,则 $X_0=1$,且 $\{X_n\}$ 是一个非时齐的马尔可夫链,转移概率为

$$P\{X_{n+1}=k+1|X_n=k\}=\frac{k}{n+2},$$

$$P\{X_{n+1}=k|X_n=k\}=\frac{n+2-k}{n+2}.$$

令 M_n 表示第 n 次抽取后红球所占的比例,则 $M_n=\frac{X_n}{n+2}$,并且 $\{M_n\}$

是一个鞅. 这是因为
$$E(X_{n+1}|X_n)=X_n+\frac{X_n}{n+2}.$$
由于$\{X_n\}$是一个马尔可夫链,则$F_n=\sigma(X_1,X_2,\cdots,X_n)$中对$X_{n+1}$有影响的信息都包含在$X_n$中,所以
$$E(M_{n+1}|F_n)=E(M_{n+1}|X_n)=E\left(\frac{X_{n+1}}{n+1+2}\Big|X_n\right)$$
$$=\frac{1}{n+3}E(X_{n+1}|X_n)=\frac{1}{n+3}\left(X_n+\frac{X_n}{n+2}\right)=\frac{X_n}{n+2}=M_n.$$

本例研究的模型是波利亚首次引入的,它适用于描述群体增殖和传染病的传播等现象.

例4 独立同分布随机变量的和

设$Y_0=0,\{Y_n,n\geqslant 1\}$独立同分布,$EY_n=0,E|Y_n|<\infty,X_0=0,X_n=\sum_{i=1}^n Y_i$,则$\{X_n,n\geqslant 0\}$关于$\{Y_n,n\geqslant 0\}$是鞅.

证明 因为
$$E|X_n|=E\Big|\sum_{i=1}^n Y_i\Big|<\infty,$$
$$E(X_{n+1}|Y_0,Y_1,\cdots,Y_n)=E(X_n+X_{n+1}|Y_0,Y_1,\cdots,Y_n)$$
$$=E(X_n|Y_0,Y_1,\cdots,Y_n)+E(Y_{n+1}|Y_0,Y_1,\cdots,Y_n)$$
$$=X_n+E(Y_{n+1})=X_n.$$

例5 和的方差

设$Y_0=0,\{Y_n,n\geqslant 1\}$独立同分布,$EY_n=0,EY_n^2=\sigma^2,X_0=0$,$X_n=\left(\sum_{k=1}^n Y_k\right)^2-n\sigma^2$,则$\{X_n,n\geqslant 0\}$关于$\{Y_n,n\geqslant 0\}$是鞅.

证明 因为
$$E|X_n|=E\Big|\left(\sum_{k=1}^n Y_k\right)^2-n\sigma^2\Big|\leqslant E\Big|\left(\sum_{k=1}^n Y_k\right)^2\Big|+n\sigma^2$$
$$=E\left(\sum_{k=1}^n Y_k^2+\sum_{i\neq j}Y_iY_j\right)+n\sigma^2=2n\sigma^2<\infty,$$
所以
$$E(X_{n+1}|Y_0,Y_1,\cdots,Y_n)$$
$$=E\left\{\left[\left(Y_{n+1}+\sum_{k=1}^n Y_k\right)^2-(n+1)\sigma^2\right]\Big|Y_0,Y_1,\cdots,Y_n\right\}$$
$$=E\left\{\left[Y_{n+1}^2+2Y_{n+1}\sum_{k=1}^n Y_k+\left(\sum_{k=1}^n Y_k\right)^2-(n+1)\sigma^2\right]\Big|Y_0,Y_1,\cdots,Y_n\right\}$$
$$=E(Y_{n+1}^2|Y_0,Y_1,\cdots,Y_n)+2E\left(Y_{n+1}\sum_{k=1}^n Y_k\Big|Y_0,Y_1,\cdots,Y_n\right)+E(X_n|Y_0,Y_1,\cdots,Y_n)-\sigma^2$$
$$=E(Y_{n+1}^2)+2E(Y_{n+1}|Y_0,Y_1,\cdots,Y_n)\left(\sum_{k=1}^n Y_k\right)+X_n-\sigma^2$$

$=\sigma^2+0+X_n-\sigma^2=X_n.$

由例 4、例 5 知，由独立同分布随机变量的和或者和的方差所构成的序列都可以构成鞅，那么更一般的结论会如何呢？

例 6 一般和

设 $\{Y_n, n \geq 0\}$ 为一随机序列，$Z_i = g_i(Y_0, \cdots, Y_i)$，$g_i$ 为一般函数，函数 f 满足 $E|f(Z_k)| < \infty$，$a_k(y_0, \cdots, y_{k-1})(k \geq 0)$ 为 k 元有界实函数，即

$$|a_k(y_0, \cdots, y_{k-1})| \leq A_k, \forall y_0, \cdots, y_{k-1}.$$

约定

$$a_0(Y_{-1}) = a_0, E[f(Z_k)|Y_{-1}] = E[f(Z_k)],$$

令

$$X_n = \sum_{k=0}^{n} \{f(Z_k) - E[f(Z_k)|Y_0, \cdots, Y_{k-1}]\} \cdot a_k(Y_0, \cdots, Y_{k-1}),$$

可以验证 $\{X_n, n \geq 0\}$ 关于 $\{Y_n, n \geq 0\}$ 是鞅.

证明 (1) $E|X_n| \leq \sum_{k=0}^{n} E|\{f(Z_k) - E[f(Z_k)|Y_0, \cdots, Y_{k-1}]\} \cdot a_k(Y_0, \cdots, Y_{k-1})|$

$\leq \sum_{k=0}^{n} A_k \{E[|f(Z_k)|] + E\{E[|f(Z_k)||Y_0, \cdots, Y_{k-1}]\}\}$

$\leq \sum_{k=0}^{n} 2A_k E|f(Z_k)| < \infty.$

(2) 记

$$B_k = \{f(Z_k) - E[f(Z_k)|Y_0, \cdots, Y_{k-1}]\} \cdot a_k(Y_0, \cdots, Y_{k-1}),$$

则

$E(B_k|Y_0, \cdots, Y_{k-1})$
$= a_k(Y_0, \cdots, Y_{k-1})\{E[f(Z_k)|Y_0, \cdots, Y_{k-1}]\} - E\{E[f(Z_k)|Y_0, \cdots, Y_{k-1}]|Y_0, \cdots, Y_{k-1}\}\}$
$= a_k(Y_0, \cdots, Y_{k-1})\{E[f(Z_k)|Y_0, \cdots, Y_{k-1}]\} - E[f(Z_k)|Y_0, \cdots, Y_{k-1}]\}$
$= 0.$

上式推导中用到了 $a_k(Y_0, \cdots, Y_{k-1})$ 及 $E[f(Z_k)|Y_0, \cdots, Y_{k-1}]$ 都是 $Y_0, \cdots, Y_{k-1}$ 的函数的事实. 由于 $E(B_k|Y_0, \cdots, Y_{k-1}) = 0$ 且 X_n 是 $Y_0, \cdots, Y_n$ 的函数，因此，

$E(X_{n+1}|Y_0, \cdots, Y_n) = E(X_n|Y_0, \cdots, Y_n) + E(B_{n+1}|Y_0, \cdots, Y_n)$
$= X_n.$

例 7 由分支过程构成的鞅

设 $\{Y_n, n \geq 0\}$ 表示一分支过程，并设生成后代分布的均值为 $m < \infty$，则 $X_n = m^{-n} Y_n$ 关于 $\{Y_n, n \geq 0\}$ 是鞅.

证明 设 $Z^{(n)}(j)$ 为第 n 代中由第 j 个母体产生的后代数目，$Z^{(n)}(i)(i = 1, 2, \cdots)$ 独立同分布，$E\{Z^{(n)}(j)\} = m$，并设 Y_n 为第 n 代个

体数,若 $Y_n=0$,取 $Y_{n+1}=0$;若 $Y_n\neq 0$,则
$$Y_{n+1}=Z^{(n)}(1)+Z^{(n)}(2)+\cdots+Z^{(n)}(Y_n).$$
显然,
$$\begin{aligned}E(Y_{n+1}|Y_n)&=E\{Z^{(n)}(1)+Z^{(n)}(2)+\cdots+Z^{(n)}(Y_n)|Y_n\}\\&=E\{Z^{(n)}(1)+Z^{(n)}(2)+\cdots+Z^{(n)}(Y_n)\}\\&=Y_n E[Z^{(n)}(1)]=mY_n,\end{aligned}$$

所以,m 是函数 $f(y)=y$ 的特征值. 根据上例的结论,容易导出 $X_n=m^{-n}Y_n$ 关于 $\{Y_n,n\geq 0\}$ 是鞅.

以上列举了一些有关鞅的例子,来说明许多时候用鞅可以解决原来不易研究的问题,但关键是如何构造出一个合适的鞅来. 这通常也不是件容易的事,需要经验,也需要技巧.

第二节 关于鞅的构造方法及分解定理

通过上节的例题,将有关构造鞅的方法进行总结,主要的结论如下:

(1) 对于满足马尔可夫性的随机序列 $\{X_n,n\geq 0\}$,若满足如下条件
$$E(X_{n+1}|X_n)=\lambda X_n,$$
其中 $\lambda\neq 0$,则 $Z_n=\lambda^{-n}X_n$ 构成了一个鞅.

(2) 对于满足马尔可夫性的随机序列 $\{X_n,n\geq 0\}$,若满足如下条件
$$E[g(X_{n+1})|X_n]=f(\lambda)g(X_n),$$
其中 $g(x)$ 为一个有界函数,$f(\lambda)\neq 0$,则 $Z_n=f(\lambda)^{-n}g(X_n)$ 构成了一个鞅.

(3) 设 $\{Y_n,n\geq 0\}$ 为一个随机序列,$Z_i=g_i(Y_0,Y_1,\cdots,Y_i)$,$g_i$ 为一般函数,函数 f 满足 $E(|f(Z_k)|)<\infty$,$a_k(Y_0,Y_1,\cdots,Y_{k-1})$ 为 k 元有界实函数,即
$$|a_k(Y_0,Y_1,\cdots,Y_{k-1})|\leq A_k,\forall Y_0,Y_1,\cdots,Y_{k-1},$$
约定 $a_0(Y_{-1})=a_0$,$E[f(Z_0)|Y_{-1}]=E[f(Z_0)]$,令
$$X_n=\sum_{k=0}^n\{f(Z_k)-E[f(Z_k)|Y_0,Y_1,\cdots,Y_{k-1}]\}a_k(Y_0,Y_1,\cdots,Y_{k-1}),$$
则 $\{X_n,n\geq 0\}$ 关于 $\{Y_n,n\geq 0\}$ 是鞅.

下面的引理也可以帮助我们由已知的鞅构造出许多下鞅.

考虑定义在区间 I 上的函数 $\varphi(x)$,称它为凸的,若 $\forall x,y\in I$,$0<\alpha<1$,有
$$\alpha\varphi(x)+(1-\alpha)\varphi(y)\geq\varphi[\alpha x+(1-\alpha)y]$$ 成立. 其推广结果为
对 $x_i(i=1,2,\cdots,m)\in\mathbf{R}$,$0\leq\alpha_i\leq 1$,$\sum_{i=1}^m\alpha_i=1$,则 $\sum_{i=1}^m\alpha_i\varphi(x_i)\geq\varphi$

$\left(\sum_{i=1}^{m}\alpha_i x_i\right)$.

引理 1 （条件琴生(Jensen)不等式）设 $\varphi(x)$ 为实数集 **R** 上的凸函数，随机变量 X 满足

(1) $E(|X|)<\infty$，

(2) $E(|\varphi(X)|)<\infty$，

则有

$$E[\varphi(X)|Y_0,Y_1,\cdots,Y_n]\geqslant\varphi[E(X|Y_0,Y_1,\cdots,Y_n)].$$

将 X 换成 X_{n+1}，然后利用下鞅的性质可得下面的定理：

定理 1 如果随机过程 $\{X_n,n\geqslant 0\}$ 关于 $\{Y_n,n\geqslant 0\}$ 是鞅，$\varphi(x)$ 为一凸函数，且对 $\forall n$，$E[\varphi(X_n)^+]<\infty$，则 $\{\varphi(X_n),n\geqslant 0\}$ 关于 $\{Y_n,n\geqslant 0\}$ 是下鞅.

推论 1 如果随机过程 $\{X_n,n\geqslant 0\}$ 关于 $\{Y_n,n\geqslant 0\}$ 是鞅，对 $\forall n$，$E(X_n^2)<\infty$，则 $\{|X_n|,n\geqslant 0\}$，$\{X_n^2,n\geqslant 0\}$ 关于 $\{Y_n,n\geqslant 0\}$ 是下鞅.

由于绝对值函数和平方函数均为凸函数，因此可用任意凸函数构造下鞅. 常见的凸函数有 $\varphi(x)=x^2$，$\varphi(x)=|x|$，$\varphi(x)=\max(0,x)$，$\varphi(x)=e^x$.

推论 2 若随机过程 $\{X_n,n\geqslant 0\}$ 关于 $\{Y_n,n\geqslant 0\}$ 是鞅，对 $\forall n$，$p\geqslant 1$，$E(|X_n^p|)<\infty$，则 $\{|X_n|^p,n\geqslant 0\}$ 关于 $\{Y_n,n\geqslant 0\}$ 是下鞅.

在实际问题中常常把上鞅和下鞅分解成鞅来处理，称为分解定理，它是鞅论中的基本定理之一.

定理 2（分解定理） 对于任意一个 $\{X_n,n\geqslant 1\}$ 关于 $\{Y_n,n\geqslant 1\}$ 的下鞅，必存在过程 $\{M_n,n\geqslant 1\}$ 与 $\{Z_n,n\geqslant 1\}$，使得

(1) $\{M_n,n\geqslant 1\}$ 关于 $\{Y_n,n\geqslant 1\}$ 是鞅，

(2) Z_n 是 $Y_1,\cdots,Y_{n-1}$ 的函数，且 $Z_1=0$，$Z_n\leqslant Z_{n+1}$，$E(Z_n)<+\infty$，

(3) $X_n=M_n+Z_n(n\geqslant 1)$ 且上述分解是唯一的.

证明 先证明存在性.

令 $Z_1=0$，$M_0=X_0$，及

$$M_n=X_n-\sum_{k=1}^{n}E(X_k-X_{k-1}|Y_1,\cdots,Y_{k-1}),n\geqslant 1,$$

$$Z_n=X_n-M_n=\sum_{k=1}^{n}E(X_k-X_{k-1}|Y_1,\cdots,Y_{k-1}),n\geqslant 2.$$

因为 $\{X_n,n\geqslant 1\}$ 是关于 $\{Y_n,n\geqslant 1\}$ 的下鞅，因此

$$E(X_k|Y_1,\cdots,Y_{k-1})\geqslant X_{k-1},$$
$$E(X_{k-1}|Y_1,\cdots,Y_{k-1})=X_{k-1},$$

进而有

$$E(X_k-X_{k-1}|Y_1,\cdots,Y_{k-1})\geqslant 0.$$

因此 Z_n 非负且单调非降，且是 $Y_1,\cdots,Y_{k-1}$ 的函数. 同时由 Z_n 的定义有

$$E|Z_n| \leqslant E|X_n| + E|X_1| < +\infty.$$

另外,

$$E(M_n|Y_1,\cdots,Y_{n-1}) = E\left\{\left[X_n - \sum_{k=1}^n E(X_k - X_{k-1}|Y_1,\cdots,Y_{k-1})\right]\Big| Y_1,\cdots,Y_{n-1}\right\}$$

$$= E(X_n|Y_1,\cdots,Y_{n-1}) - \sum_{k=1}^n E[E(X_k - X_{k-1}|Y_1,\cdots,Y_{k-1})|Y_1,\cdots,Y_{n-1}]$$

$$= E(X_n|Y_1,\cdots,Y_{n-1}) - \sum_{k=1}^n E(X_k - X_{k-1}|Y_1,\cdots,Y_{k-1})$$

$$= E(X_n|Y_1,\cdots,Y_{n-1}) - \sum_{k=1}^{n-1} E(X_k - X_{k-1}|Y_1,\cdots,Y_{k-1}) - E(X_n - X_{n-1}|Y_1,\cdots,Y_{n-1})$$

$$= X_{n-1} - \sum_{k=1}^{n-1} E(X_k - X_{k-1}|Y_1,\cdots,Y_{k-1}) = M_{n-1}.$$

又

$$E|M_n| = E|X_n - Z_n| \leqslant E|X_n| + E|Z_n| < \infty,$$

因此 $\{M_n, n \geqslant 1\}$ 关于 $\{Y_n, n \geqslant 1\}$ 是鞅, 且有 $X_n = M_n + Z_n$, 故存在性得证.

下面证明唯一性.

设另一分解为 M'_n, Z'_n 满足上面定理的要求, 即

$$X_n = M'_n + Z'_n, n \geqslant 1, Z'_1 = 0, M'_0 = X_0 = 0,$$

则

$$M_n + Z_n = M'_n + Z'_n = X_n.$$

令 $\Delta_n = M_n - M'_n = Z'_n - Z_n$. 由于 $\{M_n, n \geqslant 1\}$ 和 $\{M'_n, n \geqslant 1\}$ 均是关于 $\{Y_n, n \geqslant 1\}$ 的鞅, 因此 $\{\Delta_n, n \geqslant 1\}$ 也是关于 $\{Y_n, n \geqslant 1\}$ 的鞅, 所以有 $E(\Delta_n|Y_1,\cdots,Y_{n-1}) = \Delta_{n-1}$. 又因为 Z_n, Z'_n 是关于 $Y_1,\cdots,Y_{n-1}$ 的函数, 所以 Δ_n 也是关于 $Y_1,\cdots,Y_{n-1}$ 的函数, 于是

$$E(\Delta_n|Y_1,\cdots,Y_{n-1}) = \Delta_n,$$

从而有

$$\Delta_n = \Delta_{n-1} = \Delta_{n-2} = \cdots = \Delta_1 = Z'_1 - Z_1 = 0.$$

即得

$$Z_n = Z'_n, M_n = M'_n.$$

由本定理可知, 一个下鞅总可以分解为一个鞅与一个增过程的和.

推论 若 $\{X_n, n \geqslant 1\}$ 是关于 $\{Y_n, n \geqslant 1\}$ 的上鞅, 则可分解为 $X_n = M_n - Z_n$ 使得

(1) $\{M_n, n \geqslant 1\}$ 关于 $\{Y_n, n \geqslant 1\}$ 是鞅,

(2) Z_n 是 $Y_1,\cdots,Y_{n-1}$ 的函数 $(n \geqslant 2), Z_1 = 0, Z_n \leqslant Z_{n+1}, E(Z_n)$

$<+\infty$,且上述分解是唯一的.

综上分析,再次关注上节中有关上鞅与下鞅的例题可知,在非公平博弈问题中,对于庄家而言,其前 n 次博弈得到的总钱数为一下鞅;对于赌博者而言,其前 n 次博弈得到的总钱数为一上鞅.

第三节 鞅的停时定理及其应用

在前两节的内容中只涉及了鞅的相关理论,比如对于一个关于 $\{X_n, n\geq 0\}$ 的鞅 $\{M_n, n\geq 0\}$,易知对 $\forall n\geq 0$,有 $E(M_n)=E(M_0)$,但并未谈及鞅与随机过程的关系. 本节想知道如果把此处固定的时间 n 换作一个随机变量 T,是否仍然有 $E(M_T)=E(M_0)$ 成立.

一般,此结论未必成立,但在一定的条件下可保证它成立,这就是鞅的停时定理. 为此引出了停时的概念,停时是一个不依赖"将来"的随机时间. 首先给出停时的粗略直观定义.

定义 3 设取值为非负整数(包括 $+\infty$)的随机变量 T 及随机序列 $\{Y_n, n\geq 0\}$,若对 $n\geq 0$,事件 $\{T=n\}$ 的示性函数 $I_{\{T=n\}}$ 仅是 Y_0, $Y_1, \cdots, Y_n$ 的函数,则称 T 是关于 $\{Y_n, n\geq 0\}$ 的**停时**(stopping time).

由定义 3 可知,事件 $\{T=n\}$ 与 $\{T\neq n\}$ 都应该由 n 时刻及其之前的信息完全确定,而不需要也无法借助将来的情况. 仍然回到公平博弈的例子,赌博者决定何时停止赌博只能以他已经赌过的结果为依据,而不能说,如果下一次我会输那么现在就停止赌博. 这是对停止时刻 T 的第一个要求:它必须是一个停时. 也就是说,若 $\forall n\geq 0$,$\{T\leq n\}$,$\{T>n\}$,$\{T\geq n\}$,$\{T<n\}$ 均只由 $Y_0, Y_1, \cdots, Y_n$ 确定,则 T 是一停时,由此给出停时的一个严格的数学定义.

定义 4 设有非负整数的随机变量 T 及随机序列 $\{X_n, n\geq 0\}$,若对 $\forall n\geq 0$,有 $\{T=n\}\in\sigma(X_0, X_1, \cdots, X_n)$,则称 T 是关于 $\{X_n, n\geq 0\}$ 的**停时**.

下面看几个停时的例子.

例 8 确定时刻 $T=n$(n 是一个常数)是一个停时,即在赌博开始已确定 n 局之后一定结束,易见这是一个停时.

但是,值得注意的是停时不一定是随机变量,因为停时可能取 ∞.

例 9 (首达时)$\{X_n, n\geq 0\}$ 是一个随机变量序列,A 是一个事件集,令 $T(A)=\inf\{n, X_n\in A\}$,并约定 $T(\varnothing)=\inf\{n, X_n\in\varnothing\}=\infty$,可见 $T(A)$ 是 $\{X_n, n\geq 0\}$ 首次进入 A(即发生了 A 中所含事件)的时刻,称 $T(A)$ 是 $\{X_n, n\geq 0\}$ 到集合 A 的**首达时**,可以证明 $T(A)$ 是关于 $\{X_n, n\geq 0\}$ 的停时. 事实上,

$$\{T(A)=n\}=\{X_0\notin A, X_1\notin A, \cdots, X_{n-1}\notin A, X_n\in A\}.$$

显然 $\{T(A)=n\}$ 完全由 $X_0, X_1, \cdots, X_n$ 决定,从而 $T(A)$ 是关于 $\{X_n, n\geq 0\}$ 的停时.

例 10 $\{N(t), t \geq 0\}$ 是参数为 λ 的时齐泊松过程,$S_0 = 0$,S_n 为第 n 个事件发生的时刻,则 $N(t)$ 关于 $\{S_n, n \geq 0\}$ 不是停时,但 $N(t)+1$ 关于 $\{S_n, n \geq 0\}$ 是停时.

停时有以下基本特性:

性质 如果 T 和 S 是关于 $\{X_n, n \geq 0\}$ 的两个停时,则 $T+S$,$T \wedge S \min\{T, S\}$ 和 $T \vee S \max\{T, S\}$ 均是停时.

证明 对任意 $n \geq 0$,根据 $\{X_n, n \geq 0\}$ 的单调性,

$$\{T+S=n\} = \sum_{k=0}^{n}\{T=k\}\bigcap\{S=n-k\} \in X_n,$$

所以 $T+S$ 关于 $\{X_n, n \geq 0\}$ 是停时. 其余类似证明.

为了更好地介绍停时定理(optional stopping theorem),先介绍以下几个引理.

引理 2 设 $\{X_n, n \geq 0\}$ 是一个关于 $\{Y_n, n \geq 0\}$ 的(上)鞅,T 是一个关于 $\{Y_n, n \geq 0\}$ 的停时,则 $\forall n \geq k$ 有

$$E(X_n I_{\{T=k\}})(\leqslant) = E(X_k I_{\{T=k\}}).$$

证明 注意到 T 是关于 $\{Y_n, n \geq 0\}$ 的停时,所以 $I_{\{T=k\}}$ 是关于 $Y_0, Y_1, \cdots, Y_k$ 的函数,因此

$E(X_n I_{\{T=k\}}) = E(E(X_n I_{\{T=k\}} | Y_0, Y_1, \cdots, Y_k)) = E(I_{\{T=k\}} E(X_n | Y_0, Y_1, \cdots, Y_k))(\leqslant) = E(X_k I_{\{T=k\}}).$

引理 3 如 $\{X_n, n \geq 0\}$ 关于 $\{Y_n, n \geq 0\}$ 是(上)鞅,T 关于 $\{Y_n, n \geq 0\}$ 是停时,则 $\forall n \geq 1$ 有

$$E(X_0)(\geqslant) = E(X_{T \wedge n})(\geqslant) = E(X_n).$$

证明 注意到 $I_{\{T \geq n\}} + I_{\{T < n\}} = 1$ 并利用引理 2 得

$$E(X_{T \wedge n}) = E\Big\{X_{T \wedge n}\Big(\sum_{k=0}^{n-1} I_{\{T=k\}} + I_{\{T \geq n\}}\Big)\Big\}$$

$$= E\Big\{X_{T \wedge n} \sum_{k=0}^{n-1} I_{\{T=k\}}\Big\} + E\{X_{T \wedge n} I_{\{T \geq n\}}\}$$

$$= \sum_{k=0}^{n-1} E\{X_{T \wedge n} I_{\{T=k\}}\} + E\{X_{T \wedge n} I_{\{T \geq n\}}\}$$

$$= \sum_{k=0}^{n-1} E\{X_k I_{\{T=k\}}\} + E\{X_n I_{\{T \geq n\}}\}$$

$$(\geqslant) = \sum_{k=0}^{n-1} E\{X_k I_{\{T=k\}}\} + E\{X_n I_{\{T \geq n\}}\} = E(X_n).$$

因此,$E(X_{T \wedge n})(\geqslant) = E(X_n)$. 对于鞅,因为 $E(X_n) = E(X_0)$,所以 $E(X_{T \wedge n}) = E(X_0)$;对于上鞅,下面证 $E(X_0) \geq E(X_{T \wedge n})$. 设 $\widetilde{X}_0 = 0$,

$$\widetilde{X}_n = \sum_{k=1}^{n} [X_k - E(X_k | Y_0, Y_1, \cdots, Y_{k-1})], n \geq 1,$$

根据本章第一节例 6 可知 $\{\widetilde{X}_n, n \geq 0\}$ 关于 $\{Y_n, n \geq 0\}$ 是鞅,由鞅的性质可知

$$E(\widetilde{X}_n) = E(\widetilde{X}_{T \wedge n}) = E(\widetilde{X}_0) = 0,$$

因此有
$$0 = E(\widetilde{X}_{T\wedge n}) = E\Big[\sum_{k=1}^{T\wedge n}(X_k - E(X_k|Y_0,Y_1,\cdots,Y_{k-1}))\Big]$$
$$\geqslant E\Big[\sum_{k=1}^{T\wedge n}(X_k - X_{k-1})\Big] \qquad \text{(由上鞅定义得)}$$
$$= E(X_{T\wedge n} - X_0) = E(X_{T\wedge n}) - E(X_0).$$

因此 $E(X_{T\wedge n}) \leqslant (EX_0)$.

引理 4 设 X 是一随机变量,满足 $E|X|<\infty$. T 是关于 $\{Y_n, n\geqslant 0\}$ 的停时,且 $P(T<\infty)=1$,则 $\lim\limits_{n\to\infty}E(XI_{\{T>n\}})=0$, $\lim\limits_{n\to\infty}E(XI_{\{T\leqslant n\}})=EX$.

证明 因为
$$|X| = |X|I_{\{T\leqslant n\}} + |X|I_{\{T>n\}} \geqslant |X|I_{\{T\leqslant n\}},$$
并且
$$\lim_{n\to\infty}I_{\{T\leqslant n\}} = \lim_{n\to\infty}\sum_{k=1}^{n}I_{\{T=k\}} = \sum_{k=1}^{\infty}I_{\{T=k\}} = 1,$$
因此
$$E|X| \geqslant E(|X|I_{\{T\leqslant n\}}) \xrightarrow{n\to\infty} \sum_{k=0}^{\infty}E\{|X|I_{\{T=k\}}\} = E|X|.$$
于是有
$$\lim_{n\to\infty}E(|X|I_{\{T\leqslant n\}}) = E|X|, \lim_{n\to\infty}E(|X|I_{\{T>n\}}) = 0.$$
由上式知
$$\lim_{n\to\infty}E(XI_{\{T>n\}}) = 0,$$
又因为
$$|E(XI_{\{T\leqslant n\}}) - EX| = |E(XI_{\{T>n\}})| \leqslant E|XI_{\{T>n\}}|$$
$$= E(|X|I_{\{T>n\}}) \xrightarrow{n\to\infty} 0,$$
即
$$\lim_{n\to\infty}E(XI_{\{T\leqslant n\}}) = EX.$$

定理 3 设 $\{X_n, n\geqslant 0\}$ 是鞅,T 是停时,若 $P(T<\infty)=1$ 且 $E\big(\sup\limits_{n\geqslant 0}|X_{T\wedge n}|\big)<\infty$,则 $EX_T = EX_0$.

证明 记 $Z = \sup\limits_{n\geqslant 0}|X_{T\wedge n}|$. 因为
$$X_T = \sum_{k=0}^{\infty}(X_k I_{\{T=k\}}) = \sum_{k=0}^{\infty}(X_{T\wedge k}I_{\{T=k\}}),$$
因此
$$|X_T| = \Big|\sum_{k=0}^{\infty}(X_{T\wedge k}I_{\{T=k\}})\Big| \leqslant \sum_{k=0}^{\infty}(|X_{T\wedge k}|I_{\{T=k\}})$$
$$\leqslant \sup_{n\geqslant 0}|X_{T\wedge n}|\sum_{k=0}^{\infty}I_{\{T=k\}} = \sup_{n\geqslant 0}|X_{T\wedge n}| = Z,$$
所以有
$$E|X_T| \leqslant E(Z) < \infty,$$

即 EX_T 有意义. 又
$$|EX_{T\wedge n} - EX_T| = |E[(X_{T\wedge n} - X_T)I_{\{T>n\}}] + E[(X_{T\wedge n} - X_T)I_{\{T\leqslant n\}}]|$$
$$= |E(X_{T\wedge n} - X_T)I_{\{T>n\}}| \leqslant E|(X_{T\wedge n} - X_T)I_{\{T>n\}}|$$
$$\leqslant E|X_{T\wedge n}I_{\{T>n\}}| + E|X_T I_{\{T>n\}}| \leqslant 2E(ZI_{\{T>n\}}),$$
由引理 4 知 $\lim\limits_{n\to\infty} E(ZI_{\{T\wedge n\}}) = 0$, 因此
$$\lim_{n\to\infty} EX_{T\wedge n} = EX_T.$$
又由引理 3 得 $EX_{T\wedge n} = EX_0$, 所以
$$EX_T = \lim_{n\to\infty} EX_{T\wedge n} = \lim_{n\to\infty} EX_0 = EX_0.$$

推论 设 $\{X_n, n\geqslant 0\}$ 关于 $\{Y_n, n\geqslant 0\}$ 是鞅, T 是停时, 且 $ET<\infty$. 若存在一常数 $b<\infty$, 满足对 $\forall n<T$, 有 $E(|X_{n-1} - X_n| | Y_0, Y_1, \cdots, Y_n) \leqslant b$, 则 $EX_0 = EX_T$.

证明 令
$$Z_0 = |X_0|,$$
$$Z_0 = |X_n - X_{n-1}|, n\geqslant 1,$$
$$W = Z_0 + Z_1 + \cdots + Z_T,$$
则
$$W = |X_0| + |X_1 - X_0| + \cdots + |X_T - X_{T-1}|,$$
$$\sum_{n=0}^{\infty}\sum_{k=0}^{n} E(Z_k I_{\{T=n\}}) = \sum_{k=0}^{\infty}\sum_{n=k}^{\infty} E(Z_k I_{\{T=n\}}) = \sum_{k=0}^{\infty} E(Z_k I_{\{T\geqslant k\}}).$$
因为 $I_{\{T\geqslant k\}} = 1 - I_{\{T\leqslant k-1\}}$ 仅仅是 $Y_0, Y_1, \cdots, Y_{k-1}$ 的函数, 又由已知条件知, 对 $k\leqslant T$, 有 $E(Z_k|Y_0, Y_1, \cdots, Y_{k-1}) \leqslant b$, 因此
$$\sum_{k=0}^{\infty} E(Z_k I_{\{T\geqslant k\}}) = \sum_{k=0}^{\infty} E\{E(Z_k I_{\{T\geqslant k\}} | Y_0, Y_1, \cdots, Y_{k-1})\}$$
$$= \sum_{k=0}^{\infty} E\{I_{\{T\geqslant k\}} E(Z_k|Y_0, Y_1, \cdots, Y_{k-1})\}$$
$$\leqslant b\sum_{k=0}^{\infty} P(T\geqslant k) = b(1+ET) \left(\text{利用} \sum_{k=0}^{\infty} P(T\geqslant k) = ET\right),$$
即 $EW<\infty$. 因为 $|X_T|\leqslant W$, 因此 $|X_{T\wedge n}|\leqslant W, \forall n\geqslant 0$, 即
$$\sup_{n\geqslant 0} |X_{T\wedge n}| \leqslant W,$$
所以有
$$E\left(\sup_{n\geqslant 0} |X_{T\wedge n}|\right) \leqslant EW < \infty.$$
又因为 $ET<\infty$, 所以有
$$P(T<\infty) = 1.$$
利用定理 3, 即得
$$EX_T = EX_0.$$

定理 4 (停时定理) 设 $\{X_n, n\geqslant 0\}$ 是鞅, T 是停时, 若
(1) $P(T<\infty) = 1$;

(2) $E|X_T|<\infty$;
(3) $\lim\limits_{n\to\infty}E|X_n I_{\{T>n\}}|=0$,

则
$$EX_T=EX_0.$$

证明 由
$$X_T=X_T I_{\{T\leqslant n\}}+X_T I_{\{T>n\}}$$

及
$$\begin{aligned}X_T I_{\{T\leqslant n\}}&=X_{T\wedge n}I_{\{T\leqslant n\}}=X_{T\wedge n}(1-I_{\{T>n\}})\\&=X_{T\wedge n}-X_{T\wedge n}I_{\{T>n\}}=X_{T\wedge n}-X_n I_{\{T>n\}},\end{aligned}$$

得
$$X_T=X_{T\wedge n}-X_n I_{\{T>n\}}+X_T I_{\{T>n\}},$$

因此
$$EX_T=EX_{T\wedge n}-E(X_n I_{\{T>n\}})+E(X_T I_{\{T>n\}}).$$

由已知 $\lim\limits_{n\to\infty}E|X_n I_{\{T>n\}}|=0$,得
$$\lim_{n\to\infty}E(X_n I_{\{T>n\}})=0,$$

由引理 4 得
$$\lim_{n\to\infty}E(X_T I_{\{T>n\}})=0,$$

因此 $\lim\limits_{n\to\infty}EX_{T\wedge n}=EX_T$.

由引理 3 知 $EX_{T\wedge n}=EX_0$,故
$$EX_0=EX_T.$$

鞅的停时定理的意义在于"在公平的赌博中,你不可能赢". 设想$\{X_n,n\geqslant 0\}$是一种公平的博弈,X_n 表示局中人第 n 次赌局结束后的赌本,T 是停时. 式 $EX_n=EX_0$ 说明他在每次赌局结束时的赌本与他开始时的赌本一样,但是他未必一直赌下去,他可以选择任一时刻停止赌博,这一时刻是随机的. 式 $EX_T=EX_0$ 说明他停止时的赌本和他开始时的赌本相同,然而很容易看出在一般的情况下,这是不正确的. 停时定理有以下简单推论:

推论 1 设$\{X_n,n\geqslant 0\}$是鞅,T 是停时,若
(1) $P(T<\infty)=1$,
(2) 对某个 $k<\infty$,$\forall n\geqslant 0$,$E(X_{T\wedge n}^2)\leqslant k$,

则
$$EX_0=EX_T.$$

证明 显然 $X_{T\wedge n}^2\geqslant 0$,由(2)知
$$E(X_{T\wedge n}^2 I_{\{T\leqslant n\}})\leqslant E(X_{T\wedge n}^2)\leqslant k.$$

而 $E(X_{T\wedge n}^2 I_{\{T\leqslant n\}})=\sum\limits_{k=0}^{n}E(X_T^2|T=k)P(T=k)\xrightarrow{n\to\infty}$
$\sum\limits_{k=0}^{\infty}E(X_T^2|T=k)P(T=k)=EX_T^2$,

因此

由施瓦茨不等式可得
$$EX_T^2 \leq k < \infty.$$
$$E|X_T| = E|1 \cdot X_T| \leq [E(X_T^2)]^{\frac{1}{2}} < \infty$$
及
$$[E(X_n I_{\{T>n\}})]^2 = [E(X_{T \wedge n} I_{\{T>n\}})]^2 \leq E(X_{T \wedge n}^2) E(I_{T \wedge n}^2),$$
即
$$[E(X_n I_{\{T>n\}})]^2 \leq k P\{T>n\} \xrightarrow{n \to \infty} 0,$$
因此
$$\lim_{n \to \infty} E(X_n I_{\{T>n\}}) = 0.$$
利用定理 4 得 $EX_0 = EX_T$.

推论 2 设 $Y_0 = 0, \{Y_k, k \geq 1\}$ 独立同分布, $EY_k = \mu, DY_k = \sigma^2 < \infty, S_0 = 0, S_n = \sum_{k=1}^{n} Y_k, X_n = S_n - n\mu$. 若 T 为停时, $ET < \infty$, 则 $E|X_T| < \infty$, 且 $EX_T = ES_T - \mu ET = 0$.

证明 因为
$$ET = \sum_{k=0}^{\infty} k P(T=k) < +\infty,$$
从而余项 $\sum_{k=n}^{\infty} k P(T=k) \to 0 (n \to \infty)$. 又
$$\sum_{k=n}^{\infty} k P(T=k) \geq \sum_{k=n}^{\infty} n P(T=k) = n P(T \geq n) \to 0,$$
故 $n P(T \geq n) \to 0 (n \to \infty)$. 因此 $P(T \geq n) \to 0 (n \to \infty)$.
从而
$$P(T < \infty) = 1,$$
$$E|X_T| = E|S_T - T\mu| \leq E\left(\sum_{k=1}^{T} |Y_k - \mu|\right).$$
因为 (Y_k) 独立同分布, 所以 $(|Y_k - \mu|)$ 独立同分布, 于是
$$E\left(\sum_{k=1}^{T} |Y_k - \mu|\right) = ET E|Y_k - \mu| < \infty,$$
所以
$$E|X_T| < +\infty.$$
由施瓦茨不等式得
$$[E(X_n I_{\{T>n\}})]^2 \leq EX_n^2 E(I_{\{T>n\}}) \leq n\sigma^2 P(T \geq n) = \sigma^2 (n P(T \geq n)).$$
由前面的证明过程的中间结论 $nP(T \geq n) \to 0 (n \to \infty)$ 知 $\lim_{n \to \infty} E(X_n I_{\{T>n\}}) = 0.$
利用定理 4 得
$$0 = EX_0 = EX_T = ES_T - \mu ET.$$
下面给出一个应用停时定理的例子.

例 11 设 $\{X_n\}$ 是在 $\{0, 1, \cdots, N\}$ 上的简单随机游动 $\left(P = \frac{1}{2}\right)$, 并且 0 和 N 为两个吸收壁. 设 $X_0 = a$, 则 $\{X_n\}$ 是一个鞅. 令

$T = \min\{j : X_j = 0 \text{ 或 } N\}$,则 T 是一个停时. 由于 X_n 的取值有界,从而 $E(X_T) = E(X_0) = a$.

由于此时 X_T 只取 $N, 0$ 两个值,有
$$E(X_T) = N \cdot P\{X_T = N\} + 0 \cdot P\{X_T = 0\},$$
从而得到
$$P\{X_T = N\} = \frac{E(X_T)}{N} = \frac{a}{N}.$$
即在被吸收时刻它处于 N 点的概率为 $\frac{a}{N}$.

第四节 一致可积性

在鞅的停时定理的条件中,条件(3)一般是很难验证的,为此我们将给出一些容易验证的条件,这些条件是包含条件(3)的.

首先考虑一个随机变量 X,满足 $E(|X|) < \infty$,$|X|$ 的分布函数为 F,则
$$\lim_{n \to \infty} E(|X| I_{\{|X| > n\}}) = \lim_{n \to \infty} \int_n^\infty x \, dF(x) = 0.$$

设 $P\{|X| > n\} = \delta$,A 是另外一个发生概率为 δ 的事件,即 $P(A) = \delta$. 容易看出 $E(|X| I_A) \leqslant E(|X| I_{\{|X| > n\}})$,从而我们可以有以下结论:如果随机变量 X 满足 $E(|X|) < \infty$,则 $\forall \varepsilon > 0, \exists \delta > 0$,当 $P(A) < \delta$ 时,$E(|X| I_A) < \varepsilon$.

定义 5 假设有一列随机变量 $X_1, X_2, \cdots$,称它们是**一致可积的**,如果 $\forall \varepsilon > 0, \exists \delta > 0$,使得 $\forall A$,当 $P(A) < \delta$ 时,有
$$E(|X_n| I_A) < \varepsilon \tag{6-1}$$
对任意 n 成立.

这个定义的关键在于 δ 不能依赖于 n,并且式(6-1)对任意 n 成立. 为便于理解,先给一个不一致可积的例子.

例 12 考虑一个公平博弈问题. 设 $X_1, X_2, \cdots$ 独立同分布,分布函数为
$$P\{X_i = 1\} = P\{X_i = -1\} = \frac{1}{2}.$$

于是可以将 $X_i (i = 1, 2, \cdots)$ 看作一个抛硬币游戏的结果:如果出现正面就赢 1 元,出现反面则输 1 元. 假设按以下的规则来赌博:每次抛硬币之前的赌注都比上一次翻一倍,直到赢了赌博即停. 令 W_n 表示第 n 次赌博后所输(或赢)的总金额,则 $W_0 = 0$. 由于无论何时只要赢了就停止赌博,所以 W_n 从赢了之后起就不再变化,于是 $P\{W_{n+1} = 1 | W_n = 1\} = 1$. 假设前 n 次抛硬币都出现了反面,按照规则,我们已经输了 $1 + 2 + 4 + \cdots + 2^{n-1} = 2^n - 1$(元),即 $W_n = -(2^n - 1)$. 假如下一次硬币出现的是正面,按规则 $W_{n+1} = 2^n - (2^n - 1) = 1$,由公平的前提知道

$$P\{W_{n+1}=1\,|\,W_n=-(2^n-1)\}=\frac{1}{2},$$

$$P\{W_{n+1}=2^n-2^n+1\,|\,W_n=-(2^n-1)\}=\frac{1}{2},$$

可知 $E(W_{n+1}\,|\,F_n)=W_n$,这里 $F_n=\sigma(X_1,X_2,\cdots,X_n)$,从而 $\{W_n\}$ 是一个关于 $\{F_n\}$ 的鞅. 令 A_n 是事件 $\{X_1=X_2=\cdots=X_n=-1\}$,则 $P(A_n)=\frac{1}{2^n}$, $E(|W_n|I_{A_n})=2^{-n}(2^n-1)\to 1$,可看出它不满足一致可积的条件.

假设 $\{X_n, n\geqslant 0\}$ 是一个关于 $\{Y_n, n\geqslant 0\}$ 的一致可积鞅,T 是停时且 $P\{T<\infty\}=1$ 或 $\lim\limits_{n\to\infty}P\{T>n\}=0$,则由一致可积性可得

$$\lim_{n\to\infty}E(|X_n|I_{\{T>n\}})=0,$$

即停时定理条件(3)成立. 据此我们给出停时定理的另一种叙述.

定理 5 (停时定理)设 $\{X_n, n\geqslant 0\}$ 是一个关于 $\{Y_n, n\geqslant 0\}$ 的一致可积鞅,T 是停时,满足 $P\{T<\infty\}=1$ 且 $E|X_T|<\infty$,则有 $EX_T=EX_0$.

一致可积的条件一般较难验证,下面给出两个一致可积的充分条件.

推论 1 假设 $X_1,X_2,\cdots$ 是一列随机变量,并且存在常数 $C<\infty$,使得 $E(X_n^2)<C$ 对所有 n 成立,则此序列是一致可积的.

证明 $\forall \varepsilon<0$,令 $\delta=\frac{\varepsilon^2}{4C}$,设 $P(A)<\delta$,则

$$E(|X_n|I_A)=E\big(|X_n|I_{\{A\cap\{|X_n|\geqslant\frac{2C}{\varepsilon}\}\}}\big)+E\big(|X_n|I_{\{A\cap\{|X_n|<\frac{2C}{\varepsilon}\}\}}\big)$$

$$\leqslant\frac{\varepsilon}{2C}\cdot E\big(|X_n|^2 I_{\{A\cap\{|X_n|\geqslant\frac{2C}{\varepsilon}\}\}}\big)+\frac{2C}{\varepsilon}\cdot P\Big\{A\cap\Big\{|X_n|<\frac{2C}{\varepsilon}\Big\}\Big\}$$

$$\leqslant\frac{\varepsilon}{2C}E(X_n^2)+\frac{2C}{\varepsilon}P(A)<\varepsilon.$$

推论 2 设 $\{X_n, n\geqslant 0\}$ 是关于 $\{Y_n, n\geqslant 0\}$ 的鞅. 如果存在一个非负随机变量 Y,满足 $E(Y)<\infty$ 且 $|X_n|<Y$ 对 $\forall n\geqslant 0$ 成立,则 $\{X_n, n\geqslant 0\}$ 是一致可积鞅.

例 13 (分支过程)令 Y_n 表示分支过程第 n 代的个体数. 设每个个体产生后的分布有均值 μ 和方差 σ^2,则 $\{X_n=\mu^{-n}Y_n\}$ 是关于 $\{Y_n, n\geqslant 0\}$ 的鞅. 假设 $\mu>1$,则存在一个常数 C,使得 $\forall n, E(X_n^2)<C$,从而 $\{X_n, n\geqslant 0\}$ 是一致可积鞅.

第五节 鞅收敛定理

设 $\{X_n, n\geqslant 0\}$ 关于 $\{Y_n, n\geqslant 0\}$ 是鞅,考虑在各种意义下 $\lim\limits_{n\to\infty}X_n$ 是否存在的问题,即鞅收敛的问题. 我们首先来考虑一个特殊的例

子——波利亚坛子抽样模型(本章第一节中的例 3).

令 X_n 表示第 n 次摸球后红球所占的比例,当 $n \to \infty$ 时,这个比例会如何变化呢? 下面来说明其变化趋势.

设 $0 < a < b < 1, X_n < a$,且令
$$T = \min\{j : j \geq n, X_j \geq b\},$$
式中,T 表示 n 次摸球之后第一个比例从小于 a 到超越 b 的时刻.
令 $T_m = \min\{T, m\}$,则对于 $m > n$,由停时定理可知
$$E(X_{T_m}) = E(X_N) < a.$$
但是
$$E(X_{T_m}) \geq E(X_{T_m} I_{\{T \leq m\}}) = E(X_T I_{\{T \leq m\}}) \geq b P\{T \leq m\},$$
从而
$$P\{T \leq m\} < \frac{a}{b}.$$
因为上式对一切 $m > n$ 成立,于是有
$$P\{T < \infty\} \leq \frac{b}{a}.$$

这说明至少以概率 $1 - \frac{b}{a}$ 红球的比例永远不会超过 b. 现在我们假定这一比例确实超过了 b,那么它能够再一次降回到 a 以下的概率是多少呢? 由同样的讨论可知,这一概率最大为 $\frac{1-b}{1-a}$. 继续同样的讨论,我们可以知道,从 a 出发超过 b,再小于 a,再大于 b …… 有 n 个循环的概率应为
$$\left(\frac{a}{b}\right)\left(\frac{1-b}{1-a}\right)\left(\frac{a}{b}\right) \cdots \left(\frac{a}{b}\right)\left(\frac{1-b}{1-a}\right) = \left(\frac{a}{b}\right)^n \left(\frac{1-b}{1-a}\right)^n \to 0, n \to 0.$$
由此可见,这个比例不会在 a, b 之间无限次地跳跃. a, b 的任意性,也表明这一比例不会在任意的两个数之间无限地跳跃,换言之,极限 $\lim_{n \to \infty} X_n$ 存在,记为 X_∞. 这一极限是一个随机变量,可以证明 X_∞ 服从 $[0, 1]$ 上的均匀分布.

总结以上的分析,可以得到鞅收敛定理,但在叙述鞅收敛定理之前,先介绍一个重要的引理,即上穿不等式.

引理 5(上穿不等式) 设 $\{X_n, n \geq 0\}$ 关于 $\{Y_n, n \geq 0\}$ 是下鞅,$V^n(a, b)$ 表示 $\{X_k, 0 \leq k \leq n\}$ 上穿区间的次数,$a < b$,则
$$E(V^n(a, b)) \leq \frac{E(X_n - a)^+ - E(X_0 - a)^+}{b - a} \leq \frac{E X_n^+ + |a|}{b - a}.$$
这里记 $a^+ = \max(a, 0) = a \vee 0$.

证明 因为 $\{X_n\}$ 关于 $\{Y_n\}$ 是下鞅,所以 $\{(X_n - a)^+\}$ 关于 $\{Y_n\}$ 也是下鞅. 这是由于
$$E|(X_n - a)^+| \leq E|X_n| + |a| < \infty,$$
$$E\{(X_{n+1} - a)^+ | Y_0, Y_1, \cdots, Y_n\} = E(X_{n+1} \vee a | Y_0, Y_1, \cdots, Y_n) - a$$
$$\geq E(X_{n+1} | Y_0, Y_1, \cdots, Y_n) \vee a - a$$

$$\geqslant X_n \vee a - a = (X_n - a)^+.$$

另外,$\{(X_n-a)^+, 0\leqslant k\leqslant n\}$ 上穿区间 $(0,b-a)$ 的次数也为 $V^n(a,b)$. 所以以下只要证明 $\{\widetilde{X}_k=(X_k-a)^+, 0\leqslant k\leqslant n\}$ 上穿区间 $(0,b-a)$ 的次数 $V^n(a,b)$ 满足

$$(b-a)E[V^n(a,b)]\leqslant E\widetilde{X}_n - E\widetilde{X}_0.$$

为此,引进随机序列 $\{\varepsilon_i, i\geqslant 1\}$,满足

$$\{\varepsilon_i=1\}=\bigcup_{k=1}^{\infty}(\alpha_{2k-1}<i\leqslant\alpha_{2k}), \{\varepsilon_i=0\}=\bigcup_{k=1}^{\infty}(\alpha_{2k}<i\leqslant\alpha_{2k+1}).$$

于是

$$\begin{aligned}\{\varepsilon_i=1\}&=\bigcup_{k=1}^{\infty}(\alpha_{2k-1}<i\leqslant\alpha_{2k})\\&=\bigcup_{k=1}^{\infty}[(\alpha_{2k-1}<i)-(\alpha_{2k}<i)]\\&=\bigcup_{k=1}^{\infty}[(\alpha_{2k-1}\leqslant i-1)-(\alpha_{2k}\leqslant i-1)]\in\sigma(Y_l, 0\leqslant l\leqslant i-1),\end{aligned}$$

即 ε_i 是 $Y_0, Y_1, \cdots, Y_{i-1}$ 的函数. 事件 $\{\varepsilon_i=1\}$ 发生,则 i 之前最大的 α_{2k-1} 是一个下穿,即

$$\widetilde{X}_{\alpha_{2k-1}}\leqslant 0,$$

而 i 以后最小的 α_{2k} 是一个上穿,即

$$\widetilde{X}_{\alpha_{2k}}\geqslant(b-a),$$

所以

$$(b-a)V^n(a,b)\leqslant\sum_{k=1}^{V^n(a,b)}(\widetilde{X}_{\alpha_{2k}}-\widetilde{X}_{\alpha_{2k-1}})=\sum_{i=1}^{n}(\widetilde{X}_i-\widetilde{X}_{i-1})\varepsilon_i.$$

由上可得

$$\begin{aligned}(b-a)E[V^n(a,b)]&\leqslant E\Big[\sum_{i=1}^{n}(\widetilde{X}_i-\widetilde{X}_{i-1})\varepsilon_i\Big]\\&=\sum_{i=1}^{n}E[(\widetilde{X}_i-\widetilde{X}_{i-1})\varepsilon_i]\\&=\sum_{i=1}^{n}E\{E[(\widetilde{X}_i-\widetilde{X}_{i-1})\varepsilon_i|Y_0,Y_1,\cdots,Y_{i-1}]\}\\&=\sum_{i=1}^{n}E\{q_i[E(\widetilde{X}_i|Y_0,Y_1,\cdots,Y_{i-1})-\widetilde{X}_{i-1}]\}\\&\leqslant\sum_{i=1}^{n}E\{q_i[E(\widetilde{X}_i|Y_0,Y_1,\cdots,Y_{i-1})-\widetilde{X}_{i-1}]\}\\&=\sum_{i=1}^{n}(E\widetilde{X}_i-E\widetilde{X}_{i-1})=E\widetilde{X}_n-E\widetilde{X}_0,\end{aligned}$$

得

$$(b-a)E[V^n(a,b)]\leqslant E\widetilde{X}_n - E\widetilde{X}_0 = E(X_n-a)^+ - E(X_0-a)^+.$$

于是有

$$E[V^n(a,b)]\leqslant\frac{E(\widetilde{X}_n-\widetilde{X}_0)}{b-a}=\frac{E(X_n-a)^+ - E(X_0-a)^+}{b-a}\leqslant\frac{EX_n^+ + |a|}{b-a}.$$

推论 7 设 $\{X_n, n \geq 0\}$ 关于 $\{Y_n, n \geq 0\}$ 是上鞅,$\nabla^n(a,b)$ 是 X_n 下穿 (a,b) 的次数,则 $E[\nabla^n(a,b)] \geq \dfrac{1}{b-a}[E(b \wedge X_0) - E(b - X_n)]$,若 $X_n \geq 0, b > a \geq 0$,则

$$E[\nabla^n(a,b)] \leq \frac{b}{b-a}.$$

下面证明在什么情况下,一个鞅 $\{X_n\}$ 在 $n \to \infty$ 时将趋向一个期望有限的随机变量.

定理 6(鞅收敛定理) 设 $\{X_n\}$ 是一个下鞅. $\sup\limits_n E|X_n| < \infty$,则存在一随机变量 X_∞,使 $\{X_n\}$ 以概率 1 收敛于 X_∞,即 $P(\lim\limits_{n \to \infty} X_n = X_\infty) = 1$ 且 $E|X_\infty| < \infty$.

证明 首先,由于

$$EX_n^+ \leq E|X_n| \leq 2EX_n^+ - EX_n,$$

因此

$$\sup_n E|X_n| < \infty \text{ 当且仅当 } \sup_n EX_n^+ < \infty.$$

另一方面,当 $n \to \infty$ 时,$V^{(n)}(a,b) \to V(a,b) = \{X_n$ 上穿 (a,b) 的次数$\}$,

所以

$$E[V(a,b)] = E[\lim_n V^{(n)}(a,b)] = \lim_{n \to \infty} E[V^{(n)}(a,b)]$$

$$\leq \lim_n \frac{EX_n^+ + |a|}{b-a} \leq \frac{\sup\limits_n EX_n^+ + |a|}{b-a} < \infty.$$

因此

$$P(V(a,b) < \infty) = 1,$$

从而

$$P(V(a,b) = +\infty) = 0.$$

于是

$$P(\omega : n \to \infty \text{ 时 } X_n(\omega) \text{ 无极限})$$

$$= P\Big(\bigcup_{a<b \text{ 且为有理数}} \{\omega : \varliminf_{n \to \infty} X_n(\omega) \leq a < b < \varlimsup_{n \to \infty} X_n(\omega)\}\Big)$$

$$= P\Big(\bigcup_{a<b \text{ 且为有理数}} \{\omega : V(a,b) = +\infty\}\Big) = 0,$$

因此

$$P(\omega : n \to \infty \text{ 时 } X(\omega) \text{ 有极限}) = 1.$$

设 $\lim\limits_{n \to \infty} X_n(\omega) = X_\infty(\omega)$,则

$$P(\omega : \lim_{n \to \infty} X_n(\omega) = X_\infty(\omega)) = 1$$

且

$$E|X_\infty| = E\Big(\lim_{n \to \infty} |X_n|\Big) \leq \varliminf_{n \to \infty} E|X_n| \leq \sup_n E|X_n| < \infty,$$

即

$$E|X_\infty| < \infty.$$

有关鞅的收敛定理内容极其丰富. 下面再介绍一个有名的最大值不等式与另一个收敛定理.

定义 6 (最大值不等式)当 $Y_0, Y_1, \cdots, Y_n, \cdots$ 独立同分布,且当 $EY_i = 0, EY_i^2 = \sigma^2 (i > 0), X_0 = 0, X_n = \sum_{i=1}^n Y_i$ 时,根据切比雪夫不等式,对任意 $\varepsilon > 0$,有

$$\varepsilon^2 P(|X_n| > \varepsilon) \leqslant n\sigma^2.$$

根据柯尔莫哥洛夫不等式,有

$$\varepsilon^2 P\Big(\max_{0 \leqslant k \leqslant n} |X_k| > \varepsilon\Big) \leqslant n\sigma^2.$$

把最大值不等式应用到鞅中将非常简单而有效.

引理 6 设 $\{X_n\}$ 是下鞅,且 $\forall n \geqslant 0$ 有 $X_n \geqslant 0$,则对任何 $\lambda > 0$,有

$$\lambda P\Big(\max_{0 \leqslant k \leqslant n} X_k > \lambda\Big) \leqslant EX_n.$$

证明 令 $T = \min\{k : k \geqslant 0, X_k > \lambda\}$,则 $X_T > \lambda$,

$$EX_n \geqslant EX_{T \wedge n} \geqslant E\Big(X_{T \wedge n} I_{(\max_{0 \leqslant k \leqslant n} X_k > \lambda)}\Big).$$

注意到当 $\left\{\max_{0 \leqslant k \leqslant n} X_k > \lambda\right\}$ 事件发生时,$T \leqslant n$,于是有 $T \wedge n = T$,所以

$$EX_n \geqslant E\Big(X_T I_{(\max_{0 \leqslant k \leqslant n} X_k > \lambda)}\Big) \geqslant \lambda E\Big(I_{(\max_{0 \leqslant k \leqslant n} X_k > \lambda)}\Big) = \lambda P\Big(\max_{0 \leqslant k \leqslant n} X_k > \lambda\Big).$$

推论 9 设 $\{X_n\}$ 是鞅,则对任意 $\lambda > 0$,有

$$\lambda P\Big(\max_{0 \leqslant k \leqslant n} |X_k| > \lambda\Big) \leqslant E|X_n|.$$

证明 只要证明 $|X_n| \geqslant 0$ 是下鞅即可.

因为 $\{X_n\}$ 是鞅,所以

$$E\|X_n\| = E|X_n| < \infty,$$

$$E(|X_{n+1}| | Y_0, \cdots, Y_n) \geqslant |E(X_{n+1} | Y_0, \cdots, Y_n)| = |X_n|,$$

因此 $\{|X_n|\}$ 是下鞅. 由引理 6 得

$$\lambda P\Big(\max_{0 \leqslant k \leqslant n} |X_k| > \lambda\Big) \leqslant E|X_n|.$$

定理 7 设 $\{X_n\}$ 关于 $\{Y_n\}$ 是鞅,且存在一常数 k,使 $\forall n$,$E(X_n^2) \leqslant k < \infty$,则存在一有限随机变量 X_∞,使得

$$P\Big(\lim_{n \to \infty} X_n = X_\infty\Big) = 1,$$

$$\lim_{n \to \infty} E|X_n - X_\infty|^2 = 0.$$

更一般地,有

$$EX_0 = EX_n = EX_\infty, \forall n.$$

例 14 令 Y_n 表示分支过程中第 n 代的个体数,每个个体生育后代的分布有均值 μ 和方差 σ^2,假定 $Y_0 = 1$,令 $X_n = \mu^{-n} Y_n$. 由本章第一节例 7 可知 $\{X_n\}$ 是鞅. 如果 $\mu \leqslant 1$,那么灭绝一定会发生,由

此 $X_n \to X_\infty = 0$,从而 $E(X_\infty) \neq E(X_0)$. 在上节我们说明了若 $\mu > 1$, 则 $\{X_n\}$ 是一致可积的,所以在 $\mu > 1$ 时,有 $E(X_\infty) = E(X_0) = 1$.

例 15 令 $X_1, X_2, \cdots$ 为一个独立同分布随机变量序列
$$P\{X_i = 1\} = P\{X_i = -1\} = \frac{1}{2}.$$

令
$$Y_n = \sum_{j=1}^{n} \frac{1}{j} X_j,$$

则 $\{Y_n\}$ 是鞅.

我们来证明 $\{Y_n\}$ 是一致可积的. 显然 $E(Y_n) = 0$,则
$$E(Y_n^2) = \mathrm{Var}(Y_n) = \sum_{j=1}^{n} \mathrm{Var}\left(\frac{1}{j} X_j\right) = \sum_{j=1}^{n} \frac{1}{j^2} \leqslant \sum_{j=1}^{\infty} \frac{1}{j^2} < \infty,$$
$$E(M_n^2) = \mathrm{Var}(M_n) = \sum_{j=1}^{n} \mathrm{Var}\left(\frac{1}{j} X_j\right) = \sum_{j=1}^{n} \frac{1}{j^2} \leqslant \sum_{j=1}^{\infty} \frac{1}{j^2} < \infty,$$

从而当 $n \to \infty$ 时,$Y_n \to Y_\infty$ 并且 $E(Y_\infty) = 0$.

例 16 令 $\{M_n\}$ 是一个关于 $X_0, X_1, \cdots$ 的鞅,T 是停时,且 $P\{T < \infty\} = 1$,令 $T_n = \min\{T, n\}$,$Y_n = M_{T_n}$,则 $Y_n \to Y_\infty$,且 $Y_\infty = M_T$. 根据停时定理,若 $\{M_n\}$ 是一致可积的,则有 $E(Y_\infty) = E(Y_0)$.

第六节 连续时间鞅

前面我们讨论了鞅的停时定理,也称为可选抽样定理(optional sampling theorem)和鞅收敛定理. 需要注意的是,之前讲到的鞅都是以离散时间为参数的. 而事实上,对于连续参数鞅(仍称为鞅)也有类似定理.

定义 7 设有一随机过程 $\{X(t), t \geqslant 0\}$,如果 $\{X(t), t \geqslant 0\}$ 满足下列条件:

(1) 对任意的 $t \geqslant 0$,有 $E(|X(t)|) < \infty$,

(2) 对任意的 $0 \leqslant t_0 < t_1 < \cdots < t_n < t_{n+1}$,有 $E[X(t_{n+1}) | X(t_1), X(t_2), \cdots, X(t_n)] = X(t_n)$,则称随机过程 $\{X(t), t \geqslant 0\}$ 是**鞅**.

定义 8 设有一随机过程 $\{X(t), t \geqslant 0\}$,如果 $\{X(t), t \geqslant 0\}$ 满足下列条件:

(1) 对任意的 $t \geqslant 0$,有 $E(X(t)^-) > -\infty$,

(2) 对任意的 $0 \leqslant t_0 < t_1 < \cdots < t_n < t_{n+1}$,有 $E[X(t_{n+1}) | X(t_1), X(t_2), \cdots, X(t_n)] \leqslant X(t_n)$,则称随机过程 $\{X(t), t \geqslant 0\}$ 是**上鞅**.

定义 9 设有一随机过程 $\{X(t), t \geqslant 0\}$,如果 $\{X(t), t \geqslant 0\}$ 满足下列条件:

(1) 对任意的 $t \geqslant 0$,有 $E(X(t)^+) < +\infty$,

(2) 对任意的 $0 \leqslant t_0 < t_1 < \cdots < t_n < t_{n+1}$,有 $E[X(t_{n+1}) | X(t_1)$,

$X(t_2),\cdots,X(t_n)] \geqslant X(t_n)$,则称随机过程$\{X(t),t\geqslant 0\}$是**下鞅**.

与离散鞅类似,有下述简单例子.

例 17 设$\{Y_t,t\geqslant 0\}$是零初值,具有平稳独立增量的随机过程,令
$$X_t = X_0 e^{Y_t},$$
其中,X_0为一个常数. 若$E(e^{Y_1})=1$,则$\{X_t,t\geqslant 0\}$是一个鞅. 事实上
$$E(|X_t|) = |X_0|E(e^{Y_t}) = |X_0|[E(e^{Y_1})]^t = |X_0| < \infty.$$
再对$0\leqslant s<t$,有
$$E(X_t|X_r,0\leqslant r\leqslant s) = E(X_s e^{Y_t-Y_s}|X_r,0\leqslant r\leqslant s) = X_s E(e^{Y_t-Y_s})$$
$$= X_s E(e^{Y_{t-s}}) = X_s, \text{a. s.}.$$

例 18 令$N=\{N(t),t\geqslant 0\}$是参数为λ的泊松过程,定义

(1) $X(t)=N(t)-\lambda t, t\geqslant 0$,

(2) $X(t)=[N(t)-\lambda t]^2-\lambda t, t\geqslant 0$,

令$\mathcal{A}_t=\sigma\{N(s),0\leqslant s\leqslant t\}, t\geqslant 0$,那么$(X(t),\mathcal{A}_t, t\geqslant 0)$是鞅.

事实上,由于泊松过程具有独立平稳增量性,并服从泊松分布,因此对任意$0\leqslant s<t$,
$$E[(N(t)-\lambda t)|\mathcal{A}_s] = N(s)-\lambda s + E[N(t)-N(s)-\lambda(t-s)]$$
$$= N(s)-\lambda s,$$
$$E[(N(t)-\lambda t)^2-\lambda t|\mathcal{A}_s]$$
$$= (N(s)-\lambda s)^2-\lambda s + E\{[N(t)-N(s)-\lambda(t-s)](N(s)-\lambda s)|\mathcal{A}_s\} +$$
$$\quad E[N(t)-N(s)-\lambda(t-s)]^2-\lambda(t-s)$$
$$= (N(s)-\lambda s)^2-\lambda s.$$

定义 10 若非负随机变量T与随机序列$\{X(t),t\geqslant 0\}$满足如下条件:对任意的$t\geqslant 0, \{T\leqslant t\}\in\mathcal{F}_t$,其中$\mathcal{F}_t=\sigma(X(s),0\leqslant s\leqslant t)$,则称$T$是关于$\{X(t),t\geqslant 0\}$的**停时**.

例 19 令$N=\{N(t),t\geqslant 0\}$是参数为λ的泊松过程,$\mathcal{A}_t=\sigma\{N(s),0\leqslant s\leqslant t\}$,给定$k\geqslant 0$,定义
$$T_k = \inf\{t\geqslant 0: N(t)=k\},$$
得$T_k=S_k$,其中,S_k为第k个顾客到达的时刻. 因此
$$\{T_k\leqslant t\} = \{S_k\leqslant t\} = \{N(t)\geqslant k\} \in \mathcal{A}_t,$$
所以T_k关于$(\mathcal{A}_t, t\geqslant 0)$是停时.

定理 8(停时定理) 设$\{X(t),t\geqslant 0\}$是鞅,T是关于$\{X(t),t\geqslant 0\}$的停时,若$P\{T<\infty\}=1$,且
$$E\left(\sup_{t\geqslant 0}|X_{T\wedge t}|\right)<\infty,$$
则$E(X_T)=E(X(0))$.

例 20 令$\{B(t),t\geqslant 0\}$是标准的布朗运动,由于布朗运动的增量独立平稳,并且具有正态分布,则随机过程

$$\left\{X(t) = e^{B(t) - \frac{t}{2}}, t \geq 0\right\}$$

是鞅，由定理 8 可知

$$E\left(e^{-\frac{T_a}{2}}\right) = e^{-a}.$$

定理 9 （收敛定理） 设 $\{X_t, t \geq 0\}$ 是一个鞅，并且 $X_t \geq 0$，$\forall t \geq 0$（简称非负鞅），则存在几乎处处收敛的有限极限，即有

$$\lim_{t \to \infty} X_t = X_\infty < \infty.$$

习题六

1. 设 $Y_0 = 0, \{Y_n, n \geq 1\}$ 独立同分布，$EY_n = 0, E|Y_n| < \infty, X_0 = 0$，$X_n = \sum_{i=1}^{n} Y_i$，试证 $\{X_n, n \geq 0\}$ 关于 $\{Y_n, n \geq 0\}$ 为鞅.

2. 设 $\{Y_n, n \geq 0\}$ 是马尔可夫链（其状态空间为 S），具有转移概率矩阵 $\boldsymbol{P} = (p_{ij})$，$f$ 是 P 的有界右正则序列（调和函数），即 $f(i) \geq 0$ 且 $f(i) = \sum_{j \in S} p_{ij} f(j)$，$|f(i)| < M, i \in S$. 令 $X_n = f(Y_n)$，试证 $\{X_n, n \geq 0\}$ 关于 $\{Y_n, n \geq 0\}$ 为鞅.

3. 设 Y_n 和 X_n 为两个随机变量序列，$E|Y_n| < \infty, n = 0, 1, \cdots$，记 $Z_0 = 0, Z_n = Y_n - E(Y_n | X_0, \cdots, X_{n-1}), n \geq 1, M_n = \sum_{i=0}^{n} Z_i$，试证 $\{M_n\}$ 关于 $\{X_n\}$ 为鞅.

4. 设 $X_0 = 0, X_n$ 为独立同分布的随机变量序列，$EX_n = 0, EX^2 = \sigma^2$，记 $M_0 = 0, M_n = \sum_{i=1}^{n} X_i^2 - n\sigma^2$，试证 $\{X_n\}$ 为鞅.

5. 设 $a_i = a_i(X_0, \cdots, X_{n-1}), W_n = a_n[Y_n - E(Y_n | X_0, \cdots, X_{n-1})]$，试证 $R_n = \sum_{i=1}^{n} W_i$ 关于 $\{X_n, n \geq 0\}$ 为鞅.

6. 设 $X_n, n \geq 0$ 为一不可约遍历的平稳马尔可夫过程，一步转移概率矩阵为 $\boldsymbol{P} = (p_{ij})$，$\pi(i)$ 为 X_n 的平稳分布，即满足 $\sum_i \pi(i) = 1$，$\pi(i) > 0, \sum_j \pi(j) p_{ij} = \pi(i)$. 记 $M_n = \pi(X_n)$，试证 M_n 关于 X_n 为鞅.

7. 设 $\{X_n, n \geq 1\}$ 为分支过程，其中 X_n 第 n 代中的个体数. Z_i 为第 n 代第 i 个个体所繁殖的后代数，故 $X_{n+1} = \sum_{i=1}^{X_n}$. 记 $EZ_i = \mu, M_n = \mu^{-n} X_n, M_0 = 1$，则 $\{M_n, n \geq 0\}$ 为鞅.

8. 设 $\{N(t), t \geq 0\}$ 是强度为 λ 的泊松过程，$\{\mathcal{F}_s = \sigma(N(r), r \leq s), s \in [0, \infty)\}$，试证 $\{N(t) - \lambda t, t \in [0, \infty)\}$ 为鞅过程.

9. 在期货定价中，若考虑贴现，设 T 期后的期货价格为 $Y(T, t) =$

$(1+r)^{-T}E(X_{t+T}|\mathcal{F}_t)$,试证 $Y(T-k,t+k), k=0,1,\cdots,T-1$ 不再构成鞅,而是一个下鞅序列.

10. 设 B 是直线上的一个区间,$\{X_n,\mathcal{F}_n,n\geq 1\}$ 为适应序列. 定义 $T_B=\inf\{n:X_n\in B\}$,若对任意的 n,X_n 都不在 B 中,则定义 $T_B=\infty$,T_B 称为初遇. 定义 $\tau_B=T_B I(T_B<\infty)$,试证 τ_B 为停时.

11. 设 $X_n, n\geq 1$ 是一列随机变量序列,$P(X_n=\pm 1)=\dfrac{1}{2}$,记随机游动 $S_n=\sum\limits_{k=1}^{n}X_k$,则随机游动 S_n 表示质点从原点出发在时刻 n 时质点的位移,而每次质点随机向左或向右等可能地移动一步. 令 $K=\{k:S_k=1,k\geq 1\}$,即 K 是位移为 1 的所有时间集合,T 为首次到达位置 1 的时间:
$$T=\begin{cases}\inf\{k:k\in K\},& K\neq\varnothing,\\ +\infty,& K=\varnothing,\end{cases}$$
试证 $\tau=TI(T<\infty)$ 为停时.

12. 如果 T 和 S 是关于 $\{X_n,n\geq 0\}$ 的两个停时,试证 $T+S$,$\min\{T+S\}$ 和 $\max\{T,S\}$ 也是关于 $\{X_n,n\geq 0\}$ 的停时.

13. 假设 $\{X_n,n\geq 0\}$ 是鞅,T 关于 $\{X_n,n\geq 0\}$ 是停时,如果 T 是有界停时,试证 $EX_T=EX_0$.

14. 假设 $\{X_n,n\geq 0\}$ 是鞅,T 关于 $\{X_n,n\geq 0\}$ 是停时,如果 T 是有限停时,$\{X_n,n\geq 0\}$ 是有界鞅,试证 $EX_T=EX_0$.

15. 假设 $\{X_n\}$ 是鞅,T 是关于 $\{Y_n\}$ 的马尔可夫过程,如果 (1) $E|T|<\infty$,且存在一个常数 $K<\infty$,使得对于 $n<T$,(2) $E[|X_{n+1}-X_n||Y_0,\cdots,Y_n]\leq K$,试证 $E[X_T]=E[X_0]$.

16. 假设 $\{X_n\}$ 是鞅,T 是马尔可夫过程,如果 (1) $P\{T<\infty\}=1$,并且对于某个 $K<\infty$,对任意 n,(2) $EX_{T\wedge n}^2\leq K$,试证 $E[X_T]=E[X_0]$.

17. 令 $X_1,X_2,\cdots$ 是独立同分布的随机变量序列,$P\left\{X_i=\dfrac{3}{2}\right\}=P\left\{X_i=\dfrac{1}{2}\right\}=\dfrac{1}{2}$. 令 $M_0=1$,对 $n>0$,令 $M_n=X_1X_2\cdots X_n$,试证 $\{M_n\}$ 是关于 $X_1,X_2,\cdots$ 的鞅,$\{M_n\}$ 不是一致可积的.

18. 令 $N=(N(t),t\geq 0)$ 是参数为 λ 的泊松过程,定义
(1) $X(t)=N(t)-\lambda t,t\geq 0$,
(2) $X(t)=[N(t)-\lambda t]^2-\lambda t,t\geq 0$.
令 $\mathcal{F}_t=\sigma\{N(s),0\leq s\leq t\}$,试证 $\{X_t,t\geq 0\}$ 是鞅.

19. 令 $N=(N(t),t\geq 0)$ 是参数为 λ 的泊松过程,令 $\mathcal{F}_t=\sigma\{N(s),0\leq s\leq t\}$,给定 $k\geq 0$,定义 $T_k=\inf\{t\geq 0:N(t)=k\}$,证明:$T_k$ 关于 $\{\mathcal{F}_t,t\geq 0\}$ 是停时.

部分习题参考答案

第二章

1. 若 $t = \dfrac{1}{\omega_0}\left(k + \dfrac{1}{2}\right)\pi$，则 $P\{X(t)=0\}=1$；

   若 $t \neq \dfrac{1}{\omega_0}\left(k + \dfrac{1}{2}\right)\pi$，

   则 $f(x,t) = \dfrac{1}{|\cos\omega_0 t|\sqrt{2\pi}} \exp\left\{-\dfrac{x^2}{2\cos^2\omega_0 t}\right\}$，$k$ 为整数.

2. $F\left(x;\dfrac{1}{2}\right) = \begin{cases} 0, & x<0, \\ \dfrac{1}{2}, & 0 \leqslant x < 1, \\ 1, & x \geqslant 1, \end{cases}$ $F(x;1) = \begin{cases} 0, & x<-1, \\ \dfrac{1}{2}, & -1 \leqslant x < 2, \\ 1, & x \geqslant 2, \end{cases}$

   $F\left(x_1, x_2; \dfrac{1}{2}, 1\right) =$
   $\begin{cases} 0, & x_1 < 0 \text{ 或 } x_2 < -1, \\ \dfrac{1}{2}, & 0 \leqslant x_1 < 1 \text{ 且 } x_2 \geqslant -1 \text{ 或 } -1 \leqslant x_2 < 2 \text{ 且 } x_1 \geqslant 0, \\ 1, & x_1 \geqslant 1 \text{ 且 } x_2 \geqslant 2. \end{cases}$

3. $EX(t) = \dfrac{1}{3}(1 + \sin t + \cos t)$，$R_X(t_1, t_2) = \dfrac{1}{3}[1 + \cos(t_2 - t_1)]$.

4. $f(x,t) = \dfrac{1}{tx} f\left(-\dfrac{1}{t}\ln x\right)$.

5. $EX(t) = \dfrac{1}{Tt}(1 - e^{-Tt})$，$t > 0$，$R_X(t_1, t_2) = \dfrac{1}{T(t_2 + t_1)}(1 - e^{-T(t_2 + t_1)})$.

6. 一维分布：$P\{X(t)=1\} = p$，$P\{X(t)=0\} = 1-p$.

   二维分布：

$X(t_1)$ \ $X(t_2)$	0	1
0	q^2	qp
1	pq	p^2

   其中 $0 < p < 1$，$p + q = 1$.

   $EX(t) = p$，$R_X(t_1, t_2) = p^2$.

7. (1)

Y_1	1	-1
P	$\dfrac{1}{2}$	$\dfrac{1}{2}$

(2)

Y_2	-2	0	2
P	$\frac{1}{4}$	$\frac{1}{2}$	$\frac{1}{4}$

(3) $EY_n = 0$;

(4) $n \leqslant m$ 时, $R_Y(n,m) = n$.

8. $EY(t) = m_X(t) + \varphi(t), C_Y(t_1, t_2) = C_X(t_1, t_2)$.

9. 略.

10. $R_Y(t_1, t_2) = R_X(t_1+a, t_2+a) - R_X(t_1+a, t_2) - R_X(t_1, t_2+a) + R_X(t_1, t_2)$.

11. $EX(t) = 0, R_X(t_1, t_2) = \frac{1}{6}\cos\omega_0(t_1 - t_2)$.

12. $EX(t) = a, C_X(t_1, t_2) = \sigma^2$.

13. $C_X(t_1, t_2) = \sigma_1^2 + \sigma_2^2 t_1 t_2 + (t_1 + t_2)\gamma$.

14. $C_X(t_1, t_2) = 1 + t_1 t_2 + t_1^2 t_2^2$.

第三章

1. 略.

2. $EZ_1 = 0; EZ_2 = \frac{4}{3}\sigma^2$.

3~5. 略.

6. $R_Y(s,t) = e^{-\left(\frac{\tau}{2}\right)^2}\left(\frac{9}{2} - \frac{\tau^2}{4}\right)$.

7. 均方可积. $EY(t) = 0, C_Y(s,t) = \frac{\sigma^2}{\alpha^2}[1 - \cos\alpha s - \cos\alpha t + \cos\alpha(t-s)], D_Y(t) = \frac{2\sigma^2}{\alpha^2}[1 - \cos\alpha t]$.

第四章

1. $X(n)$ 是马尔可夫链. 它的一步转移概率矩阵

$$P = \begin{pmatrix} \frac{1}{6} & \frac{1}{6} & \cdots & \frac{1}{6} \\ \frac{1}{6} & \frac{1}{6} & \cdots & \frac{1}{6} \\ \vdots & \vdots & & \vdots \\ \frac{1}{6} & \frac{1}{6} & \cdots & \frac{1}{6} \end{pmatrix}.$$

$Y(n)$ 是马尔可夫链. 它的一步转移概率

$$p_{ij}(n, n+1) = \begin{cases} \frac{1}{6}, & j = i+1, i+2, \cdots, i+6, \\ 0, & j = i, i+7, i+8, \text{或} j < i, \end{cases}$$

部分习题参考答案

其中 $i=n,n+1,\cdots,6n;j=n+1,n+2,\cdots,6(n+1)$.

2. $X(n)$ 是马尔可夫链. 它的一步转移概率

$$p_{ij}(n,n+1)=\begin{cases} q, & j=0, \\ p, & j=i+1, \\ 0, & \text{其他}, \end{cases}$$

其中 $i=0,1,2,\cdots,n;j=0,1,2,\cdots,n+1$.

3. $X(n)$ 是马尔可夫链. $S=\{0,1,2,\cdots,100\}$. 当 $n\geqslant 50$ 时,它的一步转移概率矩阵

$$\boldsymbol{P}=\begin{pmatrix} \frac{1}{2} & \frac{1}{2} & 0 & 0 & \cdots & \cdots & \cdots & \cdots & 0 \\ \frac{1}{200} & \frac{1}{2} & \frac{99}{200} & 0 & \cdots & \cdots & \cdots & \cdots & 0 \\ 0 & \frac{1}{100} & \frac{1}{2} & \frac{49}{100} & \cdots & \cdots & \cdots & \cdots & 0 \\ \vdots & \vdots & \vdots & \vdots & & \vdots & & & \vdots \\ 0 & \cdots & 0 & \frac{i}{200} & \frac{1}{2} & \frac{100-i}{200} & 0 & \cdots & \cdots \\ \vdots & & & & \vdots & & & & \vdots \\ 0 & \cdots & \cdots & \cdots & \cdots & \cdots & \frac{99}{200} & \frac{1}{2} & \frac{1}{200} \\ 0 & \cdots & \cdots & \cdots & \cdots & \cdots & 0 & \frac{1}{2} & \frac{1}{2} \end{pmatrix}.$$

4. $X(n)$ 是马尔可夫链. 它的一步转移概率

$$p_{ij}(n,n+1)=\begin{cases} \frac{1}{4}, & j=i,i+2, \\ \frac{1}{2}, & j=i+1, \\ 0, & \text{其他}, \end{cases}$$

其中 $i=0,1,\cdots,2n;j=0,1,\cdots,2(n+1)$.

5. $X(n)$ 是马尔可夫链. 它的一步转移概率矩阵

$$\boldsymbol{P}=\begin{pmatrix} \frac{1}{6} & \frac{1}{6} & \frac{1}{6} & \frac{1}{6} & \frac{1}{6} & \frac{1}{6} \\ 0 & \frac{1}{3} & \frac{1}{6} & \frac{1}{6} & \frac{1}{6} & \frac{1}{6} \\ 0 & 0 & \frac{1}{2} & \frac{1}{6} & \frac{1}{6} & \frac{1}{6} \\ 0 & 0 & 0 & \frac{2}{3} & \frac{1}{6} & \frac{1}{6} \\ 0 & 0 & 0 & 0 & \frac{5}{6} & \frac{1}{6} \\ 0 & 0 & 0 & 0 & 0 & 1 \end{pmatrix}.$$

6. 略.

随机过程

7. $\mathbf{P} = \begin{pmatrix} 0 & \frac{1}{3} & \frac{1}{3} & \frac{1}{3} \\ \frac{1}{10} & \frac{7}{10} & \frac{1}{10} & \frac{1}{10} \\ 0 & 0 & 0 & 1 \\ \frac{1}{4} & \frac{3}{4} & 0 & 0 \end{pmatrix}$.

8. $\mathbf{P}(2) = \begin{pmatrix} \frac{5}{12} & \frac{13}{36} & \frac{2}{9} \\ \frac{7}{18} & \frac{7}{18} & \frac{2}{9} \\ \frac{7}{18} & \frac{13}{36} & \frac{1}{4} \end{pmatrix}$.

9. 略.

10. (1) $\frac{1}{16}$；(2) 略；(3) $\frac{7}{16}$.

11. (1) $\frac{1}{6}a$；

(2) $\frac{1}{6}\left(\frac{1}{2}+\frac{1}{6}a\right), \frac{1}{6}\left(\frac{7}{12}+\frac{1}{36}a\right), \frac{1}{6}\left(\frac{43}{72}+\frac{1}{126}a\right)$；

(3) $\frac{7}{18}\left(\frac{1}{2}+\frac{1}{6}a\right), \frac{7}{18}\left(\frac{7}{12}+\frac{1}{36}a\right), \frac{7}{18}\left(\frac{43}{72}+\frac{1}{126}a\right)$；

(4) $\frac{7}{18}, \frac{7}{18}, \frac{7}{18}$；

(5) (2)和(3)与 n 有关,其余与 n 无关.

12. $p_1^{(1)} = p_1^{(2)} = p_1^{(3)} = \frac{3}{5}$；$p_2^{(1)} = p_2^{(2)} = p_2^{(3)} = \frac{2}{5}$.

13. $p_1^{(1)} = p, p_2^{(1)} = 0, p_3^{(1)} = q, p_4^{(1)} = r, p_5^{(1)} = 0$；
$p_1^{(2)} = p + pq + pr, p_2^{(2)} = 0, p_3^{(2)} = q^2, p_4^{(2)} = 2qr, p_5^{(2)} = r^2$；
$p_1^{(3)} = p(1+q+r) + q^2 p + 2pqr + r^2 p, p_2^{(3)} = r^3, p_3^{(3)} = q^3, p_4^{(3)} = 3q^2 r, p_5^{(3)} = 3qr^2$.

14. 极限存在,且遍历. $p_1 = \frac{2}{5}, p_2 = \frac{13}{35}, p_3 = \frac{8}{35}$.

15. 极限存在,且遍历. $p_1 = \frac{4}{25}, p_2 = \frac{9}{25}, p_3 = \frac{12}{25}$.

16. (1) $\begin{pmatrix} \frac{1}{2} & \frac{1}{2} \\ \frac{1}{2} & \frac{1}{2} \end{pmatrix}$；(2) $\begin{pmatrix} \frac{1}{2} & \frac{1}{2} \\ \frac{1}{2} & \frac{1}{2} \end{pmatrix}$；

(3) $p_1^{(n)} = \frac{1}{2}\alpha[1+(p-q)^n] + \frac{1}{2}\beta[1-(p-q)^n]$,

$p_2^{(n)} = \frac{1}{2}\alpha[1-(p-q)^n] + \frac{1}{2}\beta[1+(p-q)^n]$；

(4) $\frac{1}{2}, \frac{1}{2}$.

部分习题参考答案   149

17. $p_i = \dfrac{p^{i-1}}{q^i} p_0 (1 \leqslant i \leqslant a-1), p_a = \dfrac{p^{a-1}}{q^{a-1}} p_0;$

   当 $p \neq q, p_0 = \left[1 + \dfrac{1}{q} \dfrac{1-\left(\dfrac{p}{q}\right)^{a-1}}{1+\dfrac{p}{q}} + \left(\dfrac{p}{q}\right)^{a-1} \right]^{-1};$

   当 $p = q = \dfrac{1}{2}, p_0 = \dfrac{1}{2a}.$

18. (1) $\begin{pmatrix} 1 & 0 \\ 0 & 1 \end{pmatrix}$;(2) 略;

   (3) $\dfrac{5-e^{-1.6}}{40}, \dfrac{1+7e^{-1.6}}{8}, \dfrac{7}{512}(1+7e^{-0.8})(1-e^{-4})(7+e^{-4}),$
   $\dfrac{7}{2560}(1-e^{-4})^2(5-e^{-0.8});$

   (4) $p_0(t) = \dfrac{1}{8} - \dfrac{1}{40}e^{-8t}, p_1(t) = \dfrac{7}{8} + \dfrac{1}{40}e^{-8t};$

   (5) $\boldsymbol{P}'(t) = \begin{pmatrix} -7e^{-8t} & 7e^{-8t} \\ e^{-8t} & -e^{-8t} \end{pmatrix}, \boldsymbol{Q} = \begin{pmatrix} -7 & 7 \\ 1 & -1 \end{pmatrix};$

   (6) 略.

19. $\boldsymbol{Q} = \begin{pmatrix} -5 & 2 & 3 \\ 0 & -6 & 6 \\ 0 & 0 & 0 \end{pmatrix}.$

20. $f_{21} = \dfrac{7}{15}, f_{25} = \dfrac{8}{15}.$

21. (1) 略;(2) 3,4 为非常返状态,1,2 为常返状态;
   (3) $\{3,4\} + \{1,2\}.$

22. (1) 略;(2) 3 为吸收状态,1,4 为闭集,2,5 为非常返状态;
   (3) $\{2,5\} + \{1,4\} + \{3\}.$

第五章

1~3. 略.

4. $\{X(t), -\infty < t < +\infty\}$ 为平稳过程;均值具有遍历性;自相关函数不具有遍历性.

5~7. 略.

8. $\{Z(t), -\infty < t < +\infty\}$ 为平稳过程;不具有均方遍历性.

9. $2R_X(\tau) - R_X(\tau-a) - R_X(a+\tau); 4\sin^2\dfrac{\omega a}{2} S_X(\omega).$

10. $\begin{cases} \sigma^2(a-|\tau|), & |\tau| < a, \\ 0, & 其他; \end{cases} \dfrac{4\sigma^2 \sin^2 \dfrac{\omega a}{2}}{\omega^2}.$

11. 略.

12. $e^{-i\omega_0 \tau}; \{Z(t), -\infty < t < +\infty\}$ 为平稳过程.

13. $\{Y_n, n \geqslant 1\}$ 不是平稳过程.

14. 略.

15. $\begin{cases} 1-|\tau|, & |\tau| \leqslant 1, \\ 0, & |\tau| > 1; \end{cases}$ $\dfrac{2(1-\cos w)}{w^2}$.

16. $2e^{-|\tau|} - \dfrac{1}{2}e^{-3|\tau|}$; $\dfrac{3}{2}$.

17. $\dfrac{1+|\tau|}{4}e^{-|\tau|}$.

18. $\dfrac{1}{\pi\tau^2}(1-\cos\tau)$.

19. $0; 20E(\xi^2); E(\xi^2) \cdot 2e^{-2|\tau|}\cos\beta\tau \cdot (9+e^{-2\tau^2})$.

第六章

1. 证明 因为 $E|X_n| = E\left|\sum_{i=1}^n Y_i\right| < \infty$,

$E(X_{n+1}|Y_0, Y_1, \cdots, Y_n) = E(X_n + Y_{n+1}|Y_0, Y_1, \cdots, Y_n)$
$= E(X_n|Y_0, \cdots, Y_n) + E(X_{n+1}|Y_0, \cdots, Y_n) = X_n.$

2. 证明 因为 $E|X_n| < \infty$,

又由于

$E(X_{n+1}|Y_0, Y_1, \cdots, Y_n) = E(f(Y_{n+1})|Y_0, Y_1, \cdots, Y_n)$
$= E(f(Y_{n+1})|Y_n)\text{（由马尔可夫性得到）}$
$= \sum_{j \in S} f(j) P(Y_{n+1}=j|Y_n)$
$= \sum_{j \in S} f(j) p_{Y_n j} = f(Y_n) = X_n,$

因此 $\{X_n, n \geqslant 0\}$ 关于 $\{Y_n, n \geqslant 0\}$ 为鞅.

3. 证明 $E|Z_n| \leqslant E|Y_n| + E[E(|Y_n||X_0, \cdots, X_{n-1})]$
$= 2E|Y_n|$, 故 $E|M_n| \leqslant 2\sum_{i=1}^n E|Y_i| < \infty$, 由 Z_n 的定义知 Z_n 为 $X_0, \cdots, X_n$ 的函数, 故 M_n 为 $X_0, \cdots, X_n$ 的函数. 由条件数学期望的性质有

$E(M_{n+1}|X_0, \cdots, X_n) = M_n,$
$EZ_{n+1} = E[E(Z_{n+1}|X_0, \cdots, X_n)]$
$= E[E(Y_{n+1} - E(Y_{n+1}|X_0, \cdots, X_n))],$
$E[E(Y_{n+1}|X_0, \cdots, X_n) - E(Y_{n+1}|X_0, \cdots, X_n)] = 0,$

所以

$E(M_{n+1}|X_0, \cdots, X_n) = E((M_n + Z_{n+1})|X_0, \cdots, X_n)$
$= E(M_n|X_0, \cdots, X_n) - E(Z_{n+1}|X_0, \cdots, X_n) = M_n.$

4. 证明

$E|M_n| \leqslant \sum_{i=1}^n X_i^2 + n\sigma^2 < \infty,$

记 $\mathcal{F}_n = \sigma(X_0, \cdots, X_n)$, 注意到 $X_{n+1}^2 - \sigma^2$ 与 $(X_0, \cdots, X_n)$ 独立, 所以

$$E(M_{n+1}\mid \mathcal{F}_n)=E[((X_{n+1}^2-\sigma^2)+M_n)\mid \mathcal{F}_n]$$
$$=M_n+E[(X_{n+1}^2-\sigma^2)\mid \mathcal{F}_n]=M_n.$$

5. 证明 注意到 $a_n=a_n(X_0,\cdots,X_{n-1})$ 是 $X_0,\cdots,X_{n-1}$ 的函数,故
$$E(W_n\mid \mathcal{F}_{n-1})$$
$$=E\{a_n(X_0,\cdots,X_{n-1})[Y_n-E(Y_n\mid X_0,\cdots,X_{n-1})]\mid \mathcal{F}_{n-1}\}$$
$$=a_n(X_0,\cdots,X_{n-1})E(Z_n\mid \mathcal{F}_{n-1})=0,$$

从而 $\{R_n\}$ 关于 $\{X_n\}$ 为鞅.

6. 证明 因为 $\pi(i)\leqslant 1$,故 $E\mid M_n\mid \leqslant 1$,由条件数学期望的性质,
$$E(\pi(X_{n+1})\mid X_n=i)=\sum_j \pi(j)P(X_{n+1}\mid X_n=i)=\sum_j \pi(j)p_{ij},$$
$$E(\pi(X_{n+1}\mid X_n))=\sum_j \pi(j)p_{X_n,j},$$

所以
$$E(M_{n+1}\mid X_0,\cdots,X_n)=E(\pi(X_{n+1})\mid X_0,\cdots,X_n)$$
$$=E(\pi(X_{n+1})\mid X_n)=\sum_j \pi(j)p_{X_n,j}=\pi(X_n)=M_n.$$

7. 证明 由分支过程的定义,
$$E(X_{n+1}\mid X_n=k)=E\Big(\sum_{i=1}^k Z_i\mid X_n=k\Big)=k\cdot EZ_1=k\mu,$$

即 $E(X_{n+1}\mid X_n)=\mu X_n$,由马尔可夫性,
$$E(M_{n+1}\mid X_0,\cdots,X_n)=E(\mu^{-(n+1)}X_{n+1}\mid X_0,\cdots,X_n)$$
$$=\mu^{-(n+1)}E(X_{n+1}\mid X_n)=\mu^{-(n+1)}\cdot \mu X_n$$
$$=M_n.$$

8. 证明 对任意 $s<t$,注意到泊松过程是独立增量过程,所以 $N(t)-N(s)-\lambda(t-s)$ 与信息集 $\mathcal{F}_s$ 中每个事件独立,因此我们有
$$E[(N(t)-\lambda t)\mid \mathcal{F}_s]$$
$$=E[(N(t)-N(s))-\lambda(t-s)\mid \mathcal{F}_s]+(N(s)-\lambda s)$$
$$=E[(N(t)-N(s))-\lambda(t-s)]+(N(s)-\lambda s)$$
$$=\lambda t-\lambda s-\lambda(t-s)+(N(s)-\lambda s)$$
$$=N(s)-\lambda s.$$

9. 证明
$$E[Y(T-k,t+k)\mid \mathcal{F}_t]=E[(1+r)^{-T}E(X_{t+T}\mid \mathcal{F}_{t+1})\mathcal{F}_t]$$
$$=(1+r)^{T-1}E[E(X_{t+T}\mid \mathcal{F}_{t+1})\mathcal{F}_t]=(1+r)^{T-1}E[X_{t+T}\mid \mathcal{F}_t]$$
$$=(1+r)^{T-1}(1+r)^T Y(T,t)=(1+r)Y(T,t)\geqslant Y(T,t),$$

即基于 t 时刻及以前的信息,在 $t+1$ 时刻预报 $t+T$ 时刻的期货价格不低于在时刻 t 预期 $t+T$ 时刻的期货价格. 这就是 1965 年萨缪尔森(Samuelson)对现货溢价给出的合理解释,即期货市场的鞅性质说明任何一种利用过去价格信息来构造超常收益模型的所有方法是注定要失败的.

10. 证明 因为
$$\{\tau_B=n\}=\{T_B=n\}\bigcap\{T_B<\infty\},$$

$$\{T_B=n\}\in\mathcal{F}_n, \{T_B<\infty\}=\{T_B\leqslant n\}\cup\{T_B>n\},$$
$$\{T_B\leqslant n\}\in\mathcal{F}_n, \{T_B>n\}=\{T_B\leqslant n\}^c\in\mathcal{F}_n,$$

所以 $\{\tau_B=n\}\in\mathcal{F}_n$, 即 τ_B 是停时.

11. **证明** 记到时刻 k 为止的信息集为 $\mathcal{F}_k$, 则 $S_k\in\mathcal{F}_k$, 因此 T 为初遇, 由此可知 τ 为停时. 下面来求 τ 的分布. 由于

$$\{\tau\leqslant n\}=\Big\{\max_{1\leqslant k\leqslant n}S_k\geqslant 1\Big\},$$
$$\{S_n\geqslant 1\}\subset\{\tau\leqslant n\},$$

因此,

$$\{\tau\leqslant n\}=\{\tau\leqslant n, S_n\geqslant 1\}+\{\tau\leqslant n, S_n\leqslant 1\}$$
$$=\{S_n\geqslant 1\}+\{\tau\leqslant n, S_n<1\},$$

由 τ 的定义, $\tau=1$ 时 $S_k=1$, 因此

$$\{\tau\leqslant n, S_n<1\}=\sum_{k=1}^{n}P(\tau=k, S_n<1)=\sum_{k=1}^{n}P(\tau=k, S_n-S_k<0)$$
$$=\sum_{k=1}^{n}P(\tau=k)P(S_n-S_k<0)=\sum_{k=1}^{n}P(\tau=k)P(S_n-S_k>0)$$
$$=\sum_{k=1}^{n}P(\tau=k, S_n-S_k>0)=\sum_{k=1}^{n}P(\tau=k, S_n>1)$$
$$=P(\tau\leqslant n, S_n>1)=P(S_n>1)=P(S_n<-1).$$

其中第二行第一个等式是由于事件 $\{\tau=k\}$ 与 S_n-S_k 独立, 第二行第二个等式和最后一行最后一个等式是由于对一切 i, X_i 与 $-X_i$ 同分布, 从而

$$P(T>n)=1-P(T\leqslant n)=1-P(\tau\leqslant n)$$
$$=1-P(\tau\leqslant n, S_n<1)-P(\tau\leqslant n, S_n\geqslant 1)$$
$$=1-P(S_n<-1)-P(S_n\geqslant 1)$$
$$=P(S_n=0)+P(S_n=-1).$$

当 $n=2m$ 为偶数时, S_{2m} 不可能等于 -1, 故

$$P(T>n)=P(S_n=0)=\binom{2m}{m}\Big(\frac{1}{2}\Big)^{2m}\sim\sqrt{\frac{2}{n\pi}},$$

当 $n=2m-1$ 为奇数时, S_{2m-1} 不可能等于 0, 故

$$P(T>n)=P(S_n=-1)=\binom{2m-1}{m}\Big(\frac{1}{2}\Big)^{2m-1}\sim\sqrt{\frac{2}{n\pi}},$$

由此可知 $P(T=\infty)\leqslant\lim_{n\to\infty}P(T>n)=0$, 即 $T=\tau$, a.s.. 由于

$E\tau=1+\sum_{n=1}^{\infty}P(\tau>n)=\infty$, 故 $E\tau=+\infty$, 这说明几乎肯定在有限的时间里可以到达位置 1, 但是平均到达时间为 $+\infty$.

12. **证明** 对任意 $n\geqslant 0$, 根据单调性,

$$\{T+S=n\}=\sum_{k=0}^{n}\{T=k\}\cap\{S=n-k\}\in X_n$$

所以 $T+S$ 关于 $\{X_n, n\geqslant 0\}$ 是停时, 其余类似证明.

13. **证明** 如果 T 是有界停时, 那么存在 $m\geqslant 0$, 使得 $T\leqslant m$ a.s.,

$$EX_T = EX_{\min\{T,S\}} = EX_0.$$

14. **证明** 如果$\{X_n, n \geq 0\}$是有界鞅，那么存在$M>0$，使得$|X_n| \leq M$ a.s.，

$$EX_T = E \lim_{n \to \infty} X_{\min\{T,S\}} = \lim_{n \to \infty} EX_{\min\{T,S\}} = EX_0.$$

15. **证明** 定义$Z_0 = |X_0|$和$Z_n = |X_n - X_{n-1}|$, $n=1,2,\cdots$，并令$W = Z_0 + \cdots + Z_T$，则$W \geq |X_T|$，且

$$E[W] = \sum_{n=0}^{\infty}\sum_{k=0}^{n} E[Z_k I_{\{T=n\}}] = \sum_{n=0}^{\infty}\sum_{k=0}^{\infty} E[Z_k I_{\{T=n\}}] = \sum_{k=0}^{\infty} E[Z_k I_{\{T \geq k\}}].$$

注意到$I_{\{T \geq k\}} = 1 - I_{\{T \leq k-1\}}$仅是$Y_0, \cdots, Y_{n-1}$的函数，并由条件(2)，若$k \leq T$，则成立不等式$E[Z_k | Y_0, \cdots, Y_{n-1}] \leq K$. 因此

$$\sum_{k=0}^{\infty} E[Z_k I_{\{T \geq k\}}] = \sum_{k=0}^{\infty} E\{E[Z_k I_{\{T \geq k\}} | Y_0, \cdots, Y_{n-1}]\}$$

$$= \sum_{k=0}^{\infty} E\{I_{\{T \geq k\}} E[Z_k | Y_0, \cdots, Y_{n-1}]\}$$

$$\leq K \sum_{k=0}^{\infty} P\{T \geq k\}$$

$$\leq K(1 + E[T]) < \infty.$$

这样，$E[T] < \infty$. 由W的定义知对任意n有$|X_{T \wedge n}| \leq W$.

16. 由于$EX_{T \wedge n}^2 \geq 0$，由定理4的条件(2)推得

$$K \geq E[EX_{T \wedge n}^2 I_{\{T \leq n\}}] = \sum_{k=0}^{n} E[X_T^2 | T=K]P\{T=K\}$$

$$\xrightarrow{n \to \infty} \sum_{k=0}^{\infty} E[X_T^2 | T=K]P\{T=K\} =$$

$$E[X_T^2]$$

由施瓦茨不等式推得$E[|X_T|] \leq (E[X_T^2])^{1/2} < \infty$，由此验证了定理4的条件(2)，对于条件(3)，我们再次利用施瓦茨不等式得到

$$\{E[X_n I_{\{T>n\}}]\}^2 = \{E[X_{T \wedge n} I_{\{T>n\}}]\}^2 \leq E[X_{T \wedge n}^2]E[I_{\{T>n\}}^2]$$

$$\leq KP\{T>n\} \to 0, \text{ 当 } n \to \infty.$$

17. 注意到$E(M_n) = E(X_1)E(X_2)\cdots E(X_n) = 1$，
    实际上，
    $$E(M_{n+1} | F_n) = E(X_1 X_2 \cdots X_{n+1} | F_n)$$
    $$= X_1 X_2 \cdots X_n \cdot E(X_{n+1} | F_n)$$
    $$= X_1 X_2 \cdots X_n \cdot E(X_{n+1}) = M_n,$$

所以$\{M_n\}$是关于$X_1, X_2, \cdots$的鞅. 由于$E(|M_n|) = E(M_n) = 1$，鞅收敛定理的条件成立，从而$M_n \to M_\infty$.

$M_\infty = 0$(这样$E(M_\infty) \neq E(M_0)$)，为此考虑

$$\ln M_n = \sum_{j=1}^{n} \ln X_j.$$

上式右边是独立同分布随机变量的和，并且

$$E(\ln X_i) = \frac{1}{2}\ln\frac{1}{2} + \frac{1}{2}\ln\frac{3}{2} < 0.$$

根据大数定律，$\ln M_n \to -\infty$，从而 $M_n \to 0$，故 $\{M_n\}$ 不是一致可积的.

18. 因为泊松过程具有独立平稳增量性，并服从泊松分布，所以对任意 $0 \leq s < t$，有
$$E[(N(t)-\lambda t)\mid F_s] = N(s)-\lambda s + E[N(t)-N(s)-\lambda(t-s)]$$
$$= N(s)-\lambda s, \text{a.s.}.$$
$$E\{[(N(t)-\lambda t)^2 - \lambda t]\mid F_s\}$$
$$= (N(s)-\lambda s)^2 - \lambda s + E\{[N(t)-N(s)-\lambda(t-s)](N(s)-\lambda s)\mid F_s\} +$$
$$E[N(t)-N(s)-\lambda(t-s)]^2 - \lambda(t-s)$$
$$= (N(s)-\lambda s)^2 - \lambda s, \text{a.s.}.$$

19. 因为 $T_k = S_k$，其中 S_k 为第 k 个顾客到达时刻,
$$\{T_k \leq t\} = \{S_k \leq t\} = \{N(t) \geq k\} \in F_t,$$
所以，T_k 关于 $\{F_t, t \geq 0\}$ 是停时.

参 考 文 献

[1] 张波,张景肖. 应用随机过程[M]. 北京:清华大学出版社,2004.
[2] 孙荣恒. 随机过程及其应用[M]. 北京:清华大学出版社,2004.
[3] 樊平毅. 随机过程理论与应用[M]. 北京:清华大学出版社,2005.
[4] 陈良均,朱庆棠. 随机过程及应用[M]. 北京:高等教育出版社,2003.
[5] 邓永录,梁之舜. 随机点过程及其应用[M]. 北京:科学出版社,1992.
[6] 胡迪鹤. 随机过程论:基础、理论、应用[M]. 2版. 武汉:武汉大学出版社,2005.
[7] 刘嘉焜,王公恕. 应用随机过程[M]. 2版. 北京:科学出版社,2004.
[8] 汪仁官. 概率论引论[M]. 北京:北京大学出版社,1994.
[9] 汪荣鑫. 随机过程[M]. 西安:西安交通大学出版社,1987.
[10] 陆凤山. 排队论及其应用[M]. 长沙:湖南科学技术出版社,1984.
[11] 周荫清. 随机过程导论[M]. 北京:北京航空学院出版社,1987.
[12] BHATTACHARYA R N,WAYMIRE E G. Stochastic Processes with Applications[M]. New York:John Wiley & Sons,1990.
[13] GIHMAN I I,SKOROHOD A V. Stochastic Differential Equations[M]. Berlin:Springer-Verlag,1972.
[14] KLEBANER F C. Introduction to Stochastic Calculus with Applications[M]. London:Imperial College Press,1998.
[15] SOREN ASMUSSEN. Ruin Probabilities[M]. Singapore:World Scientific,2000.
[16] ISAACSON D,MADSEN R. Markov Chains Theory and Applications[M]. New York:John Wiley & Sons,1976.
[17] BOX G,JENKINS G. Time Series Analysis-Forecasting and Control[M]. San Francisco:Holden-Day,1970.
[18] GEORGE EPBOX,GWILYM MJENKINS,GREGORY CREINSEL. Time Series Analysis:Forecasting and Control[M]. 3rd ed. New Jersey:Prentice-Hall,Inc,1994.
[19] UNARAYAN BHAT. Elements of Applied Stochastic Processes[M]. New York:John Wiley & Sons,1984.
[20] SMROSS. Stochastic Process[M]. New York:John Wiley & Sons,1983.